Society for Sociology of Warfare

戦争社会学研究

vol. 7

基地とウクライナと私たち

特集 1

軍事と環境

特集 2

ウクライナ問題と私たち

特集 3

『シリーズ 戦争と社会』から考える

戦争社会学研究会編

Mizuki Shorin

目次

特集1　軍事と環境

特集2　ウクライナ問題と私たち

特集3 『シリーズ 戦争と社会』から考える

投稿論文

書評論文

書評

特集1　軍事と環境

〈特集1〉では、戦争や軍事が自然・生活環境に与える影響について考察する。従来の戦争社会学の研究はアジア・太平洋戦争を中心としてきた。その現状を踏まえ、現在に至るまで太平洋島嶼地域で続発してきた軍事公害問題の研究蓄積と戦争社会学の視点を交差させ、現代的な研究展開の可能性を提示する。

特集1　序文

軍事と環境

〈国内戦線〉としての基地問題の一断面

長島怜央
（東京成徳大学）

一、本特集の目的

現下の国際情勢や日本国内の状況は、戦争社会学の重要性をますます押し上げてしまっている。米軍がアフガニスタンから完全撤退してから半年後の二〇二二年二月二四日、今度はロシア軍がウクライナに「特別軍事作戦」として侵攻した。アメリカを中心とする北大西洋条約機構（NATO）加盟国がウクライナを軍事的に支援する代理戦争となっている。世界各地で続く紛争のなかでも、国際連合の常任理事国が直接的に関与する戦争は、われわれの意識への影響という点でも特別である。(1) 北朝鮮のミサイル発射実験、米中や中台の対立など、日本を取り巻く東アジア情勢についても日々報道されている。そうしたなか、二二年一二月一六日、岸田政権は「反撃能力」（敵基地攻撃能力）保有や防衛費倍増を打ち出した安全保障関連三文書の改定を閣議決定した。(2)

また別の意味でも、われわれは戦争や軍事に覆われた時代に生きている。多くの人びとが日常的に接するアニメ、ゲーム、映画などのポピュラー・カルチャーにおいても暴力や戦争・軍事が氾濫している。たとえば、二〇二二年に大ヒットした二作品、アメリカ映画『トップガン マーヴェリック』と日本映画『シン・ウルトラマン』は、それぞれ国防総省・米軍と防衛省・自衛隊が全面協力している。戦後日本社会において戦争・軍事に関連したポピュラー・カルチャー作品や受け手に変化が生じてきたとも指摘されており、こうした動向をどう捉えるかが議論されている現状がある。(3)

だがその一方で、同じ戦争・軍事に関するトピックのなかでも、戦争を含めた軍事に起因する環境問題が近年ますます世界各地で関心を集めていることは、日本社会でどれだけ意識されているだろうか。そうした問題に対しては、公害・環境研究、環境社会学、平和学といった分野での研究が進められてきた。本特集は、そうした研究動向を紹介するためだけでなく、「戦争と社会」についてさまざまなアプローチで研究する戦争社会学が、軍事公害・軍事環境問題にどのような関心を向けてきたか、そして「軍事と環境」というテーマにどのように関与することができるかを考察するためのものでもある。戦争社会学と軍事環境問題・軍事公害の研究とを架橋する試みと言ってもよいだろう。

本稿は、こうした本特集の目的のために、軍事環境問題・軍事公害の事例をいくつか紹介しながら問題の重要性を確認したあと、これまでの軍事環境問題・軍事公害の研究と戦争社会学の研究の背景を簡単に整理しながら、大風呂敷ではあるが、それらの交差による研究の進展の可能性を探る。

それは戦争社会学が新たな扉を開けていくことでもある。これまでの日本の戦争社会学の研究は、アジア・太平洋戦争に関するものに偏りが見られる。それは、同戦争の影響の大きさもあるが、戦後の戦争が自分たちの戦争ではなくアメリカなど他国の戦争であるという、日本社会におけるおおかたの意識と無関係ではないだろう。だがしかし、戦後日本社会において戦争は常にそこにあったことをわれわれに突きつけるのが、軍事環境問題・軍事公害である。英語の home front は、「銃後」「国内戦線」と訳される。日本語の語感的には、「銃後」より「国内戦線」のほうが、home *front* のもつ場所と戦争の直結性を意識できるように思われる。在日米軍基地を含むアジア太平洋地域の米軍基地は、接受国・地域を〈国内戦線〉たらしめる。そこはアメリカにとってはもはや「国内」ではなく銃後と最前線の中間地点であることを考えると、アメリカ国内よりもいっそう「戦線」の度合いが高いといえる。軍隊の訓練・演習や基地を原因とする環境問題・公害も〈国内戦線〉、つまり現在の戦争に関連して生じている問題である。また、軍事化や脱軍事化といったように、軍事をめぐる認識や思考の攻防が展開しているという意味でも、そこは〈国内戦線〉である。(4)この語自体が物騒であり軍事化されているようでもあるが、「軍事と環境」に関する諸問題を根本的かつ幅広く問う手がかりとしたい。

二、アジア太平洋地域における軍事公害

まず、「軍事と環境」に関する研究の用語について触れておきたい。軍隊や軍事基地を原因とする環境問題は、それぞれの研究テーマに関連づけられて、「在日米軍基地での公害・環境問題[5]」、「軍事環境問題[6]」、「基地環境問題[7]」、「基地公害」、「軍事公害[8]」などと呼ばれてきた。本特集における各論考でもそれぞれの考えに基づいて用語は選択されているが、本稿では軍事に起因する環境破壊・汚染や騒音に関しては総称として「軍事公害」の語を用いる。阿部小涼が主張するように、軍事環境問題に関しても「公害」として把握することが責任追及に意識を向けさせるからである[9]。また、友澤悠季が述べるように、「公害」の語が「被害者からの問題提起の回路として機能してきた」点も、残念ながら軍事公害が終わらないなかで重要である[10]。ただし、本特集は後述のようにいわゆる軍事公害に限定されず、「軍事と環境」に広く関わることに留意されたい。

『アジア環境白書 二〇〇三／〇四』での大島堅一らの整理によると、軍事活動による環境破壊は、①軍事基地建設による自然破壊、②軍事基地での活動による基地内外の汚染、③戦争準備（軍事訓練、軍事演習）による騒音公害や自然破壊、④実戦による環境破壊（兵器の使用：枯葉剤、劣化ウラン弾を含む）のように四つの局面でそれぞれ生じている[11]。被害地域として挙げられているのは、①は沖縄県名護市辺野古、②は恩名通信基地跡地と横須賀基地周辺地域、フィリピンのクラーク空軍基地跡地とスービック海軍基地跡地、③は日本の嘉手納・横田・厚木、韓国の烏山《オサン》・群山《グンサン》など軍事空港や空母母港がある地域、韓国の梅香里《メヒャンニ》射爆場の周辺地域、沖縄県鳥島、④はヴェトナムやイラクなどである。

アメリカ国内は当然のことながら、アジア太平洋各地でも、米軍や米軍基地に起因する軍事公害が生じてきた。琉球新報の連載が元になった『ルポ 軍事基地と闘う住民たち』は、沖縄や日本の他地域、アメリカ・テキサス州サンアントニオ、プエルトリコのビエケス、韓国、ドイツにおける米軍基地問題、とりわけ米軍基地に起因する環境汚染や騒音などの環境問題の実態を明らかにしている[12]。世界各地の米軍基地周辺で暮らす女性たちを取材したドキュメンタリー映画である

Living Along the Fenceline（邦題『基地の町に生きる』）が取り上げているのも、テキサス州アントニオ、ビエケス、ハワイ、グアム、沖縄、韓国、フィリピンの米軍基地問題である。同作品中では、アメリカの帝国主義・植民地主義・軍事主義の展開によって、各地に米軍基地が置かれ、売春やレイプなどの性暴力、環境破壊・汚染による健康被害などをもたらしていることが描かれている。これらのどの国・地域でも深刻な軍事公害が当然生じているが、作品中で軍事公害に焦点が当たるのはテキサス、ビエケス、ハワイ、グアムである[13]。また、アメリカの情報自由法（FOIA）を利用して沖縄や太平洋の島々の軍事公害の詳細を明らかにしてきたジョン・ミッチェルが*Poisoning the Pacific*で取り上げているのは、日本、マーシャル諸島、沖縄、ヴェトナム、グアム、北マリアナ諸島（サイパンなど）、ジョンストン環礁である[14]。ジャーナリストやアクティヴィストの仕事によって、アジア太平洋地域における軍事公害を含む米軍基地問題の歴史や実態が白日の下にさらされてきた。

近年もアジア太平洋地域各地で深刻な軍事公害が生じている。なかでも、米軍基地周辺で問題視されるようになっているのが、環境残留性の高さから「永遠の化学物質《フォーエバー・ケミカル》」とも呼ばれる有機フッ素化合物（PFAS：PFOAやPFOSなどの総称）による水の汚染である。米軍基地ではPFASを含む泡消火剤（AFFF）を用いた訓練が行われたり、消火システムの誤作動が起きたりしている。そうした米軍基地が発生源となって、周辺地域の土壌、地下水、川、湖までもがPFASに汚染されていると考えられているのである。日本でも沖縄県の嘉手納基地、東京都の横田基地、神奈川県の厚木基地や横須賀基地などが、周辺地域のPFAS汚染との関連を疑われている。グアムやハワイでもPFAS汚染に関する危機感が住民のあいだで高まっているように、島嶼地域では、土地や水源の制約の点で汚染が環境や人体により深刻な影響をおよぼすだろう。

ハワイのオアフ島での燃料漏れによる汚染問題も、近年の軍事公害の代表例である[15]。二〇二一年一一月、米軍パールハーバー・ヒッカム統合基地の内陸部に位置するレッドヒルと呼ばれる地下燃料貯蔵施設での燃料漏れにより、同地域一帯の水道水が汚染されていることが発覚した。施設閉鎖を求める住民運動が活発化するなか、住民の健康と安全のために燃料抜き取りを要求する州当局や連邦議会と、安全保障への影響を理由にそれを拒否する米軍とのあいだで対立が生じていたが、翌二二年三月七日にロイド・オースティン国防長官が燃料の抜き取りと施設の永久閉鎖を決定した。同施設は、長年の使用によって老朽化が進んでおり、これまでも燃料漏れは起こっていたという。だが、安全保障に関わることを理由として根本的な問題解決が図られてこなかったのである。真珠湾周辺の環境破壊・汚染は新しい話ではない。ハワイ語でプウロア（Pu'uloa）と呼ばれる真珠湾は、かつてハワイでもっとも重要な養魚池のある地区であったが、米軍基地の建設によって環境破壊・汚染が進み、スーパーファンド法（土壌汚染対策法）で指定された汚染サイトにもなっている[16]。

基地建設によって引き起こされる環境問題も、各地で進行している。米海兵隊基地キャンプ・シュワブを抱える辺野古での新基地建設の進行と自然環境の破壊もそのひとつである。地域社会が変貌し、分断されてきたことも、軍事基地建設による被害と捉えることができる[17]。東村・高江での米軍のヘリパッド建設による環境破壊も、自然環境とともに地域社会に多大な負担を強いてきた[18]。また、京都府京丹後市丹後町宇川地区における米軍基地建設についても同様である[19]。このように、狭義の環境破壊だけでなく、軍事基地の存在や建設を受容させていく軍事化やそれに抗する脱軍事化もまた「軍事と環境」に関わる問題である。

グアムで現在進行中の米海兵隊の基地建設は、軍事公害のさまざまな側面をあらわにしている。元来、米軍のアンダーセン空軍基地と海軍基地があることに関連して、枯葉剤、PCB、放射能など多種多様な環境汚染とそれらの健康被害が問題視されてきた。淡路島と同程度の周囲三〇マイルの島に一九ものスーパーファンド法の汚染サイトがあり、がん患者率が高いことが知られている。そうしたなか、米国防総省は二〇〇〇年代に入ってからの米軍再編のなかで、沖縄からの海兵隊移転を含むグアムでの米軍増強計画を打ち出し、グアム社会を大きく揺り動かしてきた[20]。この数年間も、海兵隊基地キャンプ・ブラス建設による先住民チャモル（チャモロ）の遺跡や埋葬地の破壊、実弾射撃場建設による環境破壊・汚染、野外での爆弾・弾薬の処理（open burning and open detonation: OB／OD）による環境破壊・汚染などの問題を訴える住民運動が展開している。

沖縄、ハワイ、グアムのようないくつもの巨大な米軍基地を抱える島々でも、軍事化と脱軍事化がせめぎ合っている。既存の基地や基地建設によってあらゆる軍事公害が生じているが、長年の軍事化によって米軍への批判は容易ではない。

それでも、軍事公害のみならず、アメリカの安全保障政策についても、住民からの批判は絶えない。

三、戦争社会学と「軍事と環境」の交差

戦争社会学における「軍事と環境」の可能性

さて、戦争社会学は「軍事と環境」というテーマにどのように関わってきたのか、あるいは関わってこなかったのか。二〇〇九年に設立されて以降、戦争社会学研究会の例会や大会で多様な企画が実施され、本会内外で会員が精力的に戦争社会学に関連した研究活動を行なってきた。そうした戦争社会学研究会が直接的・間接的に関わった成果だけを対象としたとしても、「軍事と環境」というテーマでレビューすることは容易ではない。それゆえ中途半端なものにならざるを得ないが、ここでは戦争社会学における「軍事と環境」、とくに軍事環境問題・軍事公害というテーマについて、本特集のために手短に確認しておきたい。

戦争社会学研究会が二〇一七年から毎年刊行している本誌『戦争社会学研究』を改めて繰ってみると、その内容の充実ぶりに驚かされるが、環境をテーマとした特集を組んだことはなく、投稿論文や文献紹介・書評・書評論文においても環境問題関連のものは見当たらない。たしかに、空襲、軍事研究、ミリタリー・カルチャーなど、「軍事と環境」に近いテーマはある。それでもやはり、アジア・太平洋戦争に関する研究、とくに戦争の記憶や戦争体験の継承に関する研究、あるいは小説・映画・アニメなどのポピュラー・カルチャーを題材とした研究の豊富さに目を奪われる。同研究会立ち上げ時のメンバーである福間良明は、日本の戦争社会学について、日中戦争・太平洋戦争の体験をめぐる記憶・メディア・文学方面での研究が蓄積されてきた一方で未開拓の領域が広がっていることを前向きに捉えている。[21]

戦争社会学は特定の分野や研究テーマのためのものではない。野上元による「創刊の言葉」にもあるように、「「戦争と社会」に関する多分野・多領域の研究を集め」ることや、「戦争の「現在」への強い問題意識」を持つことが重視されてきた。「アジア・太平洋戦争に限らず、一九世紀の戦争や冷戦、「戦後」そして「戦後・後」にも目配りを効かせながら、必ずどこかで戦争の「現在」について考え続けている」という戦争社会学研究会の関心や姿勢も示されてきた。[22]野上によると、戦争社会学は「戦争が過去だけではなく現在や未

来において「ある」「ありうる」ということも前提にしている[23]。「捉え方」「言い方」によっては戦争は「ある」のであり、「『扉』を開けよう」と呼びかける[24]。「軍事と環境」もそうした「扉」となりうるだろう。その後、野上は研究会の初期の活動を振り返るなかで、ブームともなっていた「戦争の記憶」研究が二〇〇〇年代の「戦争の時代」に遂行されたことの意義を確かめている。たしかに、「〈基地文化〉と社会」や「核兵器と太平洋の被爆／被曝経験」のように、初期の研究大会のシンポジウムやテーマセッションの内容は多岐にわたる。戦争社会学が開かれていることによって、「会の企画を生み出し続けるジェネレーターのようなものになった[25]」。本特集「軍事と環境」も、そのように生み出されたもののひとつと考えたい。

本誌以外の成果においても、そうした偏りと可能性の両面が見えてくる。戦争社会学研究会の会員が中心となって関わり、戦争社会学の存在感を高めた著作のひとつに福間良明・野上元・蘭信三・石原俊編『戦争社会学の構想――制度・体験・メディア』（勉誠出版、二〇一三年）がある。同書において、現代における戦争・軍隊と社会の関係に焦点を当てた論考も数点見られるが、全一五章のうちほとんどがアジア・太平洋戦争に関連した人びとの経験や戦争の記憶に関するものであり、軍事環境問題や軍事公害を扱ったものはない。ただし、それが大きな欠陥であると指摘したいわけではない。同書「はじめに」の注一における、そうしたありうる批判に対するつぎのような応答に、筆者も同意する。

だが、裏を返せば、「アジア太平洋戦争」をめぐる研究のなかで、多くの分析軸や方法論が蓄積されてきたことも疑えない。これらの研究蓄積を整理することは、われわれが既存の研究に何を学び取るべきかを可視化させるものでもあるだろうし、さらには、「アジア太平洋戦争」以降の戦争を読み解く視座の研磨にも資するのではないだろうか[26]。

「軍事と環境」をテーマとする研究は、戦争社会学の研究成果から真摯に学ぶことが重要である[27]。

その後の戦争社会学の成果はますます広がりを見せている。『社会学評論』七二巻三号（二〇二一年）の公募特集「「戦争と社会」をめぐる新潮流」、『思想』二〇二二年五月号の「戦争社会学の可能性」、そして二〇二一年末以降に岩波書店から刊行された『シリーズ 戦争と社会』（全5巻）において、「戦争と社会」の研究における題材やアプローチの多彩さが際立つ。軍事公害を直接的に扱ったものがないとしても、地域社会の軍事化など「軍事と環境」に関連した研究成果が確認できる。また、これらに所収されているアジア・太平洋戦争に関する論考がアクチュアルに感じられるのは、それぞれがいまの「戦争の時代」に向き合っているからこそかもしれない。

公害・環境研究、環境社会学、平和学

そもそも、軍事公害・軍事環境問題は長いあいだ社会科学的研究の対象ではなかった。環境社会学の領域で軍事基地問題の研究に取り組む朝井志歩は、日本において米軍基地に起因する環境破壊が問題視されるようになったのは一九九〇年代以降であること、平和運動団体による調査や情報公開請求によって実態が明らかになってきたこと、基地問題に関する研究が沖縄と比較して本土に関しては圧倒的に少ないこと、などを指摘する。[28] また、宮本憲一は「日本環境会議では第二回（一九八〇年）の大会で憲法学者の小林直樹先生が、講演の中で、「戦争・軍事活動こそが最大の環境破壊で日本環境会議はそれに取り組まなければならない」という話をされました」と回顧しているが、その後も十分な取り組みは見られなかったという。「沖縄の問題は何回もやりましたけれども、なぜ他も含めて軍事問題を取り上げきれないかというのは研究者にとって非常に大きな課題でしょう」と述べている。[29] 二〇〇〇年代に入っても、日本における公害・環境研究のなかで軍事基地問題は十分に位置づけられていないという意識が研究者のあいだで見られたといえる。

ここでは、日本における軍事公害に関する社会科学的研究が展開するなかで、「軍事と環境」に関するどのような問題関心が示されてきたのかを簡単に確認したい。ただし、本稿では範囲を限定して、一九七一年から半世紀以上にわたって日本の公害・環境問題に関する学際的研究の発表の場となってきた『環境と公害』（旧『公害研究』）における軍事公害に多少なりとも関わる特集を概観するにとどめたい。

一九七一年の第一巻第二号には、二本の論考からなる「沖縄の公害」という小特集がある。これは、米軍や基地だけをテーマにしたものではないが、「基地公害」を主たる問題のひとつとして取り上げている。福地曠昭「公害の実態」は、沖縄では基地公害が早くから見られたとして、基地公害を爆

音、飲料水・海水の汚染、自然破壊、ＰＣＰ（ペンタクロロフェノール）の水源地汚染、麻薬その他の五つに分けて説明している。[30] 七〇年にはすでに存在していたという「基地公害」という語が、[31] この論考でも使用されていることが確認できる。また、「軍事と環境」という観点からは、「基地公害」のなかに麻薬の蔓延が含まれていることが興味深い。沖縄やグアムなどでは、ヴェトナム戦争時に米軍兵士が持ち込む大麻が基地の外に広がったことが知られている。こうした軍隊が持ち込む文化的影響も軍事化の一側面である。

それから二五年後の一九九六年の「特集① 基地と環境」は、沖縄に焦点を当てているが、吉田栄士「米軍横田基地と公害」という本土基地の騒音公害に関する訴訟の報告も含んでいる。座談会「軍事基地と沖縄の環境」（新崎盛暉、池原貞雄、寺田麗子、真喜志好一、司会：宇井純）では、おもに沖縄戦と戦後の基地建設による環境破壊が論じられている。そのなかで、動物学者である池原の話を受ける形で建築士の真喜志は、「基地による生活空間と物質循環の破壊」についてまとまった説明をしたあと、「壊されたのは空間や物質の循環だけではなく、古い時代からずっと受け継がれてきた祭りや祈りも奪ってしまった。こうして沖縄の自然への畏敬の念を持った精神まで破壊されてきている」と述べる。[32] 特集全体としては、戦後の沖縄の開発の方向性に議論の重点が置かれ、そのなかに基地問題が位置づけられている。しかし、「基地（軍事）と環境」が環境破壊・汚染や健康被害にとどまらない問題系を含むことが示唆されているのが印象的である。

翌九七年の「小特集 第一六回日本環境会議沖縄大会」では、軍事基地というテーマが定着したとして、軍事公害への言及がある。前年の九六年三月に発見された恩納通信所跡地の汚染の衝撃が伝わる。また、「大小さまざまな島々で構成される沖縄では程度の差はあっても水が共通の貴重な資源になる」として、島嶼における水の重要性も確認されている。[33]

二〇〇三年の「特集① 軍事基地の閉鎖・返還と環境再生」は、同誌においてもっとも軍事公害に向き合った特集という意味で画期的であり、二〇〇〇年代以降の研究の基準となっているように思われる。全体として、軍事公害への取り組みが喫緊の課題として強調されている。座談会「軍事と環境」（宇井純・大島堅一・原田正純・宮本憲一・除本理史、司会：寺西俊一）も含めて、当時の日本で公害・環境問題に関する研究を牽引していた研究者たちが「軍事と環境」に関する研究をどのように認識していたかを確認するうえで貴重な資料であるため、その内容を本稿に引きつけて整理してみる。

第一に、戦時だけでなく平時の環境破壊にも目を向けるよう促している。特集の前に置かれている宇沢弘文によるリレー・エッセーにも見られるように、環境問題への関心にヴェトナム戦争の与えた影響は大きかっただろう。[34]しかし、問題はそこにとどまらない。座談会で宮本憲一はつぎのように述べる。

戦争が急性の大規模環境破壊であるとすれば、基地の問題とは、慢性的、日常的な環境破壊であろうと思います。(中略)我々は、非常に危険な、従来の戦争の定義を超えて全面的に日常活動の中に軍事活動が入ってくる可能性が出てきているという状況を、もっと認識し、これが環境に及ぼす影響について真剣に検討すべきです。[35]

特集序文の寺西俊一「環境から軍事を問う」も同様に、「武力行使は、最も愚劣な「環境犯罪」」という見出しのもと、アメリカのヴェトナム戦争、湾岸戦争、イラク戦争による「殺戮行為と環境破壊」を非難している。そしてそれに続いて、「軍事に伴う「環境負債」の累積をどうするか」との見出しで、軍事力が平時に環境に与える影響に注意を促し、ワールドウォッチ研究所のミカエル・レンナーが指摘する軍事活動の諸問題を紹介している。①広大な土地と大気空間を占拠・支配、②エネルギー資源の大量の浪費、③軍事基地内部の各種有害物質による深刻な環境汚染、④こうした「環境負債」の背後にある関連産業(直接・間接の軍需産業)の規模の大きさ、である。レンナーは現代の「環境負債」を「環境に刻まれた冷戦の後遺症」と呼んだ。[36]環境負債がますます累積している現在からみると、「冷戦」と「後遺症」のどちらの語も、事態を十分に把捉できていないだろう。環境は二一世紀の現在もなお軍事に毒を飲まされ続けている。

第二に、基地公害の実態のわからなさ(被害実態の複雑さ)が強調されている。座談会で、寺西は沖縄の米軍基地について「正直なところ、汚染に関して米軍基地に何があるかわかりません」と述べる。また原田正純は、ヴェトナムとフィリピンでの調査を踏まえて、基地公害としての健康被害がこれから大きな問題になると指摘したうえで、「基地の中は公害のデパート」であり、水俣病やカネミ油症とは異なり「基地では何が出てきても驚かないくらいの化学物質が使われているはず」と危惧する。[37]

第三に、調査研究の困難さが指摘されている。座談会で寺西は、環境汚染問題において軍事基地や軍事産業の分野は「最後に残されている聖域」ではないか、「軍事と環境」は「これまでほとんど手つかずで残されてきた問題」であると指摘し、「この問題を取り上げることはなかなか難しい」と吐露する。大島堅一も「運動の側面で取り組まれている方はたくさんいらっしゃるのですが、研究になると蓄積が少なく、とくに社会科学的な蓄積がほとんどありません」と断言する。[38]そうした状況に対して、座談会の終盤では、実態解明のための調査権や情報公開手続きの確立が今後の課題として挙げられている。

第四に、国際的な研究が志向されている。対象は沖縄や日本の他地域にとどまらず、アメリカやアジア各国に広がっている。同特集には、アメリカとアジアにおける米軍基地に起因する軍事公害に関する先駆的な論考が掲載されている。[39]前年二〇〇二年の同誌にはフィリピンでの現地調査を踏まえた報告、韓国での基地公害についての運動の側からの報告が掲載されているように、アジア各国における軍事公害への関心が高まりつつあったようである。[40]また、前述の座談会からは、国際的なネットワークづくりにも意識的であることがわかる。

この当時、日本において軍事公害の本格的な研究が緒につき、のちに花開いていったといえるだろう。二〇〇三年一〇月に刊行された『アジア環境白書』の第三弾に第一章「軍事活動と環境問題――「平和と環境保全の世紀」をめざして」が掲載されたことも、潮流の変化を示している。[41]その後の『環境と公害』の軍事基地に関連した特集にもそのことは表れている。たとえば、沖縄復帰三五年を経ての〇八年の「特集② 持続可能な沖縄への政策転換に向けて」では、林公則が嘉手納基地と普天間基地での軍用機騒音・墜落と基地汚染、辺野古と高江での軍事基地建設による自然破壊について、実態を明らかにしている。[42]座談会(佐藤学・只友景士・林公則・真喜屋美樹・宮本憲一、司会：川瀬光義)のなかでも、林は沖縄の軍事環境問題について詳細に報告し、以下のように差別の重層性について指摘する。これは環境社会学などにおける環境正義への関心へと連なるものである。

軍事環境問題が生じている点では、米国内も本土も沖縄も同じでしょう。しかし、米国の内と外では米軍の対応が異なり、米国外でもヨーロッパとアジア、アジアでも韓国と日本、日本でも本土と沖縄、沖縄でも南部と北部、北部の名護や東村でも、名護と辺野古あるいは東村の他の区と高江区というように重層的な差別があり、最終的に社会の見えにくいところに問題が集約されている。(43)

その後の『環境と公害』では、二〇一七年に第三三回日本環境会議沖縄大会に基づいた「特集 環境・平和・自治・人権――沖縄から未来を拓く」(第四六巻第三号)のように沖縄に関連した特集で基地問題が取り上げられたほか、二〇年には「特集① 東日本大震災と原発事故〈シリーズ41〉:核汚染被害をめぐる国際制度比較」「特集② ストック公害としての米軍基地汚染」(第五〇巻第二号)とひとつの号に二つも軍事に関連した特集が並んだこともある。

ここまで、『環境と公害』を中心に、軍事公害に関する研究の進展を見てきた。軍事基地は「公害のデパート」でありながら、二一世紀に入ってもなお軍事公害は「聖域」であった。そうしたなか、軍事公害の実態や特徴の把握、問題解決に向けた取り組みが重視されてきた一方で、戦争や軍事の社会的影響、とくに社会の軍事化や環境正義にも関心が向けられてきたことがわかる。また、軍事公害を含めた米軍基地問題、とくに沖縄の基地問題は、平和学でも馴染みのあるテーマになっている。だが、そもそもこうした研究を取り上げたり実施したりする学会、研究会、研究者は限定されており、一部にとどまっているともいえる。科学研究費の研究課題を「軍事」「基地」「環境」を組み合わせて検索してみても、軍事公害・軍事環境問題に関する研究はほとんど出てこない。

ここで、公害・環境研究、環境社会学、平和学のなかで展開されてきた基地問題や軍事公害に関する研究の影響を受けつつ、地域社会における軍事化に目を向けた共同研究を紹介したい。本特集の元となった第一三回戦争社会学研究会大会のテーマセッション「軍事と環境」は、日本学術振興会科学研究費補助金基盤研究(B)「軍事化が島嶼に及ぼす影響の比較研究――琉球弧、グアム、マーシャル諸島」(20H01573、研究代表者:朝井志歩)との共催であった。朝井志歩ら社会学や平和学を専門とする何名かの研究者は、「軍事・環境・被害研究会」を二〇〇九年七月に発足させ、定期的に研究会を開催するようになった。同研究会はこれまでも朝井を研究代表者として科研費を取得し、日本を含めたアジア太平洋地域における軍事公害や軍事基地による地域社会の軍事化に関する研究を進めてきた。筆者も初期の頃から同研究会に参加し、グアムや北マリアナ諸島における米軍基地問題や地域社会の軍事化について調査を続けている。

　これまで、軍事・環境・被害研究会は、さまざまな場で共同研究の成果を発表してきた。同研究会のメンバーが中心となって企画や参加をした学会等でのセッションのなかには、"Transborder Militarization, Gender and Everyday Life in Okinawa, Japan and Micronesia"（International Studies Association, International Conference 2017 Hong Kong, June 2017, The University of Hong Kong）のように国際学会で海外の研究者とパネルを組み、研究交流を行なったものもある。また、研究成果の対外的な発信を目的として、公開シンポジウム「軍事化が進む社会」（二〇二〇年二月、明治学院大学、後援：明治学院大学国際平和研究所）を開催した。『環境社会学研究』第二五号（二〇一九年）の「特集 環境社会学からの軍事問題研究への接近」も同研究会のメンバーが中心になっている。同研究会の成果をここで網羅することはできないが、アジア太平洋地域における軍事公害と軍事化について、社会学・平和学界隈で研究成果を発表し続けている。このように、軍事公害や地域社会の軍事化への関心に基づいた「軍事と環境」というテーマでの学際的な共同研究も存在していることを確認しておきたい。

四、「軍事と環境」の論点

　「軍事と環境」に関する以上のような研究動向を踏まえたうえで、この特集に関連づけて改めて論点または留意点を整理したい[44]。あくまでも、こうした新たなテーマにおいて今後議論を深めていくための初歩的な段階のものである。第一に、戦時と平時、戦場と銃後の区分にとらわれすぎないことである。本稿は、〈国内戦線〉（銃後）として基地問題を捉えるという視点に立っている。「戦後日本社会」において、戦争は常にそこにあった。その意味するところは、「捉え方」「言い方」または比喩の範囲で収まるものもあれば、それを超えていくものもある。大野光明も指摘するように、基地・軍隊の特性上、軍事環境問題は空間的・時間的広がりを持つ。そして、基地・軍隊は「人びとの関係性をグローバルに再編成し、私たち一人ひとりの思考や身体をも規定する[45]」。戦時の環境破壊の甚大さを認識しつつも、戦時／平時や戦場／銃後に分けたままにするのではなく、相互に連関するひとつの全体として捉えることで、軍事公害の実態や軍事化と脱軍事化のせめぎあいが見えてくる。そこにこそ、戦争社会学が「軍事と環境」というテーマに持つ強みがあるのではないだろうか。

第二に、どのような国・地域に米軍基地が多く置かれ、軍事公害が生じているのかを忘れないことである。日本は世界でもっとも在外米軍が集中している国である。米軍の平時の海外駐留兵力、海外の米軍基地の数、なかでも大型基地の数は、ドイツや韓国と比べても圧倒的に多い[46]。それだけ、日本において軍事公害を含めた米軍基地問題が生じやすい、深刻化しやすいといえるかもしれない。

そして、アジア太平洋の各地における米軍基地の諸問題を考えるためには、米軍が受入国・地域をどのように認識しているか、つまり米軍の植民地主義・レイシズムの問題を理解する必要があるだろう[47]。アメリカの人類学者デイヴィッド・ヴァインが述べるように、米軍による環境破壊・汚染は地域的な偏りがあり、アメリカ国内よりも、環境保護法や地位協定の拘束力の弱い国外、植民地、半植民地において深刻になりうる。「もっとも被害を受けているのは、北マリアナ諸島やグアムのチャモロ〔チャモル〕のように、経済的にも政治的にも立ち後れて取り残されたグループ、先住民、貧困層の人びと、非西洋圏の有色人種だ[48]」。

米軍はけっして環境に無頓着なわけではない。ヴァインは、米軍が一九八九年から「グリーン化」を進め、エネルギー使用量や有害廃棄物処理量を減らしてきたとして、つぎのように指摘する。「こうした現象の背景には、一九九〇年代に軍が三分の一に近く縮小されたという事情もあるとはいえ、アメリカ政府のほかの組織と比べれば、国防総省は例外的な環境意識の高さを示している[49]」。米軍が温室効果ガスの排出削減に取り組むのには、「地球温暖化は国家安全保障上の潜在的な懸念材料」という認識があるからだ[50]。

だがやはり、米軍は環境への脅威である。二〇〇一年から一七年までの一二億メートルトンという米軍の二酸化炭素排出量は、一四〇カ国の合計よりも多い。軍需産業を含めるとその量はさらに膨れ上がる[51]。また、同じ軍事活動による環境への影響だとしても、気候変動のような地球規模で生じる環境問題と、局地的な環境破壊・汚染とは分けて考える必要がある。後者への米軍の関心は残念ながら高くない。

第三に、どこの国の軍隊や基地のことを対象にしているのかにも意識的にならなければならない。軍事公害の加害者としての米軍は、ハワイ、プエルトリコ、グアムを含めてアメリカ国内では当然のことながら自国の軍隊であるが、アジア各国にとっては同盟国とは言っても外国の軍隊である。また、たとえば日本には、米軍基地とは別に、自衛隊基地に関連した軍事公害や「軍事と環境」の問題がある。自衛隊と社会および既存の自衛隊基地と地域社会に関する研究は、戦争社会学、とりわけジェンダー論、メディア研究、歴史社会学的な研究のなかで進められてきた。それにくわえて、東アジア情勢の変化のなかで、近年進んでいる南西諸島での自衛隊配備や、馬毛島における「日米一体の巨大軍事基地」建設のように、「琉球弧の軍事化」という新たな事態も生じている。[52] 日本の軍事公害や軍事化に米軍と自衛隊はそれぞれどのように関わっているのだろうか。

第四に、軍事公害を考える際に、地域社会の軍事化を理解することが重要となる。これは「環境」が何を指しているのかという問題とも関わる。林公則は、軍事環境問題の特徴のひとつとして、産業公害と比べた「被害の深刻性」をあげている。それは、軍事活動が「生の破壊」、つまり人間や環境を破壊することを主目的としているからである。[53] たしかに、「生の破壊」は軍事の重要な特徴である。だが、軍事は生または環境との関わりにおいて、もうひとつの特徴を有する。それをここでは「生の包摂」と呼んでおこう。[54] 軍事のなかで、あるいは軍事との関わりのなかで生きている人びとの存在は無視できない。たとえば、軍事基地では軍人・軍属やその家族が生活し、基地周辺には基地に関わる仕事に従事する人びとがいる。そうした地域は、企業城下町に似て、軍事基地によって社会が成り立っているようにも見える。また、アメリカで見られるように、軍関係者以外の多くの人びとが軍隊や基地を支持するようになっている。アメリカの人類学者キャサリン・ラッツは、米軍基地周辺の住民が環境汚染について語らないこと、そしてその理由のひとつとして軍に対する批判に文化的なタブーがあることを指摘する。[55] このように、軍事は新たな環境を生み出してもいるのである。地域社会の軍事化は社会環境に広く関わるものであり、「生の包摂」という事態を含んでいる。そこを見なければ、軍事基地の存在や建設を支持する人びとのことは理解できない。[56]

第五に、「軍事」という対象を軍部や正規軍に限定せず、軍産学複合体として広く把握することである。軍事公害に関する社会科学的研究の多くが、国家が加害主体であることを強調してきた。[57]「軍事は国家の専管事項」と言われるように、一般的には国家が軍事の主体とされる。また、マックス・ヴェーバーによる「ある一定の領域の内部で（中略）正当な物理的暴力行使の独占を（実効的に）要求する人間共同体」[58] という、よく引用される社会学的な国家の定義も、そうした見方を補強しているように思われる。だが、軍事の定義と国家の定義は別物である。軍事政策や軍事活動は錦の御旗のもとに置かれているが、実態はどうだろうか。一国家の軍事は、いまやますます企業や大学などの国家以外の要素に依存するようになっている。とくにアメリカに関しては、軍産学複合体の存在を無視することはできない。(59)「軍事と環境」というテーマにおいても、このことは重要である。戦争、基地建設、兵器や有毒物質の生産、汚染浄化などの利害関係者は誰か。軍事公害の加害者は誰か。軍事公害や軍事化を理解するためには、「軍事」の実態を正しく把握することが肝要である。

五、本特集の構成と内容

最後に、本特集の構成と内容について触れておきたい。本特集は、前述のように第一三回戦争社会学研究会大会のテーマセッションが元になっている。当日の報告者と討論者が中心ではあるが、それ以外の方々にも寄稿していただいた。結果的に、アジア太平洋地域におけるアメリカや日本の軍事活動、軍事公害、地域社会の軍事化の歴史や実態を知悉した研究者による論考が集まった。全体としても読み応えのある特集となっていれば、企画に携わったひとりとして幸いである。

まず、アメリカ太平洋史という分野で貴重な研究を積み重ねてきた池上大祐は、本特集において「グローカル軍事公害史」に挑戦している。あえて太平洋各地の軍事公害に広く触れることで、米軍の軍事活動に起因する軍事公害のグローカルなつながり、すなわちこの地域における軍事公害の全体像を浮かび上がらせようとしている。太平洋地域における軍事公害に関する年表も他の研究にとって有益であり、今後さらに充実していくことになるだろう。

アジア太平洋地域における軍事公害の全体像を共有しながら、近年の日本、とくに琉球弧の軍事化に関する論考が続く。環境社会学は公害研究から直接的な影響を受けてきた分野のひとつである。朝井志歩は環境社会学の観点から軍事活動による被害を、米軍の厚木基地や岩国基地などでの地道かつ精力的な調査によって研究してきた。本特集で朝井は、環境社会学における被害の捉え方を明示したあと、近年調査を続ける鹿児島県西之表市での馬毛島の基地建設計画による影響について論じる。「無人島」馬毛島がFCLP施設の候補地となる過程は、環境問題を引き起こす軍事基地が離島をはじめとする地方の過疎地域に押し付けられていくさまを如実に表している。朝井は、住民への聞き取り調査によって不可視化された被害、ひいては地域社会の軍事化の実態に迫る。

平和学と国際関係論を専門とする池尾靖志は、沖縄島北部の東村高江をはじめとして琉球弧に連なる島々における基地問題の現場に足を運び、人びとの安全や安心が脅かされ奪われていることを訴えてきた。本特集で池尾は、高江で強行されたヘリパッド建設に関する一連の問題や、米海兵隊北部訓練場の返還地における米軍廃棄物問題を論じている。沖縄の人びとに対する差別や無理解と世界遺産登録などの華々しさや祝祭ムードが一緒になって、これらの問題を不可視化してきたことがわかる。

特集では、それに続いて海外の太平洋の島々に関わる論考が並ぶ。ロニー・アレキサンダーは、非核独立太平洋運動に関する研究を皮切りに、太平洋の島々における核・軍事、帝国主義・植民地主義、ジェンダーに関する諸問題に平和学の視点で切り込んできた。本特集でアレキサンダーは、グアム、沖縄、フィジーの女性たちの「軍事と環境」に関わるナラティブを読み解く。こうした島々では、人びとのアイデンティティが軍事植民地化される一方で、軍事公害が集中して人びとの生活が脅かされる。アレキサンダーは、人びとの環境認識や環境破壊の経験を理解するために、植民者や部外者とは異なる先住民女性のストーリーワールドに着目している。「軍事と環境」をジェンダーの観点で捉える重要性を痛感させられる。

竹峰誠一郎は、アメリカの太平洋での核実験の被害を受けてきたマーシャル諸島でフィールドワークを行いながら、世界各地の核被害者を含めたグローバルヒバクシャの視点で核の存在を問い続けてきた。本特集で竹峰は、核兵器を環境問題として位置づける。核兵器の使用や開発がおよぼす地球規模の影響に関する議論は、核の危険性を認識し、当事者意識を共有するうえで重要なものである。しかし、植民地主義やレイシズムのなかで核の被害が一様ではなく偏在していることを認識することもまた重要である。竹峰の論考は、核被害の「(無)差別性」をキーワードに、こうした核に関わる環境正義を問うものとなっている。

各論考にも示されているように、軍事公害の被害は深刻であり、終わりは見えない。そのようななか、公害・環境研究、環境社会学、平和学と戦争社会学とが交差することによって、新たな研究の進展の可能性が開けるのではないだろうか。また、本稿は〈国内戦線〉として基地問題ひいては「軍事と環境」というテーマに向き合うことも提起した。それには二つの意味があった。ひとつは、戦時／平時、戦場／銃後は容易に分けられない、軍事基地を抱える地域社会もまた常に戦線の内にある、ということである。軍事公害の深刻さもまたそれを裏づけることになる。もうひとつは、「軍事」「戦争」と「社会」のあいだにどのような関係が取り結ばれていくのか、軍事化と脱軍事化のせめぎあいが「環境」を通して前景化していくのではないか、ということである。本特集は「軍事と環境」をテーマとする取り組みのひとつであり、本稿もそのひとつの解釈にすぎない。現在もさまざまな「軍事と環境」研究が戦争社会学やその隣接領域で進行しており、今後も本誌を含めたさまざまな場においてそれらの研究成果が発表され、それらが〈国内戦線〉に介入していくことを期待したい。

注

(1) 一例として、公益財団法人日本漢字能力検定協会が発表した二〇二二年「今年の漢字」にも戦争が影を落としている。第一位の「戦」をはじめ、一〇位以内にランクインした漢字のほとんどで、多くの応募者がロシア・ウクライナ戦争を理由として挙げている。公益財団法人日本漢字能力検定協会「二〇二二年「今年の漢字®」第一位は「戦」」（報道発表資料）二〇二二年一二月一二日（二〇二二年一二月二八日閲覧、https://www.kanken.or.jp/kanji2022/common/data/release_kanji2022.pdf）。

(2) 政府による日本学術会議への介入の背景にある「学術の軍事化」にも留意すべきだろう。二〇一五年に防衛装備庁の下で開始された「安全保障技術研究推進制度」を契機として、日本学術会議で軍事研究の再考が進められてきた。以下の特集、とくに井野瀬久美惠の報告を参照。「特集一 軍事研究と大学とわたしたち」『戦争社会学研究』第四巻、二〇二〇年。

(3) この点については、戦争社会学研究会の会員諸氏の研究が参考になるだろう。吉田純編／ミリタリー・カルチャー研究会『ミリタリー・カルチャー研究――データで読む現代日本の戦争観』青弓社、二〇二〇年。「特集一 ミリタリー・カルチャー研究の可能性を考える」『戦争社会学研究（ミリタリー・カルチャーの可能性）』第六巻、二〇二二年。

(4) アメリカのノースカロライナ州ファイエットビルと近郊の陸軍基地フォート・ブラッグの関係を描き出した以下の著作から着想を得た。Catherine Lutz, *Homefront: A Military City and the American Twentieth Century*, Boston: Beacon Press, 2001.

(5) 朝井志歩『基地騒音――厚木基地騒音問題の解決策と環境的公正』法政大学出版局、二〇〇九年。

(6) 林公則『軍事環境問題の政治経済学』日本経済評論社、二〇一一年。

(7) 鈴木滋『米国本土における基地環境問題――訓練規制と土地利用管理』三和書籍、二〇二二年。同書はアメリカ国内の米軍基地を対象としている点で参考になるが、軍事活動の持続という観点からエンクローチメント（軍事活動の基盤的な要素に悪影響をおよぼす諸々の事象）対策に着目した研究であり、ここに挙げた他の研究とは軍事環境問題の捉え方が異なる。

（8）ジョン・ミッチェル（阿部小涼訳）『追跡 日米地位協定と基地公害――「太平洋のゴミ捨て場」と呼ばれて』岩波書店、二〇一八年。

（9）阿部小涼「訳者あとがき」同右、一九一～一九三頁。ミッチェル自身は英語ではmilitary contaminationやmilitary pollutionを用いているようである。Jon Mitchell, *Poisoning the Pacific: The US Military's Secret Dumping of Plutonium, Chemical Weapons, and Agent Orange* (Lanham: Rowman & Littlefield, 2020).

（10）友澤悠季「ゆきわたる公害――可視化するのは誰か」『世界』第九四二号、二〇二一年、一三六～一三七頁。

（11）大島堅一・除本理史・谷洋一・千暻娥・林公則・羅星仁「軍事活動と環境問題――『平和と環境保全の世紀』をめざして」日本環境会議／「アジア環境白書」編集委員会『アジア環境白書 二〇〇三／〇四』東洋経済新報社、二〇〇三年、二〇～四九頁。

（12）琉球新報社編／松元剛・松永勝利・宮里努・森暢平『ルポ 軍事基地と闘う住民たち――日本・海外の現場から』日本放送出版協会、二〇〇三年。

（13）*Living Along the Fenceline*, Codirected by Gwyn Kirk and Lina Hoshino, 2011.

（14）Mitchell, op. cit.

（15）United States Environmental Protection Agency, "Red Hill Bulk Fuel Storage Facility in Hawaii," https://www.epa.gov/red-hill (Accessed December 26, 2022).

（16）*Living Along the Fenceline*では、ハワイの米軍基地問題として真珠湾の汚染が取り上げられている。

（17）熊本博之『交差する辺野古――問いなおされる自治』勁草書房、二〇二一年。同『辺野古入門』（筑摩書房、二〇二二年）。

（18）高江と辺野古を含む琉球弧の軍事化・脱軍事化については、以下も参照。『越境広場』第三号（二〇一七年二月二八日）「特集一 沖縄・抵抗の〈原場〉――高江・辺野古へ／から」、第七号（二〇二〇年六月八日）「特集I 島嶼の政治性――ひとびとと海と抵抗をつなぐ導線」。『世界』第九四二号（二〇二一年三月）「特集二 軍事化される琉球弧」。ちなみに、『世界』同号には「特集一 二一世紀の公害」もあり、米軍基地によるＰＦＡＳ汚染についても触れられている。

（19）大野光明は、「安全・安心」概念をめぐる闘争、当事者の切り縮めと地域社会の分断、軍隊を中心とした社会空間の変容と管理という三つの点から軍事化の力学を論じる。大野光明「軍事基地がつくられるということ――京都での米軍基地建設と地域社会の軍事化」『平和研究（「積極的平和」とは何か）』第四五号、二〇一五年、一〇七～一二七頁。

（20）長島怜央「アジア太平洋地域における安全保障と地域社会――『アメリカの湖』の形成と展開」松下冽・藤田憲編『グローバル・サウスとは何か』ミネルヴァ書房、二〇一六年。グアムの軍事化の歴史については以下を参照。同「太平洋マリアナ諸島のグアムとサイパン――『アメリカの湖』における軍事植民地」町田哲司編『歴史で読むアメリカ』大阪教育図書、二〇二二年。

（21）福間良明「ポスト『戦後七〇年』と戦争社会学の新展開

――特集企画にあたって」『戦争社会学研究』第一巻、二〇一七年、八～一八頁。

(22) 野上元「創刊の言葉」『戦争社会学研究（ポスト「戦後」七〇年と戦争社会学の新展開）』第一巻、二〇一七年、一～三頁。

(23) 野上元「『戦争社会学』が開く扉」『戦争社会学研究』第一巻、二〇一七年、二五頁。

(24) 同右、二八～二九頁。

(25) 野上元「戦争社会学が開いた扉――研究会初期一〇年の活動を振り返って」『戦争社会学研究（軍事研究と大学とわたしたち）』第四巻、二〇二〇年、二二一～二二五、二二九頁。

(26) 「はじめに――『戦争社会学』を構想するために」福間良明・野上元・蘭信三・石原俊編『戦争社会学の構想――制度・体験・メディア』勉誠出版、二〇一三年、ix頁。

(27) 「軍事と環境」というテーマで参照すべき、戦争や軍事に関する社会学的・文化人類学的研究成果として、以下も参照。難波功士編『米軍基地文化』新曜社、二〇一四年。田中雅一編『軍隊の文化人類学』風響社、二〇一五年。好井裕明・関礼子編『戦争社会学――理論・大衆社会・表象文化』明石書店、二〇一六年。

(28) 朝井、前掲、一八～一九頁。同様の指摘は他の論者にも見られる。林、前掲、一頁。

(29) 座談会「軍事と環境」『環境と公害』第三二巻第四号、二〇〇三年、一九頁。

(30) 福地曠昭「公害の実態」『公害研究』第一巻第二号、一九七一年、一六～一八頁。

(31) 阿部、前掲、一九二頁。

(32) 座談会「軍事基地と沖縄の環境」『環境と公害』第二六巻第二号、一九九六年、二三～二四頁。

(33) 宇井純「沖縄大会を準備して」『環境と公害』第二六巻第四号、一九九七年、四七～四八頁。

(34) 宇沢はヴェトナム戦争による「人間と自然の破壊」、とくにヴェトナム中部フエにおける枯葉剤の影響に触れている。宇沢弘文「ヴェトナム戦争と環境破壊」『環境と公害』第三二巻第四号、二〇〇三年、一頁。

(35) 座談会「軍事と環境」、同右、一五頁。

(36) ミカエル・レンナー「軍事活動による環境破壊」レスター・R・ブラウン編（加藤三郎監訳）『地球白書一九九一―九二――新しい世界秩序を実現するために』ダイヤモンド社、一九九一年。

(37) 座談会「軍事と環境」、前掲、一五～一六頁。

(38) 同右、一六～一八頁。

(39) 梅林宏道「米国における基地閉鎖と環境回復」、大島堅一・除本理史「アジア各国の軍事環境問題の現状と課題」同右。

(40) 大島堅一「フィリピン・米軍基地跡の汚染被害」、尹堯王「韓国における米軍基地による環境破壊」『環境と公害』第三二巻第一号、二〇〇二年。

(41) 日本環境会議／「アジア環境白書」編集委員会『アジア環境白書二〇〇三／〇四』東洋経済新報社、二〇〇三年。

(42) 林公則「在日米軍再編と沖縄の軍事環境問題」『環境と公害』第三七巻第三号、二〇〇八年。

(43) 座談会「復帰三五年をどうみるか――『沖縄の心』（平和・

福祉・自治）はどう実現されたか」同右、六二頁。

（44）以下の内容は、第一三回戦争社会学研究会大会のテーマセッション「軍事と環境」での筆者のコメントを元にしたものである。ここでは概要を示すだけにとどめ、詳論については他日を期したい。

（45）大野光明「基地・軍隊をめぐる概念・認識枠組みと軍事化の力学――基地問題と環境社会学をつなぐために」『環境社会学研究』第二五号、二〇一九年、三九頁。

（46）ピースアルマナック刊行委員会『ピースアルマナック二〇二一』緑風出版、二〇二一年。また、川名晋史も世界における米軍基地の全体像を示しつつ、「今日の日本の基地はその数、兵員数、空間規模、資産価値のいずれをとっても世界で突出している」ことを明らかにしている。川名晋史「基地と世界」川名晋史編『世界の基地問題と沖縄』明石書店、二〇二二年、三〇頁。

（47）米軍の戦略を理解するという意味でもそれは重要である。川名晋史も指摘するように、米軍にとっては日本と韓国はセットであり、グアム、ハワイ、フィリピン、シンガポール、オーストラリアはインド太平洋地域としての地続きの「面」である。米軍がいかなる「地図」を持っているかを理解しなければ、問題を見誤るだろう。川名、前掲、八頁。

（48）デイヴィッド・ヴァイン（西村金一監修／市中芳江・露久保由美子・手嶋由美子訳）『米軍基地がやってきたこと』原書房、二〇一六年、一八九頁（訳を一部改変）。

（49）同右、一七四頁。

（50）Neta C. Crawford, "The Defense Department is worried about climate change – and also a huge carbon emitter," The Conversation, June 12, 2019, https://theconversation.com/the-defense-department-is-worried-about-climate-change-and-also-a-huge-carbon-emitter-118017 (Accessed April 17, 2022).

（51）Ibid.

（52）『世界』第九四二号（二〇二一年三月号）「特集二　軍事化される琉球弧」。

（53）林、前掲、三～八頁。

（54）「生の包摂」という言葉は、環境社会学会第四七回大会（二〇一三年六月、桃山学院大学）でのグアムの軍事化に関する筆者の報告に対する船橋晴俊のコメントなかで用いられたものである。地域社会の軍事化の一側面を的確に言い表した言葉として、ここでも用いることとする。

（55）Lutz, op. cit., p. 196.

（56）この点では、海外基地の安定的持続を目的とする「基地の政治学」をも研究対象としつつ、その知見を批判的に摂取することも意義があろう。「基地の政治学」については以下を参照。ケント・E・カルダー（武井楊一訳）『米軍再編の政治学――駐留米軍と海外基地のゆくえ』日本経済新聞出版社、二〇〇八年。

（57）たとえば、前掲『環境社会学研究』「特集　環境社会学からの軍事問題研究への接近」。林、前掲、三～五頁。

（58）マックス・ヴェーバー（脇圭平訳）『職業としての政治』岩波書店、一九八〇年、九頁。

（59）林は「軍事技術の発展と経済」の関係を論じるなかで軍産学複合体にも着目しているが、軍事の主体としては国家以外には想定していないように思われる。林、前掲、一七三～二三三頁。

特集1

アメリカ太平洋地域における軍事と環境

「グローカル軍事公害史」の構築に向けて

池上大祐
（琉球大学）

はじめに

今日の議論の結論としては、「軍事と環境」の問題についてては、まず実態解明への取り組みをおこなう、そしてそのために必要な突破口としての「日米地位協定が壁になっている米軍基地内への―註池上」調査権の確立を考えていかねばならない、ということになりますね。（中略）我々としては、少なくともこの問題に切り込んでいくための当面の課題を明確にして、世論づくりも進め、運動と連携しながら、実態調査グループや研究者ネットワークをどう作っていくかを考えていく必要がありそうです。

また、とくにこの点では、既に具体的な手がかりがあるのは、日本の沖縄、フィリピン、韓国、台湾などですから、まずはアジアのこの4か国・地域から手を組んで、それを広げていくことが重要です。(1)

これは、二〇〇三年発行の学術誌『環境と公害』三二巻第四号に収録された、二〇〇二年一二月一四日付けの座談会記録「軍事と環境」からの抜粋である。環境政策研究あるいは公害研究をこれまで牽引してきている宇井純、大島堅一、原田正純、宮本憲一、除本理史、寺西俊一らパネリストたちの当時の問題意識は、二〇〇一年の九・一一事件を契機とする

「アメリカと戦争」という状況を、かつてのベトナム戦争時での枯葉剤散布に伴うベトナムの重大な環境汚染・健康被害という「過去」から映し出しながら、すでに生じている／これから生じる戦争遂行（軍事基地の運用を含む）に伴う環境破壊・環境被害の実態を、同じ問題を抱えるアジア地域との連携のもとで解明しようとする姿勢に支えられていた。同座談会の冒頭で示された、「戦争と公害の世紀」としての二〇世紀を乗り越え、始まったばかりの二一世紀を「平和と環境の世紀」にしていくという環境研究専門家の理想は、「日常生活の中に軍事活動が入ってくる可能性が出てきているという状況を、もっと認識し、これが環境に及ぼす影響について真剣に検討すべき」という課題をわれわれに突き付けてきた。(2)

その座談会から約二〇年を経て、二〇二二年四月に開催された第一三回戦争社会学研究会大会はテーマセッション「軍事と環境」を企画した。

地球環境問題に対するグローバルな関心がますますの高まりをみせるなかで、戦争が大規模な環境破壊を招き、基地や軍隊の存在が環境汚染の要因となっていることは、従来から指摘されているところです。戦後長らく平和を享受してきた日本においても、沖縄を中心に多くの軍事基地を抱えており、基地の建設・運用などに伴う自然環境の破壊や人々の生活環境への深刻な影響、またヒロシマ・ナガサキの被爆やフクシマの原発事故など核による放射能汚染といった様々な軍事被害は、戦後の日本社会と切り離すことができない問題であるといえます。

こうした社会に遍在する軍事が環境や地域社会にもたらす諸問題について、私たちどのような視点で捉えることができるのか。(3)

上記企画趣旨文の抜粋にあるように「軍事と環境」というテーマは現在もひきつづきアクチュアルな課題としてわれわれに問いかけ続けている。同テーマセッションでは、鹿児島県馬毛島における米軍FCLP施設建設に対する地域住民の動き、沖縄県のローカル新聞による有機フッ素化合物（PFAS）報道の集中化、マーシャル諸島における核被害経験を土台とした「ヒバクシャ」という主体の在り方をめぐる動向が紹介された。このことと冒頭の座談会記録の抜粋と比べて、この二〇年の間に変化したといえるのは、実態解明のための対象地域が、馬毛島を掘り下げることでよりローカルに、太平洋島嶼国マーシャル諸島を射程に入れることでより広域的（リージョナル）になったことであろう。しかし逆にいえば、同テーマセッションの企画は、先の座談会から二〇年余り経った現在においても、米軍基地よる環境汚染問題が一切解決されていないという現実をわれわれにつきつける。最近でも沖縄内でＰＦＡＳの血中濃度が基地周辺の住民のなかで高くなっている実態が報道されている状況にある。(4)

日本における日米安全保障条約や地位協定の成立過程を中心としたアメリカの外交政策や安全保障政策についての研究は、冷戦史や日米関係史の文脈から在日米軍基地の実相を明らかにする手法に長らく依っていた。しかし、米軍基地による環境汚染はローカルな場に生きる住民の日常生活そのものをむしばむことから、従来の外交史や国家間関係史を専門とする側からも、社会史／内政史との接近が近年試みられている。事実、二〇一六年の歴史学研究会現代史部会は「軍事・社会空間の形成と変容――米軍との「接触」を中心に」をテーマに掲げ、神奈川、沖縄、グアムなどにおける米軍基地と地域社会への影響について議論したし、(5)筆者が二〇一八年五月に参加した済州大学共同資源センター主催の国際学術研究会は「東アジアにおける島、軍事基地、コモンズ」をテーマとして、基地社会を克服したあとのアジア太平洋島嶼地域の主体的な営みがいかに可能かについて多面的なアプローチからの議論を展開した。「軍事と環境」という今回のテーマは、まさに歴史学分野において展開されはじめている「軍事と地域社会」や、最新の岩波書店の『シリーズ 戦争と社会』全5巻という視角とも親和性が高いと思われる。

さらに歴史学の最近のもう一つの潮流に引きつけるとすれば、ローカル〈地方〉・ナショナル〈国家〉・リージョナル〈広域の地域〉・グローバル〈地球世界〉の四層の相互関係を重視する「グローバルヒストリー」という視点が挙げられる。その視点は、国際政治史ないし国際関係史の花形でもあった冷戦史を「米ソ」という大国間の関係のみに還元させず、植民地地域（第三世界）をも包摂する「グローバル冷戦史」ないし「グローバル開発史」という枠組みを生み出した。(6)

以上の研究状況を踏まえ、本稿では、筆者の専門分野であるアメリカ太平洋史研究の立場から「軍事と環境」を論じるにあたり、あえて挑戦的に「グローカル軍事公害史」という視点の提示を試みたい。「グローカル」はグローバルとローカルを組み合わせた造語であり、前述のグローバルヒストリーの枠組みを土台にしつつ、よりローカルな視点に立脚点を置くという意図を込めて使用する。また「軍事公害」という表現は、米軍による環境汚染を調査するジャーナリストのジョン・ミッチェルの調査研究で使用されている「基地公害」とともに使用されているが、どう使い分けているのかは現時点では不明である。ただ、筆者としては、たとえばアメリカ本土ネバダ州のウラン鉱山でのナヴァホ族の被曝の問題といった基地施設外での軍事戦略に関わる諸活動をも包含しうるよう、本稿では便宜上「軍事公害」とする。本稿では、第一に「アメリカ軍事環境史」という新しい枠組みが島嶼という視点を通じて登場してきた状況を簡潔に紹介し、第二に太平洋島嶼地域における「軍事公害」の具体例を、ジョン・ミッチェルによる調査成果を主に依拠して整理する。第三に、「軍事公害」の解決に向けた日米における環境立法の制定状況やその運用改善に向けた草の根レベルの市民グループの活動の意義について検討していく。

なお、日米の環境政策や公害研究について筆者は門外漢ゆえに浅学であり、すべての先行研究を網羅するには至っていない。したがってあくまで本稿は、一部の先行研究の成果に依拠しながら、「グローカル軍事公害史」という視点の可能性をアメリカ太平洋史研究および戦争／軍事の現代史研究の立場から予備的に言及するにとどめることとする。

一、アメリカ軍事環境史の登場
――島嶼への視点

「島嶼帝国」としてのアメリカ

第二次世界大戦後のアメリカは、グローバルな軍事基地ネットワークを確保する手段として、ミクロネシア――マリアナ諸島、東西カロリン諸島、マーシャル諸島の三つの群島群からなる赤道以北の太平洋島嶼地域区分のひとつ――を、一九四七年四月から国際信託統治領として自国の施政下に置いた。一九四五年六月に成立した国際連合憲章第一二章「国際信託統治制度」を根拠としたものであった。「旧国際連盟委任統治地域」と「敵国からの分離地域」のみを適用領域とした上で、「自治もしくは独立に向けて」信託統治領住民を漸進的に発展させることを目的とした。一九四七年七月から「信託統治政府」が発足し、米本国から任命される「高等弁官」が統治責任主体になるものの、実態としては米海軍司令官がそれを担ったことから事実上の「軍政」は、一九五一年の米内務省への移管まで継続された。

また、地理空間概念としての「ミクロネシア」のなかには含まれるものの、歴史的・政治的概念としてのそれからは切り離されている島が唯一存在する。それがマリアナ諸島の最南端に位置する米領グアムである。一八九八年一二月のパリ講和条約以来アメリカに併合されたものの、正式な政治的地位を付与されず、米海軍政下に置かれてきた。一九四一年一二月一〇日から三年弱の間日本軍に占領されたが、一九四四年七月二一日の米軍再上陸ののちアメリカ海軍政統治が再開された。日本統治以前の米海軍軍政と異なる点は、国際連合憲章第一一章「非自治地域に関する宣言」連合国の植民地地域における「自治」の発達を施政国の義務とした点にある。そうした植民地問題に対する国際規範の醸成もあいまって、一九五〇年八月に制定された「グアム基本法（the Organic Act of Guam）」は、米領グアムの統治主体を米海軍から米内務省へと移管させ、「非編入領域（unincorporated territory）」という政治的地位およびグアムの先住チャモロ人に対してはアメリカ市民権を付与するに至った。

ミクロネシアとグアムは、政治的地位が異なるとはいえ、アメリカ海軍の軍政統治下に置かれ——ミクロネシア全域を「アメリカ海軍島政府」とし、アメリカ海軍太平洋艦隊司令官が「軍政知事」となり、同政府「軍政副知事」にあたるマリアナ地区司令官は「グアム軍政知事」も兼任する——、特にマリアナ諸島については、もっともアジア地域に近接することもあって、戦後アメリカ統合参謀本部が策定した軍事基地ネットワーク構築に関する構想案において最も重要度の高い「主要基地（Primary Bases）」に指定されていた。当然そこには、政治的地位の異なるグアムもその一部として組み込まれていた。

グアムの場合、一九五〇年に先住チャモロ人にもはじめてアメリカ市民権が付与されることとなったものの、大統領選挙権がない、連邦議会にも代表を送ることができない、グアム知事を公選する制度もない、という制約が残ったままであった。また、米海軍省から米内務省による民政統治に移行したとはいえ、アメリカの「槍の先端（tip of the spear）」としての役割（ベトナム戦争における出撃拠点にもなってきた）も維持されたまま、現在に至っている。一九九〇年代からは、米軍基地反対と土地返還要求を掲げる「チャモロ・ネイション」というチャモロ人団体による運動も展開され、その延長線上にはグアムの脱植民地化（＝政治的独立）を目指す運動も存在している。

ミクロネシアでは、特にマーシャル諸島内のビキニ環礁・エニウェトク環礁での核実験に伴う島民の強制移住・被曝によって、現地の地域社会が破壊された。一九九〇年代までに信託統治の終了を迎えた現在では、「マーシャル諸島共和国」、東カロリン諸島で構成される「ミクロネシア連邦」、西カロリン諸島で構成される「パラオ共和国」として独立国となったものの、アメリカからの経済援助と引き換えに軍事的権利(基地建設権)をアメリカに与える「自由連合協定」が締結されたうえでの独立であった。

米軍基地の問題を帝国主義あるいは植民地主義の文脈でとらえなおそうとする視点としてチャルマーズ・ジョンソンは、グローバルな軍事基地網の構築とそれに伴う「アメリカ社会(米兵が快適に生活できる環境――たとえばゴルフ場などのレクリエーション施設など)」の移植というアメリカの政策の実態を「基地の帝国」と称して批判を展開した。新しい研究としてイギリス帝国史研究史家A・G・ホプキンズの大著*American Empire*も、「島嶼帝国Insular Empire」という概念をつかって、太平洋においてはハワイとフィリピン、カリブ海ではキューバとプエルトリコに特にフォーカスして、現地の社会構造、経済・通商関係、政治的地位をめぐる動向(ハワイは「州」、フィリピンは「独立」、キューバは「保護国」、プエルトリコは「コモンウェルス(自治領)」と、それぞれの「植民地以後」の政治的地位が異なる)を詳述するとともに、それがアメリカ本国の政治社会(例えば黒人公民権運動)とどう絡んだのかという点も含めて論じられている。またホプキンズは、アメリカ国内のアメリカ史研究において、この「島嶼」の歴史は忘却されてきたと喝破する。(7)

環境史研究の主題

では次に環境史という分野とはどのようなものなのか、そのなかでアメリカはどのように位置づけられるのかを、J・ドナルド・ヒューズ『環境史入門』をもとに概観していく。環境史がこれまで扱ってきた主題として大きく以下の点が挙げられている。すなわち、①人間の歴史に対して環境要因が与える影響について。②人間の活動に起因する変化、そして環境において人間が引き起こした変化が跳ね返り、人間社会の変化の道筋にもたらす様々な影響の在り方。③環境に関する人間の思考の歴史そして人間の行動様式が環境に与える行為をどのように動機づけているかの三点である。ジャレッド・ダイヤモンド『銃・病原菌・鉄』に代表される①の主題は環境決定論の性格が強いとされ、長期的時間を扱うことも多いようである。③は環境をめぐる人間の活動に力点が置かれ、近年では生態学、宗教、哲学、政治思想、大衆文化なども考察の対象になるなど、環境史の多様さをうかがわせる。環境史研究でもっとも関心が集中しているのが②の主題であるという。(8) 米軍基地が地域社会にもたらした環境汚染に対して軍・政府・地域住民がどのような対応をしたのかという点を明らかにしようとする本稿の基本的な主題も②に該当すると考えられる。

一九七六年のアメリカ環境史学会結成は、農薬DDT被害を警告したレイチェル・カーソン『沈黙の春』に代表される環境汚染への注目度が一九六〇年代以降に高まったことの反映であった。本稿でも後述するように、一九六〇年後半から一九七〇年代にかけてアメリカ国内でのさまざまな環境法が成立し、米国環境保護局も設置されるという状況のなかで、主に環境汚染問題の解決を政策レベルで目指す環境主義者たちがアメリカ環境史を牽引したようである。一九六〇年代以前のアメリカにおける「環境」はむしろ、国立公園の整備や連邦政府による森林資産の管理をはじめとする進歩主義的自然保全運動と、それによって維持された「自然」を、レジャー活動を通じて「消費する」豊かな生活スタイルを支える概念として使用されていたという。(9)

一九九〇から二〇〇〇年代初頭には、歴史と自然科学、生態学との相互作用による地球規模の環境史としてのいわゆる「グローバル環境史」という視点も提示されはじめた。前述のダイヤモンド『銃・病原菌・鉄』はその嚆矢であり、ヨーロッパ諸国の帝国主義と環境との関係を本格的に論じたクロスビーの『ヨーロッパ帝国主義の謎——生態学的視点から歴史をみる』(ちくま文芸文庫、二〇一七年)もその代表例として挙げられている。そのなかでヒューズが取り上げたグローヴの研究 *Green Imperialism* は、分析対象時期が近世期ではあるものの、環境史の起源を近世ヨーロッパ海洋帝国の医療科学者や生物学者といった専門家集団にさかのぼって探究し、環境の思考の形成における「島々」の重要性を指摘する。クローヴによれば、「島は規模が小さいために人間のあらゆる行為が文化的景観に及ぼす様々な影響を相対的に早く認識できる」という。(10)

とはいえ、多様なアプローチによってその射程を広げている環境史研究にも残された課題があるという。たとえば環境史を牽引してきたマクニールは、軍事的な側面、土壌の歴史、鉱業、各地の移民、海の環境史についての研究が不十分であると指摘した。ニクソンの研究*Slow Violence and the Environmentalism of the Poor*（2011）も、汚染、森林劣化、戦争の余波として起こる環境影響、気候変動を含め、その結果貧困層に対する暴力や社会紛争に至る、と主張し、その考察の重要性を示唆している。南アフリカの歴史家シタートは、「海は生命の起源であり、島々に居住するために通る道であり、大陸の発見、植民地化、奴隷化への開かれた道であった」との見解をもとに、これからの環境史は海洋に関心をもつべきと呼びかける。以上いくつかの研究が登場してきているが、ヒューズによれば、海洋に関する大観的な環境史の必要性は未だ書かれていない、とのことである。(11)

軍事環境史という視点

こうした環境史の抱える課題を前進させる可能性をもつ研究成果が、アメリカ史分野のなかで登場している。日本アメリカ史学会学会誌『アメリカ史研究』第四九号（二〇二二）の特集テーマ「環境」に寄稿された西佳代の論文「アメリカ領グアムの軍事環境史――フォンテ・ダムを中心に」である。同論文の根幹となるのが、近代フランスの軍事化と環境との関係についての著書をもつ軍事環境史家クリス・ピアソンによる「軍事化」の定義である。すなわち、軍事化を「政治、経済、社会、空間などで発生する人為的な現象」として捉えるだけでなく、「軍隊が地形、動物、植生、気候などの「非人間的要因を積極的に動員し、利用する過程」」として再定義し、「特定の軍事目的を達成するために一部もしくは全部が動員された物質的・文化的場所」を「軍事化された環境（militarized environment）」と呼んだという。そしてその「軍事化された環境」におけるさまざまなアクター（軍隊、政府、地域住民など）間の相互作用を明らかにすることが、同論文の「軍事環境史」のねらいとなっている。

西論文は、アメリカ史研究分野においては従来注目されてこなかったグアムという島嶼地域にフォーカスし、フォンテ・ダムの建設および水源の確保をめぐるナラティブの変遷が、グアムのような島嶼地域に無関心で予算を出し渋る連邦政府、水源などの生活環境を整えることで「軍民の良好な関係」を構築することで自身の存在の正当性を担保しようとする海軍、その海軍を資源管理者として受け止めながらグアム島内のインフラ維持という生存戦略をかかげるグアム政府の相互関係を映し出していく過程を、一九世紀末からのアメリカ海軍によるグアム統治史の概観も含めながら活写した。また西論文は、以下のことばで締めくくられている。

軍事化は自然に影響を与えるだけではないということである。海軍が自然と相互関係を結ぶ過程で、制度、法律、政治構造、文化など、社会全般にわたる変化が引き起こされているからである。つまり軍隊とその活動は社会から切り離されている存在しているのではなく、むしろ社会を形成していく要因となっている。今後は、軍隊とその活動を正面に捉えた環境史研究が行われていくゆくべきであろう。(12)

このように、これまでのアメリカ帝国史研究と環境史研究において十分な関心が払われてこなかった「島嶼／海洋」という視点に注目する研究の登場によって、「軍事環境史」という枠組みの意義が見えはじめた状況にあるといえる。しかし、ここで留意すべきことは軍隊と社会との自然を介した相互関係を描くあまり、軍事化が本来持っている暴力性という大前提をも相対化しかねないということである。その意味で、関係アクターの認識の在りようの解明（＝前述のヒューズが提示した環境史の主題③に当てはまると思われる）に力点がおかれている「軍事環境史」という新しい枠組みの有用性は認めた一方で、軍事化による自然環境汚染、住民の健康被害、生態系への影響（前述の環境史の主題②に該当）を一層可視化させていく作業も伴なわねばならない。そのためには、より何が課題かを明示するために「軍事公害」という概念を前面に押し出す必要が出てくる。その点を次章でみていこう。

二、太平洋島嶼地域における「軍事公害」

「軍事公害」の特徴

林公則の研究『軍事環境問題の政治経済学』（二〇一一）は、「軍事公害」という用語を使用していないものの、日本における四大公害に代表される「産業公害」とは異なる「軍事環境問題」の特徴を以下のように説明している。すなわち、①被害を引き起こす主体が民間企業ではなく国家である点。②国家安全保障の名のもとで情報が秘匿されやすい点。③米軍基地をもつ地域間（米国内外、米国外［例：日本とフィリピン］、日本国内［本土と沖縄］）の被害や対策における差別性の存在。④基地汚染・基地建設に伴う自然破壊・戦争による歴史遺産破壊・化学物質による継続する健康被害といった広範囲の被害の深刻性の四点である。

特に④の特徴からも読み取れるように、「軍事公害」は主に軍事基地建設、軍事基地での活動、戦争準備（軍事訓練・軍事演習）、実戦の四つ局面から生じる。そしてすべての局面に関わってくるものとして、林は「軍事による土地・大気の占領と資源の浪費」を挙げ、以下のように説明する。

軍事活動に使われる土地は、農業、自然保護、レクリエーション、住宅供給等、他の分野のニーズと衝突するようになっている。広大な面積の土地が軍隊に与えられている結果、国民は土地を利用する機会を奪われている。米国の大気空間に至っては三〇〜五〇%が何らかの形で軍事目的に使用されている。軍隊は、戦闘機、戦車、軍艦等で大量のエネルギーを使用する。F16ジェット戦闘機は、一時間足らずの訓練任務で米国の平均的ドライバーが一年間に消費するガソリンのほぼ二倍の量を消費する。（中略）軍事基地は、しばしば自然の下も豊かな土地に建設されるので、貴重な生態系や希少種に対して致命的な影響を及ぼすことがある。(13)

軍事基地内での活動という局面は、様々な兵器（化学兵器、核兵器含む）の生産、保守管理、貯蔵を通じて膨大な有害廃棄物（燃料、塗料、溶剤、重金属、殺虫剤、PCB、放射性物質など）を生み出し、基地内の環境汚染の原因をもたらしている。(14)戦争準備がもたらす「軍事公害」としては、離着陸訓練に伴う「基地騒音」が厚木飛行場をはじめとして日本本土・沖縄で多くの健康被害を引き起こしている。(15)これらはまさに、戦時／平時を問わず基地が存在する以上、永続させられる可能性のある事態であるといえよう。

「軍事公害」の事例

では、実際にこれまでどのような米軍基地および軍事活動由来の「軍事公害」の事例があるのかを概略的ではあるが整理していく。この問題について二〇一〇年代から精力的に調査研究を進めているのがジャーナリストのジョン・ミッチェルである。ミッチェルはこれまでに米国情報自由法（FOIA）を通じて、米国防総省、米国務省、CIAなど連邦政府機関に情報開示請求を行い、総じて一万五〇〇〇頁もの文書を入手しながら、書物として『追跡・沖縄の枯葉剤』（二〇一四年）、『追跡 日米地位協定と基地公害』（二〇一八年）、

Poisoning the Pacific（2020）、『永遠の化学物質　水のＰＦＡＳ汚染』（小泉昭夫／島袋夏子との共著、二〇二〇年）を刊行し、在沖縄米軍基地のほか日本本土や、旧信託統治領を含めた太平洋海域のアメリカ海外島嶼領土も調査対象としてきた。[16]

ミッチェルによれば、アメリカ社会が軍事公害の存在を認識しはじめたのは、一九六八年のユタ州の陸軍ダグウェイ実験場周辺でのジェット機によるＶＸガス試験散布で何千匹もの家畜（羊）が死亡した事件、一九六九年の沖縄県の知花弾薬庫（現在の嘉手納弾薬庫）で噴出したサリンで二四名の米国人が負傷した事件、そして一九七〇年のベトナム戦争時の枯葉剤作戦（ランチハンド作戦）終了を宣言する際に、枯葉剤エージェント・オレンジにダイオキシンが含まれていたことが発覚したこととの三つの出来事を経てのことであった。これらはアメリカ国内で環境意識が高まり始めた時期と重なり、一九七〇年の米国環境保護庁（ＥＰＡ）の発足によって、有害物質から住民を守るという姿勢が連邦政府のなかでも意識されるようになった。[17]

以下の**表**は、上記文献に加え、他の研究者の関連文献も含めながら、基本的な事例が通覧できるよう年表にまとめたものである。すべての事例を詳述する余裕はないが、情報を秘匿しようとする軍の姿勢と、実態を語る元兵員の証言とのズレがわかりやすく看守できる事例をあげておく。二〇〇三年の国防総省から上院議員への書簡で、朝鮮戦争での使用を見越して一九五二年に五〇〇〇缶の枯葉剤エージェントパープル（ダイオキシンを含む）が米領グアムに搬入・貯蔵されたという事実が報告された。ただ、国防総省の言い分は、エージェントパープルは一時貯蔵しただけでグアム島での使用はなく本国へ再移出されたし、他の除草剤についての記録もない、とのことであった。しかし、一九六〇〜七〇年代にグアムに駐留していた職員は、エージェント・オレンジを含む膨大な除草剤がアンダーセン空軍基地に貯蔵されていたと主張している。ほかの退役軍人は、「自らがアプラ港から空軍基地を通っている燃料パイプラインに沿って除草剤を撒き、また空港に雑草が生えないよう滑走路の淵に撒いた」と証言した。また、第四三輸送部隊の三等軍曹で一九七〇年代初頭にグアムに赴任したエドワード・ジャクソンは、除草剤の樽を含む軍事廃棄物を崖から廃棄したことを思い起こしながら、以下のように証言する。

アンダーセン空軍基地はエージェント・オレンジや他の

1980年代	1990年代	2000年代	2010年代
	1992　嘉手納基地で、AFFFが海に流出した事件を米空軍が調査 1996　米軍恩納通信所跡地からPCB等の有害廃棄物が検出される 1997　海兵隊が95年12月から翌年1月にかけて三回にわたり、鳥島射爆場での訓練中に劣化ウラン弾をご使用した事実が外務省から沖縄県へ報告 1999　読谷村の嘉手納弾薬庫地区返還跡地からカドミウムや六価クロムが検出	2001　西原町で発見された白リン弾（不発弾）の爆発事故 2002　恩納村で米軍から返還後使用している航空自衛隊恩納分屯基地内の旧汚染処理施設からPCB検出の報告 2002　北谷町美浜のメイモスカラー射撃訓練場の建築現場で、ドラム缶に入ったタール状物質が発見 2003　北谷町にキャンプ桑江北側が返還されるが、土壌調査で基準を超えるヒ素、鉛、六価クロムなどの特定有害物質が検出 2010　八重瀬町で白リン弾（不発弾）から発煙の事態	2013　1987年に嘉手納基地の一部返還された沖縄市サッカー場で、人工芝敷設工事時に、枯れ葉剤製造業者のドラム缶が108本発見され、高濃度のダイオキシン等多種類の有害物質が検出 2016　1月に沖縄県企業局北谷浄水場でPFAS検出。2月に普天間基地周辺の湧き水からPFOS検出 2019　北部訓練場返還地内のヘリパッド跡とその周辺で、不発の銃弾空砲、使用済みの照明弾や煙幕手りゅう弾などが見つかる。 2019.12　普天間基地からのPFAS流出 2020.4　普天間基地からの泡消火剤の漏洩
	1991　キャンプ座間、相模総合補給廠、川上弾薬庫含む秋月弾薬庫などの米陸軍基地からPCBやTCE検出 1997　岩国基地で、消防車輌が基地の排水口に消化剤を流す	2003　横須賀海軍基地の停泊中のUSSキティ・ホークのタンクから燃料油流出	2015　米国海兵隊岩国基地内からPCBが、基地外へ漏出 2018　米空軍三沢基地を離陸したF16 戦闘機がエンジン火災のため、燃料タンクを空中投下し、小川原湖に落下
	1992　アンダーセン基地がスーパーファンド法の対象リストに入れられ、PCB、重金属等の汚染が明らかに 1999　少量のマスタードエージェントとフォスゲン含む35の化学兵器実験用キットが私有地から掘り出された	2005　ココス島でのPCB、鉛、カドミウム汚染を住民がはじめて認識	2015　ココス島のラグーンでDDT検出 2016　PFAS汚染が3つの水源で検出される
1988　タナパグ村に1960年代に持ち込まれた電気コンデンサーの放置によるPCBを含むオイルの流出に伴う住民の健康被害の疑いが高まる	1999　25の米軍廃棄場が発見される	2000　EPAがゴルフコース真下の地下水調査で枯葉剤汚染を公表 2002　米軍廃棄処分場で砒素、鉛、PCB汚染が判明	2015　テニアン島の3分の2の区域、ファラリョン・デ・メディニラ島、パガン島に実弾訓練拠点化の計画が公表

表　太平洋地域における「軍事公害」に関連する出来事の年表

	1940-50年代	1960年代	1970年代
琉球列島	1948　伊江島での不発弾によるLCT事故 1957　具志川で、米陸軍燃料タンクからの大規模漏出での農地汚染被害	1961　やんばるで、軍作業員がまいた砒素を含む除草剤が家畜（牛）を殺傷 1965　米軍演習場からのCSガスにより宜野座中学校生徒が昼休みに呼吸困難に 1968　普天間内のパイプラインが破損し、燃料油が耕地・水田に浸透	1972　知花弾薬庫での事故で、読谷高校にCSガスが流れこむ 1973　キャンプ桑江で、廃油の大規模漏出 1973　那覇港で軍契約船に積んだ塩素ガスが漏出。マチナト・サービスエリアで防さび剤が漏出 1974　那覇でパイプラインからの燃料油の漏出 1975　マチナト・サービス・エリアで工業用洗剤が大規模流出 1976　国場川、宜野湾海域、天願川にもパイプライオから燃料油や洗剤が流出
本州島	1947　立川飛行場で、廃油貯蔵タンクと燃料貯蔵からの漏出が地元の水源を汚染		
グアム	1952　大量の枯葉剤（エージェントパープ）の搬入・貯蔵	1962　台風の影響でPCBを含むオイルで満たされた変圧器の破片がココス島のラグーンに飛び散る	1978　アンダーセン基地で、TCE検出
北マリアナ諸島			

1986　ジョンストン環礁薬剤処分システム（JACADS）を建設し、同島に貯蔵された化学兵器を破壊	1990　西ドイツに貯蔵された化学兵器やソWW2以後ソロモン諸島に放置されたままのマスタード薬剤砲弾を同島に移送→JACADSによる破壊作業実施→作業員の火傷 1995　破壊作業中の発火に伴うJACADSの電力機能停止が原因で構内通路にサリン漏出	2000　JACADSによる作業が完了 2002　JACADSの建物を破壊し、ダイオキシンおよびPCB汚染の土壌および金属廃棄物を地域内に埋立て 2003　EPAによるジョンストン島安全宣言。しかし近海の魚類からダイオキシン、除草剤、放射能などの汚染が明らかに	
1980　エニウェトク環礁内のルニット島には、放射性廃棄物をコンクリートで蓋をしただけの「ドーム」が完成	1990　西ドイツに貯蔵された化学兵器やソWW2以後ソロモン諸島に放置されたままのマスタード薬剤砲弾を同島に移送→JACADSによる破壊作業実施→作業員の火傷 1995　破壊作業中の発火に伴うJACADSの電力機能停止が原因で構内通路にサリン漏出	2000　JACADSによる作業が完了 2002　JACADSの建物を破壊し、ダイオキシンおよびPCB汚染の土壌および金属廃棄物を地域内に埋立て 2003　EPAによるジョンストン島安全宣言。しかし近海の魚類からダイオキシン、除草剤、放射能などの汚染が明らかに	

ジョンストン環礁	1958　2回の核実験。ロケット発射実験による放射能汚染	1962　10回の核実験。余波で電力通信を寸断および放射能汚染	1975　500以上の放射能汚染区域が発見される 1977　ジョンストン島沖のオランダ船舶上で枯葉剤の焼却を実施。排煙汚染で関係者の健康被害の疑い
マーシャル諸島	1946　ビキニ環礁での原爆実験 1954　ビキニ環礁での水爆実験で、マーシャル島民156名が被曝	1960年代から、クワジェリン環礁が、カリフォルニアからのミサイル発射実験の標的地域となる	1975　ビキニ環礁で、危険量のストロンチウム90を検出

＊実際に汚染源となる活動実施された時期以外に、有害物質が検出された時期や政府や自治体が公表した時期も含む
[典拠：ジョン・ミッチェルの著書のほか『沖縄県史　各論現代』(2022)、山本章子『日米地位協定』中央公論新社、2018年、竹峰誠一郎『マーシャル諸島　終わりなき核被害を生きる』新泉社、2016年)、宮城秋乃「汚された世界遺産候補地——北部訓練場返還地」新垣毅ほか『これが「民主主義か？』影書房、2021年をもとに筆者作成]

除草剤の莫大な備蓄を有していた。そこには多くの数千ものドラム缶があった。私はエージェント・オレンジにディーゼル油を混ぜて、過育性の森林をのぞくためにトラックで基地中にそれを撒いた。私はそれらとともに海軍基地へよく持っていったものだ[18]。

また、米軍による地域住民の存在軽視が読み取れる事例が北マリアナ自治領でもみられた。二〇一五年に北マリアナ自治領諸島内のテニアン島の三分の二の区域、ファラリョン・デ・メディニラ島およびパガン島で実弾訓練拠点として軍事化する計画が合衆国政府によって公表された。そのなかでパガン島には三〇〇名の住民がおり、一九八一年に火山噴火に伴う一時避難がありながらもまた帰島していた。しかし、同地域を軍事化したい国防総省は、その島には住民はいない、という露骨な嘘をもって正当化しようとしたという。北マリアナ自治領からは連邦下院議会に代表一名を送ることができるものの、議決権が認められていないことから、地域住民の意思が連邦政府に無視されがちであるとミッチェルは付け加えている[19]。

枯葉剤の貯蔵の事実を否定しようとするアメリカ政府の不誠実な姿勢は、琉球列島にも当てはまる。ミッチェルは、米国海兵隊に米国情報開示にもとづく文書開示を申請し、二〇一五年九月に「キャンプ・キンザーの有害物質による汚染の可能性に関する資料」と題される文書（一九九三年に作成）を入手した。ちなみに恩納村や北谷町のように返還された米軍基地跡地からの有毒物質の検出の事例はそれまでにもあったが、運用中の在日米軍施設内での汚染に関する文書が公になったのが本件初とのことであった。その文書によれば、一九七四、七五年におきた基地近辺での海洋生物大量死をうけて米陸軍が調査したところ、DDT、PCB、ダイオキシンなどの有毒物質による汚染が確認されたという。この報書の存在は、沖縄における枯葉剤保管の事実を否定し続けてきたアメリカ政府の主張との矛盾を示すものとしてきわめて重要である[20]。

二〇一〇年代からは、沖縄県内外における有機フッ素化合物（PFAS）による環境汚染の問題も表出している。ミッチェルによれば、二〇〇一年から二〇一五年の間に嘉手納空軍基地から誤って漏出した泡消火剤の量が二万三〇〇〇リットルに及び、そのなかにPFASを含有する泡消火剤も含まれていた。二〇一六年の米空軍の消火システムの調査によれば、基準値を大きく越えるＰＦＯＡが使用されていたことが判明した。さらに沖縄県内でも近年地元メディアで報道されるように、二〇一六年二月に普天間基地周辺の湧き水からＰＦＯＳを八〇ng／Lで検出し、二〇一七年の沖縄県環境部による他の湧き水の調査結果、一〇〇ng／Lを超えるＰＦＡＳ汚染も判明した。また、小泉昭夫と原田浩二による近年の疫学的調査によれば、普天間基地周辺の宜野湾市住民と基地のない南城市住民の血液採取の結果を比較したところ、ＰＦＯＡ、ＰＦＯＳ、ＰＦＨｘＳの血中濃度平均値がいずれも宜野湾市住民のほうが高いという結果となった。また、日本本土でも、三沢基地、横田基地、立川市の井戸水でも二〇一二年から二〇一八年にかけてＰＦＡＳ汚染が検出されている(21)。

以上、いくつかの「軍事公害」の事例を紹介したが、筆者の現時点での力量では、**表**の全体的な特徴や傾向を解釈することはできないが、少なくとも琉球列島・本州島・グアム・北マリアナ諸島・ジョンストン環礁・マーシャル諸島の「軍事公害」の各事例は、個別に散見されるというものではなく、アメリカの太平洋軍（二〇一九年からインド太平洋軍に改称）の軍事活動によって太平洋海域という「面」に対してもたらされたものであることは確かであろう。すなわち、ここでわれわれが改めて認識する必要があるのは、島嶼地域というローカル、日米というナショナル、太平洋海域というリージョナル、米軍基地を介した軍事活動拠点ネットワークを担保するグローバルな局面が「軍事公害」を介して、グローカルにつながっている点になろう。であるならば「軍事公害」を抑制するためにどのような対策を講じていくのか、という点もまたグローカルな連携が要請されることとなろう。

三、「軍事公害」への対応

アメリカにおける環境法の整備と運用

「軍事公害」を抑制するための対応としてまず触れるべきはアメリカにおける環境法の整備とその運用である。アメリカの環境政策において画期的だったのは、一九六九年に制定された「国家環境政策法」であった。すなわち同法は、国防総省にも事前に環境アセスメントの実施と環境影響評価の作成を義務付けた。さらに一九七八年にカーター大統領によって布告された大統領行政命令一二〇八八号では、他の連邦政府機関と同様に、米軍は環境法による制限に服することとなった。この間アメリカ国内では、一九七〇年に枯葉剤散布禁止、大気浄化法の制定および米国環境保護庁（ＥＰＡ）の設置を実施したり、一九七二年に水質浄化法の制定やＤＤＴ使用禁止措置を講じたりして環境政策がすすめられていた。一九八六年には、「スーパーファンド修正および再授権法」（一九八〇年制定の「包括的環境対策・補償・責任法」の改定版）に、民間と同じく国防総省も含むすべての連邦政府機関が法を遵守することが盛り込まれたことで、「国防環境回復プログラム」の設立も定められた。加えて一九九二年に制定された連邦設備責任法によって米国環境保護局は、連邦行政機関に対する汚染地域の浄化（一九七六年制定の資源保全回復法にもとづく）を求める強制力を権限として持つこととなった。[22]アメリカ国外の軍事施設を含む連邦施設の環境政策については、一九七三年と一九七八年の大統領行政命令によって、受入国の国内法にしたがっての環境汚染基準の遵守を規定している。事実、イタリア、ドイツ、オーストラリア駐留の米軍の施設には受入国の国内法が原則適用されることになっている。[23]

他方、在日米軍基地について、その運用や米軍の地位について取り決めた日米地位協定は、基地周辺地域の環境問題を規律する条項を規定していないゆえに、一九七〇年代以降、日本国内において「産業公害」克服を念頭においた一連の国内環境法（一九七〇年水質汚濁防止法、一九七三年化学物質の審査及び製造等の規制に関する法律［化審法］、一九九九年ダイオキシン類対策特別措置法、二〇〇二年土壌汚染対策法など）が在日米軍には適用されない事態が続いてきた。それゆえに日本国内では使用が禁止されている化学物質を含む汚染物質が漏出する例も生じている。返還された基地跡地から汚染物質発見されたとしても、地位協定第四条一項により米国には原状回復の義務がないので、汚染浄化に係る費用は日本側（土地所有者）がもつこととなっている。

とはいえ、現在にいたるまで地位協定の改定にまでには至らないものの、一九七三年に日米合同委員会合意された「環境に関する協力について」は、米軍基地による環境汚染が発生し、周辺地域に影響を及ぼしている合理的理由が認められる場合における沖縄県または当該市町村による、米軍現地司令官に対する調査要請を認めている。二〇〇〇年の日米安全保障協議委員会が発表した「環境原則に関する共同発表」は、在日米軍が作成する「日本環境管理基準（ＪＥＧＳ）」に従うこと、日米の共同環境調査やモニタリングのための基地へのアクセスを提供すること、アメリカ合衆国政府が汚染の浄化に取り組むことなどを盛り込んだ。二〇一五年に日米間で締結された日米地位協定を環境面から補う「環境補足協定」は、同年に作成された「環境に関する協力について」において、日本政府の現地立ち入り調査を盛り込むことを可能にした。しかし、日本政府の権限のみでの現地立ち入り調査は認められておらず。あくまで権限はアメリカ側にあるという。また、基地が所在する地方自治体がアメリカの意向によらない現地調査も認められていない、という課題を残したままである。(24)

砂川かおりが強調するように、「平時の軍事活動による環境問題解決のためには、国内法や国際協定によって環境保全義務とその手続きを明文化した実効性のある法的整備が不可欠(25)」であることは確かである。

「軍事公害」に抗うローカルな主体

環境政策の専門家であり、自らもその活動を長らく担っている桜井国俊は、「軍事公害」に対する適切な対応を行う上で、環境ＮＧＯと行政との協働や行政の監視が不可欠であると強調する。「軍事安全保障分野は国（政府）の専権事項」という認識を隠れ蓑にするかのごとく、日米両政府は前述のように沖縄における枯葉剤の存在を否定し続けてきた。しかし、二〇一〇年一〇月の生物多様性条約締約国会議（名古屋開催）で沖縄の状況を世界に発信するために立ち上がった環境ＮＧＯ「沖縄生物多様性市民ネットワーク」は、ジョン・ミッチェルと協力しながら、外務省・沖縄県・沖縄県議会・関係市町村への働きかけなどをつうじて、「軍事公害」の実態解明に奮闘してきた。その主な例が、二〇一三年六月に沖縄市サッカー場（一九八七年に返還された嘉手納基地の一部）で発見された一〇八本のドラム缶に関する調査であり高濃度のダイオキシン類の検出や沖縄で枯葉剤を扱ったことで前立腺がんになった帰還米兵の証言収集であった。この過程で「沖縄生物多様性市民ネットワーク」は、調査を沖縄防衛局（国）任せにせずに、同一のサンプルをとってクロスチェックし客観性を高めるよう沖縄市に働きかけてきたという。その後、環境市民調査団体「The Informed-Public Project」が発足したことで、「沖縄生物多様性市民ネットワーク」は二〇一六年八月に発展的に解消した。(26)

ローカルな市民団体による「軍事公害」への抵抗は、グアムやサイパンでも見受けられた。グアムでは、二〇〇四年からアメリカ政府で計画されはじめた「米軍再編」（トランスフォーメーション）の一環で、グアムのアンダーセン空軍基地とアプラ海軍基地の拡張と沖縄からの八〇〇〇名規模の海兵隊移転の計画が浮上していた。二〇〇九年に米軍は一万一〇〇〇頁の環境影響評価草案を発表し、それに対するパブリックコメントを九〇日間募集した。そこで明らかになったことが、チャモロ人にとっての伝統的なパガット村に実弾射撃場建設されることと、二二以上の井戸が帯水層に沈められ、二二〇〇エーカーの土地が接収され、島の人口が八万人――五〇％増――増えることになる、ことであった。こうした計画が、チャモロ人の怒りを買い、とグアムの市民団体「我らはグアハン（We Are Guahan）」とワシントンＤＣに拠点を持つ「歴史保存のためのナショナルトラスト（National Trust for Historical Preservation）」は国防総省をパガット村への実弾射撃場建設計画について告訴した。計画の見直しを迫られた国防総省は、四八〇〇名の海兵隊員をグアムに移転し、残りはオーストラリアとハワイに移転させること、実弾射爆場建設地をアンダーセン空軍基地敷地内で手付かずの砂浜とジャングルで占められているリティディアン（チャモロ語でリテクザン）地区に変更することとなった。(27) しかし、その建設過程でチャモロ人の遺跡や埋葬地が発見されたこともあいまって、住民団体「プルテヒ・リテクザン（Pruteḥi Litekyan/Save Ritidian）」のモネカ・フローレンスはリティディアンへの実弾訓練場建設に反対している。(28)

北マリアナ自治領でも、パガン島をはじめとする実弾射撃場建設を含む軍事強化に対して、市民グループの「パガンウォッチ」の共同創設者ペーター・Ｊ・ペレスは二〇一五年に、そのような軍事強化は、「南をグアム、西をテニアン、北をファラリョン・デ・メディニラ島とパガン島に設置される実弾射撃上で北マリアナ諸島のその周辺海域を取り囲むことになる」と説明し、続けてその軍事強化は、「北マリアナ諸島自治領での、健康、環境、天然資源、経済、文化、歴史的保存、社会正義、インフラ、公共の安全、運動の自由といった実質な生活局面において否定的な結果を拡大するであろう」と批判している。(29)

最後に触れておくべきことは、各地域の環境ＮＧＯや市民団体間の連携の動きである。桜井国俊は、以下のように述べている。

世界各地には米軍基地がもたらす環境問題に正面から取

り組んでいる人々がいる。沖縄が直面する環境汚染問題の解決には、そうした人々との連携・知識・経験の共有が極めて重要である。そうした観点から、沖縄の環境NGOは世界の環境NGOとの連携を深めてきた。(30)

具体例として挙げられているのが、米国の環境NGOとの協働で、米国国家歴史保存法(NHPA)〔米国国内環境法の域外適用がある〕を活用してサンフランシスコ連邦地裁で争ったジュゴン訴訟と、在韓米軍基地がもたらす環境汚染への対応方法の比較検討するための韓国の環境NGO(グリーン・コリアなど)との連携である。(31)

さらに前述したグアムの住民団体「プルテヒ・リテクザン」のフローレンスは二〇一八年一月に沖縄の市民団体の招きで普天間飛行場、辺野古の埋め立て工事現場、東村高江のヘリパッドの現場を訪れ、反対運動に取り組む地域住民との交流した経験をもつ。

「軍事公害」に抗うローカルな主体の連帯の動きの萌芽がここにみられるのである。

おわりに

以上、筆者の専門分野であるアメリカ太平洋史研究の立場から「軍事と環境」に関連する基本的な事例や動向について雑駁ながら整理してきた。島嶼帝国アメリカによる太平洋島嶼地域の軍事化の様相を前提としながら、これまでの環境史研究の成果と残された課題を受け止めるかたちで蠢動する「アメリカ軍事環境史」という視点の登場によって、従来「国の専権事項」という暗黙の認識のなかに落とし込まれていた軍事的課題が「地域社会」との関係性(すなわち「軍事化される環境」という場)のなかに引き出される可能性を本稿は見出した。次に、アメリカ軍事環境史をより具体的に構成するための分析概念として「軍事公害」を用いて、主に一九六〇年代以降の米軍基地を由来とする環境汚染問題について、太平洋地域に位置する琉球列島、グアム、北マリアナ諸島、ジョンストン環礁における事例をいくつか紹介した。そこから共通して看守できたのは、地域住民の存在を軽視する米軍の対応の在り方であった。最後に、「軍事公害」に対する対応の在り方について、日米政府レベルの環境関連立法の状況・運用とローカルな市民団体による環境調査活動の事例について紹介した。国防総省も連邦機関のひとつとしてさまざまな環境法の制約を受けることとなり、「軍事公害」の実態が明らかになりつつあるが、その活動を支えてきたのが、行政との協働ないし監視を担い、PFAS汚染についての疫学的調査を含む学術的な調査をも実践してきたローカルな環境NGOや市民団体およびその団体間の連帯／ネットワークの存在であったことについて述べた。

グローバルに張り巡らされた米軍基地ネットワークの存在は、同時にグローバルに「軍事公害」をもたらすことを意味する。それに抗うためには、「軍事安全保障問題は国の専権事項」というヴェールをはぎとり、米軍基地を抱えるローカルな地域がおかれている「軍事化された環境」の実態を可視化させる必要がある。さらにローカルな地域同士の連帯を模索することは太平洋海域という面（リージョナルな地域）を浮き上がらせ、国家の論理、グローバル化の論理に対抗しうるもうひとつの主体にもなりえるのではなかろうか。すでに太平洋島嶼地域は、一九八五年の南太平洋非核地帯条約の締結というリージョナルな場での連帯を経験している(32)。その経験をも包摂したかたちで、ローカルな場を土台／出発点としたリージョナルな連帯が、ナショナルおよびグローバルな諸局面との関係性のなかに「軍事的なるもの」がもたらす環境汚染問題を暴き出す学術的方法として、再度、冒頭にあげた二〇〇二年の座談会「軍事と環境」を想起しながら、ここに「グローカル軍事公害史」という枠組みを提起したい。

注

（1）座談会「軍事と環境」『環境と公害』三二巻四号、二〇〇三年、二一頁。
（2）同上。
（3）戦争社会学研究会HP《https://scholars-net.com/ssw/archives/1042》。
（4）『沖縄タイムス』二〇二二年一〇月一六日の記事。
（5）池上大祐「現代史部会批判」『歴史学研究』九五二号、二〇一六年一一月、五九～六一頁を参照。
（6）秋田茂／細川道久『駒形丸事件』筑摩書房、二〇二一年；O・A・ウェスタッド『グローバル冷戦史——第三世界への介入と現代世界の形成——』（佐々木雄太監訳）名古屋大学出版会、二〇一〇年；サラ・ロレンツィーニ『グローバル開発史——もう一つの冷戦』（三須拓也・山本健訳）名古屋大学出版会、二〇二二年。
（7）チャルマーズ・ジョンソン『アメリカ帝国の悲劇』文藝春秋、二〇〇四年；A. G. Hopkins, *American Empire, a Global History*, Princeton University Press, 2018. なおアメリカ帝国論の簡潔な流れと「島嶼」との関連性については、池上大祐「「島嶼帝国」

アメリカの「海の西漸運動」――アメリカ膨張史に関する一試論」『越境広場』第七号、二〇二〇年を参照。

(8) J・ドナルド・ヒューズ『環境史入門』（村山聡・中村博子訳）岩波書店、二〇一八年、三〜八頁。

(9) 同上、第三章。

(10) 同上、第五章。紹介した研究の書誌情報は以下の通り。Richard H. Grove (1995). *Green Imperialism: Colonial Expansion, Tropical Island Eden and the Origins of Environmentalism, 1600-1860*. Cambridge: Cambridge University Press.

(11) 同上、第六章。紹介した研究の書誌情報は以下の通り。John R. McNeill (2003). "Observations on the Nature and Culture of Environmental History," *History and Theory* 42:5-43; Rob Nixon (2011). *Slow Violence and the Environmentalism of the Poor*. Cambridge, MA: Harvard University Press; Lance van Sittert (2005). "The Other Seven-Tenths," *Environmental History* 10, no.1:106-9.

(12) 西佳代「アメリカ領グアム島の軍事環境史――フォンテ・ダムを中心に」『アメリカ史研究』四五号、二〇二二年、二三〜四〇頁。

(13) 林公則『軍事環境問題の政治経済学』日本経済新聞社、二〇一一年、五頁。

(14) 同上、五〜六頁。

(15) 先行研究の代表例として、朝井志歩『基地騒音――厚木基地騒音問題の解決策と環境的“公正”』法政大学出版会、二〇〇九年を参照されたい。

(16) ジョン・ミッチェル『追跡・沖縄の枯葉剤――埋もれた戦争犯罪を掘り起こす』高文研、二〇一四年；同『追跡　日米地位協定と基地公害』（阿部小涼訳）岩波書店、二〇一八年；ジョン・ミッチェル／小泉昭夫／島袋夏子『永遠の化学物質　水のPFAS汚染』（岩波ブックレットNo.1030）（阿部小涼訳）岩波書店、二〇二〇年；Jon Michell (2020), *Poisoning the Pacific: The US Military's Secret Dumping of Plutonium, Chemical Weapons, and Agent Orange*, London: Rowman& Littlefield.

(17) ジョン・ミッチェル「米国情報自由法と日本における米軍による環境汚染」『環境と公害』第五〇巻二号、二〇二〇年、五八頁。

(18) Michell, "Chapter 9 Toxic Territories: Guam, the Commonwealth of the Northern Mariana Islands and Johnston Atoll", *Poisoning the Pacific*.

(19) Ibid. パガン島の人口について一九八一年の火山噴火による住民避難以降、無人であると一般的に説明されるが二〇二〇年のセンサスでは二名となっている。人口については、United States Census Bureau, *2020 Island Areas Censuses: Commonwealth of the Northern Mariana Islands (CNMI)*《https://www.census.gov/data/tables/2020/dec/2020-commonwealth-northern-mariana-islands.html》を参照。

(20) ミッチェル「米国情報自由法と日本における米軍による環境汚染」、六〇頁。

(21) 同上、六一頁；小泉昭夫／原田浩二「沖縄の米軍基地周辺の有機フッ素化合物による環境汚染」『環境と公害』第五〇号二巻、二〇二〇年、五二〜五七頁。

(22) 砂川かおり「軍事基地と環境問題」沖縄国際大学公開講座委員会編『基地をめぐる法と政治　沖縄国際大学公開講座　十

五』沖縄国際大学公開講座委員会、二〇〇六年、一九四頁。

(23) 同上、一九七頁；砂川かおり「第七章　米国における軍事基地と環境法」宮本憲一・川瀬光義編『沖縄論――平和・環境・自治の島へ』岩波書店、二〇一〇年、一六三～一八四頁。

(24) 渡邉「基地汚染の法的課題」『環境と公害』第五〇号二号、六六頁。

(25) 砂川「第七章　米国における軍事基地と環境法」、一六四頁。

(26) 桜井国俊「沖縄の環境問題――沖縄の環境を脅かす米軍基地」『環境と公害』第四六巻三号、二〇一七年、一二～一三頁。

(27) Michell, “Chapter 9 Toxic Territories“, p. 186.

(28) 『朝日新聞』二〇一九年四月一六日付け記事《 https://digital.asahi.com/articles/ASM4J33CYM4JUHBI014.html?pn=3&unlock=1#continuehere 》。

(29) Michell, “Chapter 9 Toxic Territories“, pp. 191-192.

(30) 桜井「沖縄の環境問題」、一三頁。

(31) 同上。

(32) 池上大祐「太平洋島嶼地域における「連帯」の系譜――南太平洋非核地帯構想を中心にして」池上大祐／杉村泰彦／藤田陽子／本村真編『島嶼地域科学という挑戦』ボーダーインク、二〇一九年。

特集1

新規の軍事基地建設が環境や地域社会へ及ぼす影響に対する住民意識

馬毛島での米軍FCLP施設と自衛隊基地建設計画の事例から

朝井志歩（愛媛大学）

はじめに

軍事が社会に与える影響には様々なものがあるものの、軍事活動が引き起こす被害の一つに公害や環境問題がある。米軍基地や自衛隊基地など軍事基地周辺では、軍用機の飛行訓練による騒音や、基地内に保管されていた重金属や化学物質が漏れ出したことによる水質や土壌の汚染などが基地の運用によって生じている。また、近年では米軍基地や自衛隊基地の新規建設や既存の基地の拡張・機能強化が相次いでおり、海の埋め立て工事に伴う水質汚濁などの自然環境破壊が起きている。このような基地内や基地周辺で実施される訓練や演習、日常的な基地の維持・管理などによって起きている環境破壊を、林公則は「軍事環境問題」と呼び、各種の軍事活動がきわめて深刻な環境破壊を引き起こしているにもかかわらず、軍事環境問題が学術的な研究対象として取り上げられることがほとんどなかったため、被害の実態すら未解明のままに放置されてきたと指摘している(1)。また、軍事環境問題とは、軍事行動が行われるすべての空間と人において発生しており、戦時と平時をわかたず発生しているため、戦時と平時という時間的な切り分けは意味をなさず、無限定な広がりと深みという枠組みから軍事環境問題をとらえる必要があるとも指摘されている(2)。これらの指摘にあるように、軍事とは戦争という有事にのみ被害を引き起こすわけではなく、日常的な訓練や基地の維持・管理によっても深刻な被害を引き起こしているため、平時との連続性という観点から軍事がもたらす被害に着目する研究が求められる。

本稿では、環境社会学が研究対象とする「環境」や「被害」とはどのようなものであるかを紹介した上で、環境社会学の知見が軍事環境問題の研究にいかなる示唆を与えるのかについて検討する。次に、馬毛島での米軍ＦＣＬＰ訓練施設と自衛隊基地建設計画を事例とし、この計画の経緯や現状について概説する。そして、この計画に対して反対派と賛成派の住民の双方の認識を明らかにし、それぞれの認識の相違について解明する。そうした住民による意味世界を解明した上で、軍事基地が建設されることによる被害とは何かを考察していく。

一、環境社会学が研究対象とする「環境」や「被害」とは何か

「環境」とは、森林や海、河川といった自然環境をイメージする言葉であり、一般的には環境問題とはそれらの自然環境が悪化した問題として認識されることが多い。しかし、環境社会学の研究対象は自然環境に限定されたものではなく、そのために環境社会学が解明してきた環境問題には、自然環境の悪化のみならず、もっと広範囲の問題が含まれている。

飯島伸子は、「環境社会学は、人間社会の研究をするにあたって、社会的・文化的環境に加えて自然的環境との相互的な関係の研究を不可欠としている点において特徴的」であると述べ、「自然環境と人間社会の相互関係を研究するに際して、自然的側面ではなく社会的側面のほうに注目して研究する」という点を環境社会学の定義の一つとして強調している(3)。また、舩橋晴俊は環境問題を「人間社会の生産活動や消費活動によって、環境が利用され、環境に影響が及ぼされる過程において、生物にとっての生存条件が悪化し、とりわけ人間社会の生存と生活にとっての必要なもしくは望ましい環境が悪化したり破壊され、人々の健康や生活に悪影響が及んでいること、あるいは及ぶおそれが生じていること」を指すと定義している(4)。そして、公害問題研究などで環境社会学が被害を解明するにあたって、舩橋は「医学的研究が、主要には人体としての被害者に注目するのに対して、社会学的視点は生活者としての被害者を把握しようとし、その生活総体への打

撃として被害を捉えようとする」[5]と述べている。

上記した定義から分かるように、環境社会学は社会学的視点から環境を研究対象とするからこそ、自然環境と人間社会の相互関係を社会的側面のほうから研究し、被害の捉え方も、医学的な観点から人体としての被害に注目するのではなく、生活総体への打撃として被害者の受けた被害を広く捉えようとしてきたのである。言い換えれば、人の健康の悪化という医学的な側面からのみ被害を捉えるのではなく、そこで暮らす人々の生活全般に及ぶ社会的側面から被害に着目したのが、環境社会学による被害の捉え方の特徴といえる。

また、被害を受ける当事者にとっての被害の意味や被害の現れ方を重視する環境社会学は、加害者の論理での被害の規定や、問題の認識に対して批判性を持っている。加害者の論理で被害を捉えることが、社会において被害者の切り捨てや被害の放置、被害の矮小化を招くことを実証研究に基づいて指摘してきたのが、環境社会学の特徴といえる。さらに、環境社会学は「被害構造論」「受益圏・受苦圏論」「環境正義(environmental justice)」などの理論枠組みを提示し、負担の格差や意思決定の力関係の非対称性に注目してきた。特定の人々に被害が集中する社会的メカニズムの解明も、環境社会学の特徴といえる。

二、環境社会学の知見に基づく軍事環境問題の研究

自然環境と人間社会の相互関係を社会的側面から研究し、人々の生活全般に及ぶ社会的側面から被害に着目する環境社会学が、軍事環境問題を研究する意義とは何だろうか。本章では、環境社会学の知見が軍事環境問題の研究にいかなる示唆を与えるのかを検討する。

軍事環境問題を環境社会学の観点から行った研究は、一九九〇年代から見られる。公害研究に長年携わってきた宇井純は、沖縄の米軍基地周辺での燃料タンクからの油漏れによる地下水汚染や、軍事演習や基地内施設工事によって赤土が海に流れ出してサンゴが絶滅の危機にさらされる「赤土問題」などを一九九〇年代半ばに指摘している[6]。また、在日米軍基地に起因する環境問題の代表的なものに米軍機の騒音があり、全国の米軍飛行場周辺では深刻な社会問題となっている。環境社会学の観点から厚木基地と岩国基地周辺での騒音問題を扱ったのが、著者による研究である[7]。その他にも、米軍基地

内に保管されているＰＣＢや水銀、砒素、鉛、ＰＦＯＳ・ＰＦＯＡ、ヴェトナム戦争で散布された枯葉剤など、重金属や化学物質による基地周辺の土壌や水質の汚染、癌の発症などの実態に関する研究がある。(8)

これらの問題が生じる要因には、在日米軍基地に対する環境規制がずさんであり、厳格な規制として機能していないためである。一九六〇年に締結された日米地位協定では、第四条一項で米側は基地を返還する際に、基地を提供された時の状態に回復する「原状回復義務」や、回復する代わりに補償する「補償義務」を負わないと定められている。そのため、基地内に有害物質が大量に保管されていながら、その管理は徹底されず、管理の不備による土壌や水質の汚染が生じやすいのである。また、米軍基地内での米軍の活動に関して、日米地位協定第三条一項での「合衆国は、施設及び区域内において、それらの設定、運営、警護及び管理のため必要なすべての措置を執ることができる」という基地管理権により、日本の国内法が適用されていない。そのため、米軍基地内は事実上「治外法権」という状態にあり、環境規制と関わる日本の法律は基地内の活動に対して効力を持たず、自治体が抜き打ちで立ち入り検査をすることも認められていないのである。

さらに、在日米軍の活動に関連する様々な特別法が制定されていることにより、日本の法令が制約されている。例えば、「地位協定実施に伴う航空法特例法」により、航空機の安全な飛行を確保するために規制を設けた、航空法の第六章「航空機の運航」(第五七条~第九九条)のほとんどすべてが、米軍機に対して適用除外となっている。そのため、最低安全高度の遵守が米軍機に対しては義務付けられておらず、低空飛行が規制されていない。(9)また、アメリカ国防総省が定めた「日本環境管理基準(Japan Environmental Governing Standards：ＪＥＧＳ)」や、二〇一五年九月二八日に発効した「環境補足協定」では、在日米軍基地に対して環境に配慮した米軍基地の運用の重要性が示され、日米関連法令のうちより厳しい方の環境基準の適用が明記されている。しかし、「日本環境管理基準」では軍需品や放射性物質については言及されておらず、騒音についての項目は二〇〇一年一〇月付けの「日本環境管理基準」から削除されたため、現実に米軍基地での活動に対する環境規制となっていない。つまり、在日米軍基地周辺での公害や環境問題は社会構造そのものに発生要因があり、だからこそ解決が困難なのである。

こうした問題構造を持つ在日米軍基地が及ぼす影響につい

て、地域社会の意思決定過程や住民運動の実態を解明することで、住民の生活全般に及ぶ被害を社会的側面から解明した研究が環境社会学ではなされてきた。普天間基地の移設候補地である辺野古や[10]、厚木基地からの空母艦載機の移駐計画が持ち上がった岩国基地を事例とした研究がある[11]。これらの研究では、外部からの計画に地域社会が巻き込まれ、変容していくこと自体を被害と捉え、その変容を意思決定過程に注目して考察するという特徴が見られる。つまり、意思決定の力関係の非対称性や地域間格差に着目し、特定地域に被害を受け入れる選択を迫り、被害が集中していく社会的メカニズムを解明しているのである。この観点は、当事者にとっての被害の意味や現れ方を社会的要因との関わりから考察し、負担の格差や意思決定の力関係の非対称性に注目して問題を解明する、環境社会学の特徴が活かされているといえる。

これまでの研究成果から、環境社会学の観点から軍事環境問題を研究する可能性には、第一に、実証研究に基づいて被害の実態を解明し、何が被害として認識されているのか、もしくは被害として認識されていないのかを解明することがあると思われる。そして第二に、被害は誰に生じやすいのか、どのような地域で起こりやすいのかなど被害の偏在について、被害者や被害地域が置かれた状況を社会構造的な観点から明らかにすることであるといえる。

なお、米軍基地や自衛隊基地を受け入れることによる地域社会への影響に関する研究は、環境社会学のみならず平和学や戦争社会学でも見られる。自衛隊基地に関して、高度経済成長期の小松基地を事例として、地域社会が自衛隊施基地を受け入れた経緯から軍事化が地域社会に与えた影響について検討した松田ヒロ子の研究や、一九五〇年代に旧日本軍基地を転用して警察予備隊の誘致を選択した茨城県阿見町の事例に関する清水亮の研究がある[12]。こうした歴史的な観点からの研究の他にも、現在各地で起きている事例を扱った研究として、藤谷忠昭による与那国や宮古島、石垣などでの自衛隊の増強に伴う基地の誘致に関する研究や[13]、大野光明による、京都府京丹後市宇川の自衛隊基地での米軍基地建設とミサイル防衛システムを担うXバンドレーダーの配備が地域社会に与えた影響に関する研究などがある[14]。これらの平和学や戦争社会学での研究と環境社会学での研究には、シンシア・エンローによる「軍事化」の概念を使って地域社会の変容を説明し、その問題性を指摘している点に共通性があり、問題関心は重なるといえよう[15]。そのため、環境社会学による知見を活かし、地域社会や住民にとって何が被害なのかという被害の認識に着目し、実証研究によって多様な観点から軍事施設が地域社会に及ぼす影響について解明することは、戦争社会学の研究の発展においても意義があるのではないかと思われる。

次章では、現在進行中の馬毛島での米軍の空母艦載機離発着訓練（ＦＣＬＰ）施設と自衛隊基地の建設計画を事例として取り上げ、この計画が持ち上がった経緯について概説する。

三、馬毛島がＦＣＬＰ施設の候補地となった経緯

馬毛島の概要

馬毛島は種子島から西に約一二キロメートル離れた、面積八・一七平方キロメートル、最高標高七一・一メートルの平坦な島である。無人島としては日本で二番目に大きく、行政区は種子島にある鹿児島県西之表市（人口約一万四〇〇〇人）である。馬毛島は人口がピークとなった一九五六年には一一三世帯五二八人が居住していたが、その後過疎化や離農が進行し、一九八〇年四月に島民がすべて去り、無人島となった(16)。現在は定期航路がないものの、馬毛島周辺では種子島漁協が漁業権を持ち、現在も漁業が営まれている。

米軍のＦＣＬＰ代替施設の模索と馬毛島での開発計画の頓挫の歴史

馬毛島では二〇二二年一二月現在、米軍のＦＣＬＰ施設と自衛隊基地の建設計画が進行中であるが、元々は米軍のＦＣＬＰ施設の建設候補地として計画が浮上した。ＦＣＬＰ（Field Carrier Landing Practice）とは、米海軍の空母艦載機が行う連続離発着訓練であり、基地の滑走路を空母の甲板に見たてて、タッチ・アンド・ゴーという、空母艦載機が着陸後にエンジンを全開し、再離陸する訓練であり、パイロットの着艦技量の維持と向上を目的としている(17)。

神奈川県の人口過密地域にある厚木基地では、一九八二年からＦＣＬＰが開始されたことで、基地周辺での騒音が深刻な社会問題となった。そのため、ＦＣＬＰの恒久的な訓練施設の建設が模索され、一九八〇年代には三宅島が候補地となったものの、住民の激しい反対などで計画は頓挫した(18)。そこで、小笠原諸島の南端に所在する硫黄島で一九九一年一二月から訓練が実施されたものの、硫黄島はあくまでも暫定施設という位置付けであるため、その後も恒久的な施設の模

索を政府は進めた。そうした経緯から、二〇〇六年五月、米軍再編計画の最終協議で厚木基地から岩国基地へ空母艦載機五九機の移駐が示され、空母艦載機の恒常的なFCLP施設を二〇〇九年七月またはその後のできるだけ早い時期に選定することが目標として掲げられた。その翌年、二〇〇七年二月二二日に「政府がFCLP施設として馬毛島の検討に入った」と報道され、初めて馬毛島がFCLP施設の候補地として浮上したのである。

図1　馬毛島位置図
出典：馬毛島環境問題対策編集委員会編著『馬毛島、宝の島』南方新社、2010年、2頁。

馬毛島がFCLP施設の候補地となった理由には、種子島から西に約一二キロメートル離れた平坦な無人島であるため、周辺住民に騒音を発生させないことが予想されるといった地理的条件が作用していると思われる。しかしそれだけでなく、これまで馬毛島での数々の開発計画が頓挫し、その開発計画に伴い一企業が馬毛島の土地の九九・六%を所有していたという、用地取得の利便性が大きく関わっているといえる。

一九七二年に馬毛島には開発計画が持ち込まれ、具体的な開発計画が定まらないまま、平和相互銀行からの融資を受けた馬毛島開発株式会社が一九七三年に設立され、一企業による民有地の買い取りが先行した。一九七五年に研修・レジャー及びレクリエーション施設構想が示されて以後、一九九九年までに、石油備蓄基地、自衛隊のOTHレーダー基地、高レベル放射性廃棄物の最終処分場、日本版スペースシャトル着陸場、原発の使用済み核燃料の中間貯蔵施設など数々の計画が浮上したものの立ち消えとなった[19]。その間、一九九五年に馬毛島開発株式会社の経営権が移譲されて「タストン・エアポート」と社名が変更し、この会社が馬毛島の土地の九九・六％を所有することになった。タストン・エアポート社は国内と外国空港をつなぐ航空貨物のハブ空港をめざし、馬毛島で滑走路の建設のための採石事業と林地開発を鹿児島県の許可を得て二〇〇一年から一〇年間実施した。この事業は、一、二年ごとに小さな面積の採石をするものとして申請されたが、一回の申請での採石面積が小規模であったため、環境影響評価の対象とはならず、県による監督も実質的には行われなかった。この一〇年間の工事で緑地であった馬毛島の表土ははがされ、島の中央部に南北四キロメートル、東西二・五キロメートルの二本の滑走路が建設されたことは、マゲシカに代表される馬毛島の生物相や生態系に大きな影響を与えた[20]。国の公害等調整委員会は、二〇一六年一〇月二五日に「森林法の許可申請、届け出の範囲を超える開発、伐採が推認される」と指摘し、馬毛島での開発行為の違法性を追認している[21]。この滑走路を整備して米軍のＦＣＬＰ施設とする計画が公式に表明されたのが、滑走路の建設が終わった二〇一一年の六月であった。その後、企業との間で土地の買収交渉が難航したが、二〇一九年一二月二日に政府は馬毛島を約一六〇億円で買収することで合意したと公式に発表し、馬毛島の土地は国有地化された。

以上の経緯から、馬毛島がＦＣＬＰ施設の候補地となった理由は第一に、三宅島での反対運動で計画が頓挫した経験から、政府は住民がいない無人島が候補地として適切と見なしたためといえる。第二に、一企業が土地の九九・六％を所有しているために、反対運動での土地の不売戦略を回避でき、用地買収が容易で計画の実現可能性が高いと政府が見なしたためといえる。第三に、地権者である企業は開発計画がすべて頓挫したため、馬毛島の土地を売却して、土地の買い取りと滑走路整備にかかった費用を回収しようとしたためといえる。

次章では、ほぼ全域が国有化された馬毛島でのＦＣＬＰ建設計画と自衛隊基地建設計画が具体的にどのようなものあるのかについて述べていく。

四、馬毛島での基地建設計画の概要と手続きの実施

「ご説明資料」と「馬毛島における施設整備」での計画案

二〇一九年一二月に政府が馬毛島の土地の買収合意を公式

に表明した直後、一二月二〇日に防衛副大臣は西之表市を訪れ、新たに「ご説明資料」という計画案を提示した。この「ご説明資料」では、これまで米軍のFCLP施設としていた基地建設計画が、「自衛隊馬毛島基地（仮称）」を整備して自衛隊が管理・使用する内容へと変更された。そして、FCLP施設としては引き続き候補地であると示され、FCLPは年二回、各一〇日程度、準備を含めてそれぞれ約一カ月実施する計画が記された。[22] その後、二〇二〇年八月七日に防衛省が西之表市に提示した説明資料「馬毛島における施設整備」では、「ご説明資料」の計画を具体化した、馬毛島基地（仮称）施設配置案が示された。[23] この「馬毛島における施設整備」では、「わが国の安全保障環境」に関する説明が最初に示され、南西諸島に自衛隊の活動拠点が必要であるからこそ、馬毛島に自衛隊施設を整備する必要性があるという論理構成になっている。そして、三つ掲げた馬毛島に自衛隊基地を整備する必要性のうち三番目に「米空母艦載機の着陸訓練（FCLP）の施設が必要」と記載しており、米軍のFCLPの施設としての使用が後景に退いた表記をしている。また、馬毛島に建設される各施設の配置図が示され、島の九割が事業実施区域として整備されることが明らかにされた。さらに、「米軍は、馬毛島基地（仮称）に常駐するのではなく、FCLP訓練の際、一時的に滞在します」と明記され、馬毛島周辺の地図に岩国基地と厚木基地での七五WECPNL等値線図を当てはめた騒音予想図が示され、種子島は七五WECPNL以上の騒音区域には入らないことが図示された。加えて、主に自衛隊が管理し、訓練に使用すると明記され、自衛隊員が一五〇から二〇〇名程度恒常的に勤務し、自衛隊員及びその家族は種子島の宿舎等に居住することを想定しているとも記された。

海上ボーリング調査と環境影響評価

上記した馬毛島での基地建設を進めるために、防衛省は手続きを開始した。種子島漁協は二〇二〇年九月三日に馬毛島周辺の海上ボーリング調査の受け入れに同意し、同年一一月九日、海底の土石採取などの許可権限を持つ鹿児島県は「漁業に及ぼす影響は限定的」として馬毛島沖でのボーリング調査を許可し、一二月二一日からボーリング調査が始まった。そして、二〇二一年二月一八日に防衛省は馬毛島での環境影響評価の手続きを開始した。二〇二一年四月に公告された「馬毛島基地（仮称）建設事業に係る環境影響評価準備書」

では、「馬毛島における施設整備」に記載した馬毛島に建設予定の各施設の概要をより具体的に説明し、例えば、二本の滑走路の長さは二四五〇と一八三〇メートルと記されている。(24)また、年間の飛行回数を米軍機と自衛隊機で計約二万八九〇〇回と想定し、騒音レベルは環境基本法での基準値五七デシベルを下回る三五・一から五四・四デシベルという予測を示した。さらに、米軍のＦＣＬＰは、深夜三時頃までに及ぶ場合があることが明記されている。(25)

この環境影響評価準備書に対して、六月二日までに約二千件の意見が寄せられた。(26) 準備書では、二〇二一年五月に実施された自衛隊戦闘機によるデモフライトの音の測定結果が示されているが、その際に滑走路によるタッチ・アンド・ゴーは実施せず、自衛隊機による飛行であったため、米軍の空母艦載機によるＦＣＬＰの騒音と同等の値が測定されるとはいえない。(27) にもかかわらず、デモフライトで示された数値が、あたかも実際のＦＣＬＰの騒音の数値であるかのように示している。また、準備書の図六—三—一三（一）と（二）では、艦載機の離発着訓練が種子島上空を飛行することはない

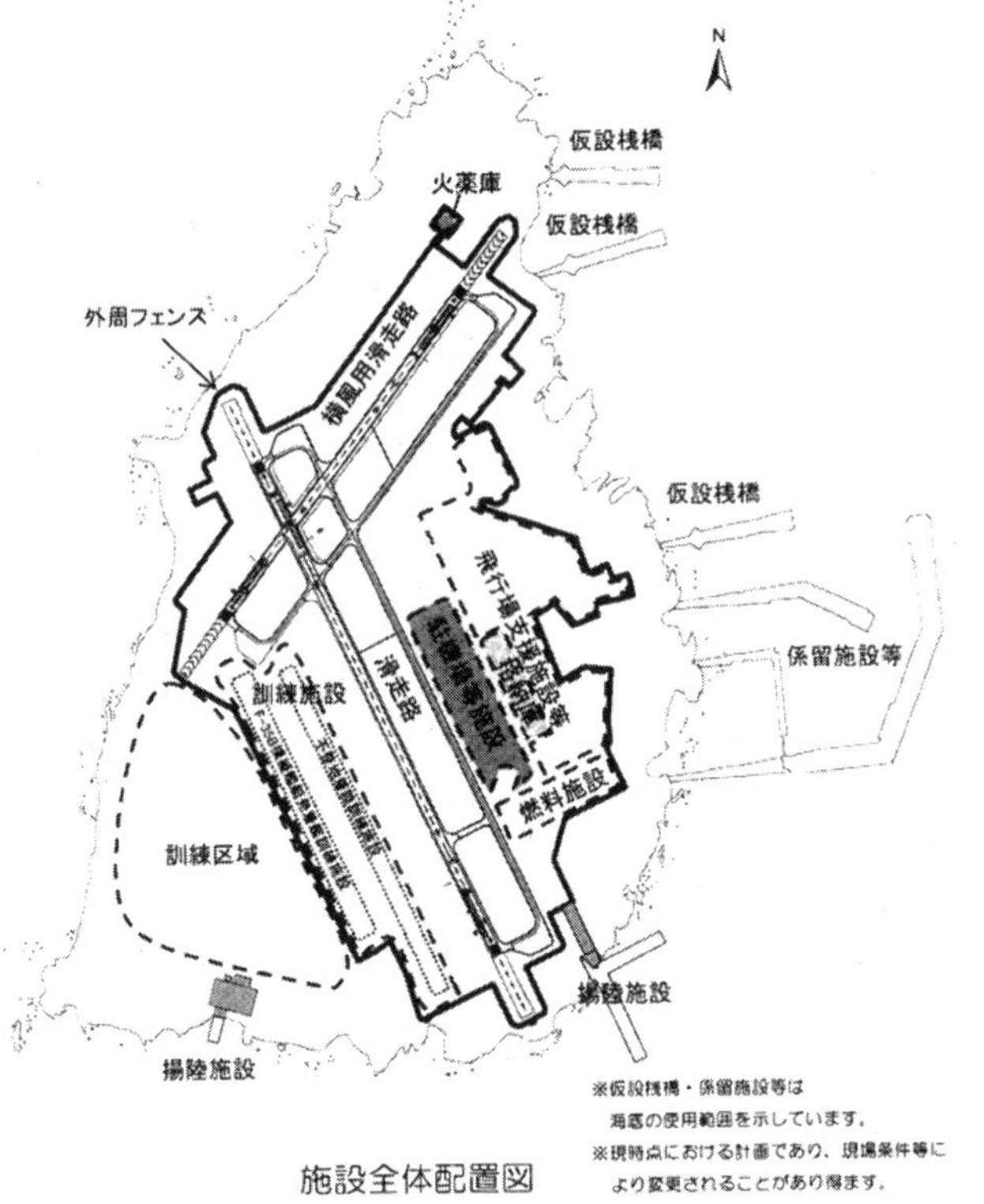

図2　環境影響評価準備書での馬毛島基地（仮称）の施設全体配置図
出典　「馬毛島基地（仮称）建設事業に係る環境影響評価準備書のあらまし」熊本防衛支局、令和4年4月、2頁。

と図示されているが、[28]二章で述べたように、日本側には米軍機の飛行経路や飛行頻度等に関して管理する権限はなく、防衛省が管理主体であるかのように図を示すことは、誤解を誘導する意図があると指摘できる。さらに、環境省が「絶滅のおそれのある地域個体群」に選定している馬毛島のニホンジカ（マゲシカ）の個体数の減少が懸念されているにもかかわらず、頭数の変化をシミュレーションする調査が行われた形跡が見られず、立澤史郎は意見書で調査のやり直しを求めている。[29]二〇二二年一〇月一四日に準備書に対する三九項目の知事意見が取りまとめられ、二〇二二年一二月現在、事業の実施に向けて環境影響評価の手続きが進行している。

政府による馬毛島での基地建設の「決定」と工事の着手

上記したように、馬毛島での基地建設のための環境影響評価はまだ完了していない。にもかかわらず、防衛省は環境影響評価完了前から馬毛島での基地建設工事に着手した。二〇二一年一二月二四日、自衛隊馬毛島基地（仮称）の施設整備費三一八三億円や約一〇億円の米軍再編交付金を防衛省は予算計上し、閣議決定された。その後、二〇二二年一月七日、日米閣僚協議でこれまで「候補地」としてきた馬毛島の位置付けを「整備地」へと変更し、防衛省は一月一二日に日米両政府の合意事項として馬毛島への整備計画を「決定した」と西之表市長に伝えた。そして、七月一日に馬毛島で外周道路の工事に着手し、八月一六日には馬毛島の葉山港で浚渫工事を開始した。これらの工事についての防衛省の見解は「基地建設事業とは別」というものであり、環境影響評価の対象としなかったのである。さらに、九月五日に防衛省は西之表市が所有する馬毛島小中学校跡地の購入と島内の三市道の廃止手続き、市有農地を自衛隊員宿舎用地として提供する提案を西之表市に要請し、市長は九月九日にこれらを市議会に提案した。[30]そして九月二八日、防衛省は米軍再編特措法に基づく「特定防衛施設」に馬毛島基地（仮称）を、「特定周辺市町村」に西之表市と中種子町、南種子町を新たに指定すると官報で告示し、三自治体へ二〇二二年度の米軍再編交付金一〇億六二〇〇万円の交付が決定したのである。[31]

一連の経緯から分かるように、国の公害等調整員会が開発行為の違法性を指摘したにもかかわらず、政府は違法開発をした企業との間で馬毛島の土地の買収契約を結び、アメリカとの間で基地建設を決定し、その直後に工事費用を予算計上し、さらに環境影響評価完了前から基地建設工事を始めており、馬毛島での基地建設を既成事実化しようとしている。

ＦＣＬＰ施設として計画が公式に浮上した二〇一一年六月には、「地元の意向を無視して進めるつもりはない」[32]と防衛副大臣が発言しながらも、実際には地元の自治体が基地建設計画への受け入れを表明していない段階から、基地建設が着々と進められてきたのである。拙著で指摘したように、馬毛島での基地建設計画の手続きには、「地元の合意の欠如」と「法の軽視」という問題点がある。[33]この政府の進め方に対して、地元自治体や住民は反発しており、反対運動は計画が浮上した直後の二〇〇七年から始まり、二〇二二年一二月現在まで続いている。[34]他方で、基地建設を受け入れようとする賛成派の住民の動きも見られる。

次章では、馬毛島での基地建設に対する西之表市の住民の反対派と賛成派それぞれの運動を紹介し、選挙結果から見た世論の変化について考察する。

五、西之表市の住民の世論

馬毛島での基地建設問題をめぐる運動

二〇〇七年二月に馬毛島がＦＣＬＰ施設候補地として検討されていると初めて報道された直後から、種子島と屋久島の住民は反対運動を開始し、ＦＣＬＰ施設建設が公式な計画として報道された二〇一一年五月以降、反対運動は盛り上がった。同年七月からＦＣＬＰ施設建設に反対する署名活動が始まり、二〇一二年九月に全国からの署名を含めた二一万九四七四筆の署名を防衛省に提出した。反対運動は防衛省と企業との間で馬毛島の土地の買収交渉が難航した二〇一三年頃から停滞したものの、二〇一九年一月に政府が馬毛島の土地の買収に合意したと報道されたことで、再び活発になった。署名活動を中心的に行った「馬毛島への米軍施設に反対する市民・団体連絡会（以下、市民・団体連絡会と略）」が再結成され、二〇二二年一二月現在まで反対運動を中心的に担っている。この市民・団体連絡会を中心に再び署名活動が始まり、二〇二〇年一一月に約三〇万筆の署名を防衛省に提出した。[35]

また、企業による馬毛島の開発が始まった二〇〇〇年から二〇二二年一二月現在まで、馬毛島をめぐって西之表市塰泊集落の漁業者を中心とした住民が企業や県を相手取り、訴訟が九つ、仮処分申請が二つ、公害調停が二つという、計一三の係争を起こしてきた。

他方で、補助金による地域振興を期待して、馬毛島に自衛隊施設を誘致しようとする動きも住民の間に見られた。二〇〇九年八月に「馬毛島に自衛隊を誘致する会」が西之表市に対し三七九七人分の署名を添えて誘致を陳情し、その後も西之表市議会に馬毛島への自衛隊施設設置の推進を求める陳情を提出したが、市議会は二〇一一年七月二九日に不採択とした[36]。その後、「馬毛島の自衛隊基地・FCLP訓練を支援する市民の会」が二〇一七年に発足し、この会を前身に活動を強化し、政治的な効力を持たせる目的で、政治団体「西之表市と馬毛島の未来創造推進協議会」が二〇二一年六月に設立された[37]。この協議会は、基地建設賛成派の西之表市議会議員が加わり、商工会、建設業界、農協、漁協などの各組織の長が六四名の拡大役員を構成し、基地建設の賛成派として組織的な活動を展開している。

市長と市議会議員選挙の結果から見た世論の変化

上記したように、馬毛島での基地建設をめぐって、西之表市ではこれまで反対派による運動が活発に行われてきたものの、近年では賛成派の運動も展開されている。こうした馬毛島での基地建設に対する西之表市民の世論を選挙結果から見てみよう。

西之表市議会は二〇一七年以降、馬毛島でのFCLP移転と自衛隊基地整備計画の撤回を求める国への意見書を四回提出しており、二〇二〇年一二月一六日の反対意見書は賛成一〇、反対三で可決し、提出した[38]。その後、定数が一六から一四に減った二〇二一年一月の市議会議員選挙では、基地建設賛成派が六人、反対派が七人、中立が一人という結果となり、改選前より賛成派が増えた。その後、中立の立場だった市議が、五月に実施されたデモフライトでの騒音が大きくなかったことを理由に、同年六月九日に基地建設に賛成を表明したため、議会の賛成派と反対派が同数となった。その上、二月に市議会は新たな議長を反対派から選出していたため、市議会では馬毛島の基地建設に関して実質的に賛成派が過半数を占めるようになった。それにより、同年六月二三日に賛成派の議員が提案した、馬毛島への米空母艦載機陸上離着陸訓練（FCLP）移転に向けた自衛隊基地整備計画の推進を求める「整備・運用を早期に求める意見書案」を、市議会は賛成七、反対六で可決したのである[39]。

また、西之表市長は二〇二二年一二月現在まで、馬毛島での基地建設の受け入れを正式に表明したことはない。二〇二一年一月の市長選挙では、馬毛島での基地建設に反対する現職の八板俊輔氏が、交付金での経済活性化を訴えて基地建設容認を掲げた新人候補を一四四票の僅差で破って再選した。その後、二〇二一年三月二三日に市長は基地建設計画に対して、「失うものが大きく、同意できない」という考えを示し、四月一二日に防衛省に馬毛島へのFCLP移転と自衛隊基地設置計画に反対する立場を伝えた。[40] さらに、同年一〇月七日にも市長は「馬毛島問題への所見」を発表し、弊害を列挙してFCLP移転計画へ反対の意思を示し、同年一一月九日、基地建設計画に対して不同意の「所見」を防衛省に手渡した。[41]

しかし、二〇二二年一月一二日に防衛省が「政府として馬毛島は自衛隊基地の建設場として決定した」と市長に通告した直後から、市長の姿勢に変化が見られる。同年一月一七日、市長は今後の市の方向性を検討するために、市内の商工会や農協、建設業組合、教育・福祉関係など五一団体に直接意見を聞くヒアリングを開始し、米軍再編交付金などによる地域経済活性化を求める意見が賛成派団体から出た。その結果を受けて、二月三日に市長は国との協議の場の設置と、米軍再編交付金などでの「特段の配慮」を求めた要望書を防衛省に提出し、二月二八日から市側が求めた防衛省との第一回の協議が始まった。九月五日の第九回協議で、防衛省は市有地の馬毛島小中学校跡地の購入と島内の三市道の廃止手続き等を市に要請し、九月九日に市長はこれらを市議会に提案した。これは事実上、市長が基地建設に合意したと見なされ、これにより、前章で述べたように、防衛省は米軍再編特措法に基づいて「特定防衛施設」に馬毛島基地（仮称）を指定し、二〇二二年度の米軍再編交付金として地元三自治体へ約一〇億円の交付を決定したのである。その後、市長提案の米軍再編交付金受け取りのための条例が、一二月一六日に市議会で賛成七、反対六で可決された。基地建設を容認したともいえる一連の市長の姿勢に対して、一二月一日から反対派住民によるリコール署名が開始されている。

つまり、二〇二一年一月の西之表市の市長と市会議員選挙の結果からは馬毛島での基地建設に賛成派と反対派は拮抗していると判断できるものの、その後、基地建設の是非を問う住民投票などは実施されていないため、西之表市の世論がどのように変化したのかは正確には分からない。にもかかわらず、反対派として当選した市長が基地建設を容認したともいえる姿勢を示したことで、基地建設手続きが進められつつあ

るのである。(42)

六、馬毛島での米軍のＦＣＬＰ施設や自衛隊基地建設に対する住民の認識

馬毛島へのＦＣＬＰ施設と自衛隊基地の建設や、それに伴って起こり得る諸問題に対して、西之表市の賛成派と反対派の住民はそれぞれどのように認識しているのだろうか。マックス・ヴェーバーが社会学の方法論として提唱した理解社会学は、諸個人の主観的意味の理解を通じて、その行為を理解可能な形で説明し解明しようとするものである。(43)本章では著者による聞き取り調査の結果に基づき、西之表市の賛成派と反対派の住民それぞれの認識を明らかにし、住民による主観的に意味づけられた意味世界を解明する。そして、双方の認識の解明に基づき、軍事基地がもたらす被害とは何かについて考察していく。

騒音への認識

馬毛島での基地建設によって危惧されていることの第一に、軍用機の飛行訓練による騒音がある。この騒音予測のために二〇二一年五月に二回防衛省が実施したデモフライトでは、七〇デシベル以上を記録したのは二地点で、測定結果の最大値は中種子町での七七デシベルであった。(44)この結果に対して、賛成派、反対派共に「音は大したことがなかった」と認識している。しかし、その結果に対する解釈は異なるといえる。

聞き取り調査で、賛成派である「西之表市と馬毛島の未来創造推進協議会」の方は以下のように述べている。

「一番近い所まで行って聞いたんですけど、風が強いことに紛れて聞こえない程度でした。だから、デモフライトなので本番とは違うっていうのは十分承知はしているんですけど、本番もそれほど影響はないのかなっていう印象です(45)」

賛成派がデモフライトの結果から、実際に馬毛島で実施されるＦＣＬＰの音もそれほど影響はないのではないかと認識する一方で、反対派はデモフライトで音が小さかったことを、防衛省による欺瞞と見なしている。それは、反対派住民による下記の言葉に表れている。

「デモフライトの意味がないっていうような。あの状態でタッチ・アンド・ゴーの練習はできないはずだから。防衛省がデモフライトをなんかしても、結局そういう所を飛んで、大丈夫ですよと言われても、もうちょっとここに住んでいる

人の事を考えてね、もうちょっとこんなくらいは来ますとか、思い切ったデモフライトをせっかくだからしてもらいたいです」[46]

つまり、デモフライトでは滑走路を使用したタッチ・アンド・ゴーは行っておらず、米軍機ではなく自衛隊機を使用し、さらに「高さがあって、飛行機自体が見えない」[47]ものだったとも述べられ、実際のFCLPとは異なる飛行であったと認識しているのである。そのため、実態とは異なる飛行による騒音数値を示した防衛省の行為を批判しているのである。

そして、反対派住民は飛行訓練での騒音の影響について、以下のように語っている。

「FCLP、戦闘機離発着が夜できるということになっていくと、牛を飼っていると。ニワトリを飼っている、卵を生産している、子供たち、夜も寝れんことも多かったり、学校の勉強も身に入らんかったり。そういったことを私達は心配しているんです」[48]

「自衛隊基地であれ、米軍施設であれ、そういった軍事関連の施設が来たら、いつも何か飛ぶようになるでしょ。奄美が実際、自衛隊配備後、すごいいろいろ飛んでいるって報告されているし。それって、すごい大きなことなのね、単なる音っていう意味じゃなくて。常に何か飛んでいるっていのは、威圧感とか。やっぱり、直接的には音っていうのは怖いなあ」[49]

反対派住民にとって、馬毛島での基地建設後に予想される騒音の影響とは、単に音それ自体の大きさとして認識されているわけではなく、睡眠や子どもの学習、家畜にもたらす影響があり、それが心配や不安を引き起こしているといえる。加えて、軍事基地であることで、軍用機が常に飛行することによる威圧感が、怖れを引き起こしているといえる。

他方、賛成派は騒音を「感じ方の違い」と認識しており、それは以下の言葉から窺える。

「音って人によって感じ方が違うので。（中略）小さい音だったとしても、それが戦闘機の音だと思えばうるさいと感じる人はいると思うんですよ。周りには、一概に影響はないよというふうな言い方はしないようにしています。おそらく、音をどう受け止めるか、個人の差なんで」[50]

そして、賛成派は米軍機のFCLPの飛行ルートに関する防衛省の説明を鵜呑みにしているわけではなく、実際には種子島上空を飛行するのではないかと認識しているものの、それを受容していることが、以下の発言に表れている。

「結果的に飛んでしまうことになるんじゃないかなあと思っています。ただ、常に、わざと種子島の上空を飛ぶようなことをするわけではないと思うんで、そこはある程度しかたがないことなのかなと僕は思っています」[51]

また、「僕らは逆に、この騒音を観光に役立てようということです」[52]とも語られ、宮崎の新田原基地でのように、航空マニアや自衛隊マニアが米軍機や自衛隊機の飛行を見学するために観光客として種子島に来ることへの期待も述べられた。つまり、賛成派は馬毛島での軍用機による飛行訓練を騒音という被害を引き起こすものとして認識しているのではなく、飛行訓練に観光客を呼び込むプラスの価値を付与しているのである。

馬毛島の自然環境への影響への認識

馬毛島での基地建設で危惧されていることの第二に、自然生態系の破壊と周辺海域の水質汚染などの自然環境への影響がある。二〇〇一年以後の馬毛島での砕石事業と林地開発による海洋汚染が漁業に与えた影響について、反対派の漁業者は下記のように語った。

「開発によって、森林がなくなって、それで飛行場整備のための工事の後から、土砂が流れてきて、海洋汚染が出て、エビが捕れなくなったり、イカが捕れなくなったり、タコもいなくなった」[53]

反対派が、漁業への影響が基地建設によりさらに進行することを危惧する一方、賛成派は以下の言葉から分かるように、漁業被害に対して漁業補償による問題解決を提示している。

「漁業の減少に関しては、しっかり補償を出すとしっかりと考えているところで。その人の生活がただちに成り立たなくなるような状況にはならないというふうに理解しています。ただ、これまで長いこと馬毛島で漁をしてきた人にとっては、人生の大半を過ごしてきた所を否定されるような形になるような、精神的な負担はすごくあるのだろうなと思うので、そのへんのケアは必要だと思いますけど」[54]

また、気候変動による漁獲量の減少と高齢化のため、「今後馬毛島に基地ができようができまいが、今後漁業は存続しないだろうなという危機感がある」とも述べられ、だからこそ漁業補償を活用することによる新たな漁法への移行の必要性が賛成派から語られた。[55]

そして、マゲシカに代表される馬毛島の自然生態系への影響については、「賛成派でもマゲシカに対してはなんとかしてやりたいという気持ちがあるのは、事実[56]」と賛成派は述べ、マゲシカが絶滅してもいいとは思っていないといえる。しかしその解決策として、種子島の公園にマゲシカを移住させて、生息地を作ればいいのではという案が示された[57]。

他方、反対派にとっては、豊かな自然があり、採石事業が行われる以前のように時々種子島からキャンプや魚釣りや磯遊びに行くことができる、憩える場であることが馬毛島の価値であり魅力だと認識されている。そのため、自然環境破壊が基地建設によってますます進行することが危惧されており、それは以下の言葉から窺える。

「基地ができなくて、静かで自然な島であってほしい。（中略）キャンプに行ったりとか、魚釣りに行ったりとか、憩える場があってもいいとは思いますね。無人島のままシカが遊んでいてもいいと思いますよ、時々遊びに行ければ[58]」

「四月の潮時は馬毛島が沈むくらいの磯遊びの好きな人たちが馬毛島に渡っていたんだから。（中略）戦闘機が飛んでくるようになれば、戦闘機を洗う洗剤っていうのは、強力な洗剤って聞いていますから。海藻が死ねば、貝とかエビとか甲殻類なんかも、海藻がなければ生きていけないので。そういう一番近い自分たちの唯一の娯楽、そういうのがなくなる[59]」

反対派住民は、マゲシカの生息だけを危惧して馬毛島での基地建設に反対しているわけではない。マゲシカはいわば、「宝の島[60]」といわれる馬毛島の豊かな自然環境を象徴するものであるといえる。むしろ、磯遊びなどを通した馬毛島の自然との関わりの中で作られてきた思い入れが、基地建設を拒絶する反対運動の原動力となっているといえるのである。

馬毛島の変化への認識

環境影響評価では、馬毛島での基地建設によって生じると予想される騒音や自然生態系などへの影響を数値として示す。しかし、反対派の住民が危惧している影響には、環境影響評価の対象とはならず、数値化されない様々なものがある。馬毛島は「宝の島」といわれるだけでなく、種子島との「親子の島」ともいわれ、種子島が親、馬毛島が子であるという[61]。種子島民にとっての馬毛島との結びつきは、「馬毛島は島の人の風景である[62]」という言葉にも表れている。だからこそ、反対派は馬毛島にそのままの姿でいつづけてほしいと願い、基地建設による変化に反対しているといえる。そうした心情は、下記の言葉に表れている。

「岳之腰がなくなり、平坦になるっていうのが、本当に想像もしたくないほど怖しい。（中略）拠り所としているということを、欠けたの見て私も気づいたんですよね。自分が、ああこんなにも馬毛島って意外にね、心の原風景としてあったんだっていうことを、欠けたのを見て気づいたから。それだけ、ふるさとの象徴として変わらずあってほしい[63]」

「私たちにとっては、そこに静かにあるのが当たり前の馬毛島なんですよ。（中略）私たちの風景の中の馬毛島は、そのままが私たちの馬毛島です、という以外、何物でもない[64]」

そして、日常の風景としてそこに馬毛島があることを、関東の住民にとって様々な場所から見える富士山の風景に例えて、その価値が説明された。当たり前の風景であり、心の原風景であり、ふるさとの象徴であるのが、馬毛島だと認識されている。そのため、反対派は馬毛島での基地建設を、それらを「奪われるもの」として認識しているといえるのである。

基地の町となることへの認識

また、反対派の住民が危惧している変化は、馬毛島に限ったことではなく、種子島や西之表市などの生活している地域へ及ぶ変化を危惧しており、特に「基地の町」となることへの不安や嫌悪感や恐怖があるといえる。そうした意識は、特に女性たちから語られた。

「子供たちが戦闘機が飛んでいること、いつでも戦闘態勢にいられるのが普通だと思っていくのが、すごい不安なのね。慣れされちゃうっていうのが、怖いよね[65]」

「馬毛島は無人島だっていうけど、一番近い西之表は基地の町になっちゃうんですよ。基地って、基地の中で完結するものではなくて、周辺の繁華街も含めてね。町とかも当然、利用するわけで。基地の町にしようってのが、一番怖いよね。戦争する町になってしまう[66]」

「すごくやだなあと思うのは、馬毛島基地で訓練した自衛隊であれ、米軍であれば、どこかよそ様へ飛んで行って、戦争に参加する。私たちの地元から戦争に出て行く人がいるっていうのは、もう本当、耐えられん。もうどこでだって嫌なんだけど。でも、自分たちのそこから、自分たちの地から人が人を殺しに出て行くかもしれないっていうのが。そんな所にずっと住み続けて、子供や孫を育てていくってありえないって[67]」

反対派は今のままの地域であることに魅力を感じている。豊かな自然、人とのつながり、静かな環境、平穏な暮らしに価値を見出し、そのような地域であり、そうした日常生活が今後も継続することを望んでいるといえる。だからこそ、反対派にとって、馬毛島に造られる施設が軍事基地であることは、日常生活の中に戦争が迫りくることとして受け止められているのである。反対派にとって米軍や自衛隊による飛行訓練をはじめとする軍事演習は、戦争を想起させるものであり、そうした軍事演習が身近な所で行われることは、戦争という人を殺す行為が日常の生活世界の中に侵食してくることとして認識されているといえる。

こうした軍事演習を戦争につながるものとして嫌悪感を抱く感情は、二〇二一年一一月二五日に中種子町で実施された自衛隊の離島防衛訓練に対する以下の会話からも窺えた。

「中種子で自衛隊の訓練があった時なんか、自衛隊のジープとか車、あれを見ただけでもうぞっとするよ[68]」

「あの迷彩服とかかね、戦争が起こるような[69]」

「恐ろしいなあ、あの色[70]」

「迷彩服」に象徴される軍事や戦争を想起させ、それらにつながるものを拒絶し、嫌悪感を抱く感情は、戦争での軍事的行為が人を殺すものであり、それは根源的な恐怖を呼び覚ますものであるからだといえる。こうした軍事基地であることへの住民の不安や嫌悪感や恐怖は、環境影響評価の対象とはならず、米軍基地や自衛隊基地に関する対策では被害として考慮されてこなかった事柄である。反対派である「馬毛島への米軍施設に反対する市民・団体連絡会」の中にも、「自衛隊基地なら受け入れてもいいのではないか」という意見の人もいるために、「馬毛島への米軍施設に反対」という一点で合意したと言われており、自衛隊に対する認識には反対派の中でも多様であるとはいえる[71]。とはいえ、騒音のみが基地周辺住民の生活環境に及ぼされる影響ではなく、軍用機が飛び交い、日常の中に戦争を想起させるものが入り込む、いわば生活世界が侵食されていくことを怖いと感じ、耐えられないほどの嫌悪感を覚えることもまた、反対派住民が認識する被害の一つといえるのである。

他方で、賛成派は馬毛島に造られる施設を自衛隊基地として認識しており、また、反対派が「迷彩服」から軍事や戦争を想起し、軍事演習や軍事基地に抱く嫌悪感や根源的な恐怖を、賛成派が理解しているとはいいがたい。そうした賛成派の認識は、下記の言葉に表れている。

「迷彩服で上陸するなという活動をされたというのも聞いているから。そこはもうちょっと勘弁していただきたいなと。

(中略）西之表市の市民になるわけだから、市民として温かい目で見ていただきたいなという思いがありますね、自衛隊の活動に関しては[72]」

四章で述べたように、馬毛島基地に勤務する自衛隊員とその家族は、種子島の宿舎等に居住する計画を防衛省は明記した。つまり、賛成派は基地の町となることを自衛隊員とその家族が西之表市の新たな市民となることと認識し、積極的に受け入れているのである。

地域経済活性化への期待

前述したように、賛成派は自衛隊員とその家族が新たな市民となることを積極的に受け入れており、それには人口増による経済効果への期待がある。また、基地の受け入れは米軍再編交付金などによる地域経済活性化への期待ももたらしている。二〇二二年一月に西之表市長が開催した各種団体とのヒアリングでも、賛成派団体からは交付金による恩恵として、「医療・福祉・介護、教育、子育て支援などの公共サービスの充実」「公共料金等の値下げ」「公共施設等の新設・改修」「農業・漁業、森林業、商工業、観光業などの産業への助成」などの期待や要望が示された[73]。こうした賛成派の期待は、下記の言葉に表されている。

「これだけ誘致が決まった時点では、西之表市民とか西之表市の活性化とかいろんな生活とか。医療介護福祉も含め、子どもたちも含め、市民みんなが豊かというのかな、もちろん、市民の安心・安全が担保された状態の中で、馬毛島の基地と上手く付き合っていく[74]」

馬毛島に基地を受け入れ、基地と上手く付き合っていけば、米軍再編交付金等で地域経済が活性化し、住民が豊かになることを賛成派は期待している。この期待の背後には、賛成派は地域が衰退していく一方であると認識し、他の地域との経済格差を問題視していることがある。人口減少と高齢化の進行、若者が島を出て帰ってこない現状を問題視し、それを打開するには地域経済を活性化させるための政策が必要であり、今まではその資金がなかったために実現できなかったと考えている。そのため、基地建設の受け入れで米軍再編交付金をもらえることを「チャンス」として捉えており、その心情は以下の言葉に表れている。

「再編交付金とか自衛隊施設っていうチャンスをつかみたいという思いがある[75]」

「種子島の西之表っていう離島っていうハンデを、もう長いことここで生まれて住んできている中で、やはり本土と一緒の土俵の上で生活をしたいわけですよ。(中略) 西之表、種子島をもっと本土に近付けて、生活水準のレベルにしても[76]」

本土と比較して住民の生活水準が低いと賛成派は認識しており、米軍再編交付金を利用して、今まではできなかった助成が政策としてできるようになることによる経済効果によって、「本土並み」の生活になっていくことへの期待が大きいといえるのである。

こうした賛成派が掲げる米軍再編交付金による地域経済活性化への期待に対して、反対派は人口減少や高齢化は種子島だけの問題ではなく全国で起きており、その対策を国は怠ってきたから現在の状況があるのであり、それを米軍再編交付金をもらうことによる、基地建設と結び付けるのは間違っていると認識している。それは、下記の言葉から窺える。

「種子島だけが人口減少でとか、町が限界集落のなんのかんのっていうけど、日本中、昔からたくさんそういう集落があるわけだから。じゃあ、それを手を打てよと。それが、こういう時だけじゃあ助成金でなんとかせえよって。もうなにか、やることが全然違う[77]」

そして、二〇二一年一月の市長と市議会議員選挙の際に、賛成派の人たちから「交付金で税金とかが少なくなるんじゃないかとか。交付金が個人に多少の影響をもたらすっていうようなのが流れた[78]」とも反対派は語っており、米軍再編交付金が西之表市の世論の誘導に利用されていることを問題視している。また、選挙戦では「国が決めたことは止められない。反対ではメリットは他自治体にもっていかれる」という、自民党主導のキャンペーンが展開されたという[79]。米軍再編交付金は広い用途に使えるという防衛省が広めた言説が独り歩きして、何にでも使え、個人の懐にも入るかのような期待が高まり、加えて馬毛島の基地建設は地元の合意を得ることなく政府が一方的に進めていった。この既成事実化が「条件闘争をして基地を受け入れ、交付金をもらわなければ損だ」という意識を高め、二〇二一年一月の選挙で賛成派の票が増えるという結果をもたらしたといえるのである。

辺野古での新基地建設に関して、熊本は、「政府は米軍再編交付金によって意図的に新基地建設と振興事業とを結びつけることで、名護市の自治に介入していった」と述べ、米軍再編交付金は補償金というよりも、むしろ「報奨金」に近いものだと指摘している[80]。馬毛島での基地建設計画でも、新基地建設と振興事業が結び付けられ、地元の合意を取りつけるための米軍再編交付金という「報奨金」を好意的に受け止め、基地建設を受け入れる世論が政府によって醸成されつつあるのである。

賛成派、反対派の認識への考察

以上の西之表市の賛成派・反対派住民双方の認識についてまとめ、その上で軍事基地が建設されることによる被害とは何かについて考察していく。

反対派住民にとっては、馬毛島での基地建設は「奪われるもの」として認識されているといえる。反対派は種子島と馬毛島を一体のものとして捉え、それらが合わさって「地域」として認識しており、今のままの地域であることに魅力を感じている。豊かな自然、人とのつながり、静かな環境、平穏な暮らしに、ずっと種子島で暮らしてきた人は価値を見出している。また、そのような地域であることに期待してUターンや移住してきた人も、反対派には多い。だからこそ、基地建設による様々な被害によって地域の良さが失われていくことを危惧し、今のままの生活が奪われたくないと思い、基地建設に反対しているのである。

一方、賛成派にとっては、馬毛島は「利用価値のある島」であり、米軍再編交付金をもらうための取引材料として認識されているといえる。聞き取り調査から、マゲシカが絶滅してもいい、とまでは思っていないものの、種子島にマゲシカを移住させて生息地を作ればいいのではという提案が示された。また、馬毛島周辺海域での水質汚染による漁業被害に対しても、漁業者への経済的な補償で対応することを想定しており、馬毛島周辺で漁ができなくなることを危惧する種子島の漁業者の生業への影響について、あまり重視していないといえる。さらに、騒音の影響についても、大した影響はないのではないかと認識している。

そして、賛成派は馬毛島での基地建設を地域経済活性化のチャンスと認識しており、賛成派は基地建設による利益と被害を天秤にかけているといえる。天秤の片方に「基地建設による被害」が乗っており、もう片方に「人口増や米軍再編交付金による経済効果」が乗っているものとして、賛成派は基地建設問題を認識している。そして、賛成派にとって「基地建設による被害」よりも、「人口増や米軍再編交付金による経済効果」の方が重く、そちらへ天秤が傾いていると認識しているといえる。特にこの認識は、米軍再編交付金が基地建設完了後から交付されるのではなく、政府案を受け入れた段階から支払われる、いわば「前払い制」であるため、醸成されやすいといえる。二〇〇七年に成立した米軍再編特別措置法では、「政府案の受け入れ」「施設整備の環境影響評価の着手」「着工」「再編の実施」という再編計画の進み具合に応じて交付金が支払われることになった。この制度では、工事が完了し、米軍再編が実施されて様々な被害が地域社会に生じる前から、地域社会に段階的にいわば「報奨金」がもたらされるのである。そのため、将来の被害を大した影響はないものと見なし過小評価することで、経済効果の方を大きく評価する認識を生み出しやすいといえる。

こうした利益と被害を天秤にかける賛成派の認識は、基地建設によって起こり得る被害を大した影響はないと見なす、被害の過小評価や矮小化を生じさせやすいといえる。なぜなら、天秤が利益の方に傾くためには、基地建設による被害の方をより軽いものと見なす必要があるからである。加えて、「国の防衛政策に協力する」という言説を提示することで、基地建設を受け入れる自分たちの選択を正当化でき、天秤を利益の方にさらに傾ける認識を醸成するのである。

そのため、賛成派にとって反対派の運動は、地域経済活性化のチャンスを阻むものとして受け止められる。また、FCLPの騒音を個人の主観による感じ方の違いと認識し、軍用機の飛行訓練を軍事マニアを呼び込む観光資源として期待する賛成派には、軍用機が飛び交い、日常の中に戦争を想起させるものが入り込むことを怖いと感じ、嫌悪感を抱く反対派が認識する被害を、被害としてすら認識しておらず、被害が不可視化されているのである。

七、軍事基地が建設されることによる被害

馬毛島での基地建設をめぐって現在まで西之表市で生じているのは、まさにシンシア・エンローのいう「軍事化」であるといえる。エンローによれば、「軍事化とは、何かが徐々に、制度としての軍隊や軍事主義的基準に統制されたり、依拠したり、そこからその価値をひきだしたりするようになっていくプロセス」である。[81]基地を受け入れて経済効果という価値をひきだそうとすることで、他の価値が軽視されやすくなる。当たり前のものとしてそこにあった自然環境と生活環境の価値への認識を低下させることこそが、現在馬毛島での基地建設をめぐって地域社会に生じつつある被害といえる。

軍事基地が地域社会に存在することで地域の住民が抱く不安や嫌悪感や恐怖といったものは、環境影響評価の対象にはなっておらず、防衛省の米軍基地や自衛隊基地に関するこれまでの対策では被害として考慮されてこなかった事柄である。しかし、軍事基地が地域に建設され、軍事演習が実施されることによって、穏やかな日常が変化し、日々の生活の中に戦争を想起させるものが入り込む、いわば生活世界が侵食されていくことへの不安や嫌悪感や恐怖もまた、住民が直面する被害なのである。また、馬毛島のような新規の軍事基地建設の場合には、住民は基地建設後、こうした戦争を想起させるものが日常生活に入り込む新たな事態に慣れることを要求されることになる。「基地との共存」が掲げられることで、住民が抱く不安や嫌悪感や恐怖が「価値のないもの」として扱われ、捨象されていくことが予想される。その問題性に目を向け、不可視化されている被害とは何かを追究していく必要があるだろう。

おわりに

個人の主観的認識は社会構造によって影響され、作られていることを社会学は明らかにしてきた。また、環境社会学は生活総体への打撃として被害者の受けた被害を広く捉え、人々の生活全般に及ぶ社会的側面から被害に着目してきた。本稿での馬毛島での事例のような新規の軍事基地建設だけでなく、既存の基地の拡張・機能強化も近年では各地で相次いでいる。そのため、人々の認識に寄り添い、社会的側面から被害に着目し、その意味世界を解明しようとする社会学的研究によって、地域の住民が直面しながらも、不可視化・過小評価・矮小化されてきた軍事基地がもたらす被害の実態を明らかにする必要がある。人々の認識に基づき被害の実態を解明することで、生活世界に迫りくる軍事や戦争の本質に迫ることが、学問においても、社会においても必要とされているのではないか。そして、軍事という国策によって社会構造が作られていく中で、これまで抗ってきた人々に「もう決まったこと」と思わせる、既成事実化の問題性を追及することも、社会学がなすべき役割であろう。

追記

二〇二二年一二月に始まった西之表市長へのリコールは必要な署名数が集まらず、不成立となった。二〇二三年一月一二日、防衛省は環境影響評価の評価書を公告し、馬毛島の基地建設工事に着手した。

注（URLはすべて二〇二二年一二月九日に閲覧）

（1）林公則『軍事環境問題の政治社会学』日本経済新聞社、二〇一一年、一頁。

（2）大野光明「基地・軍隊をめぐる概念・認識枠組みと軍事化の力学――基地問題と環境社会学をつなぐために」『環境社会学研究』第二五号、二〇一九年、三九頁。

（3）飯島伸子「環境社会学の成立と発展」飯島伸子・鳥越皓之・長谷川公一・舩橋晴俊編『講座環境社会学　第一巻』有斐閣、二〇〇一年、三～四頁。

（4）舩橋晴俊「環境問題の社会学的研究」飯島伸子・鳥越皓之・長谷川公一・舩橋晴俊編『講座環境社会学　第一巻』有斐閣、二〇〇一年、三〇頁。

（5）同前、三九頁。

（6）宇井純「沖縄の自立を阻む巨大産業・基地公害――環境条件の整備を保障する体制を」『住民と自治』四〇〇、一九九六年。宇井純「沖縄の赤土流出とサンゴ礁の破壊」『労働の科学』五二巻三号、一九九七年。

（7）朝井志歩『基地騒音――厚木基地騒音問題の解決策と環境的公正』法政大学出版局、二〇〇九年。朝井志歩「環境社会学による軍事環境問題研究――岩国基地への空母艦載機移駐問題の事例から」『環境社会学研究』第二五号、二〇一九年。

（8）福地曠昭『基地と環境破壊――沖縄における複合汚染』同時代社、一九九六年。ジョン・ミッチェル『追跡・沖縄の枯れ葉剤』高文研究、二〇一四年。諸永裕司『消された水汚染――「永遠の化学物質」PFOS・PFOAの死角』平凡社。

（9）吉田敏浩『横田空域――日米合同委員会でつくられた空の壁』KADOKAWA、二〇一九年、九〇頁。

（10）熊本博之「環境正義の観点から描き出される「不正義の連鎖」――米軍基地と名護市辺野古区」『環境社会学研究』第一四号、二〇〇八年。熊本博之『交差する辺野古――問いなされる自治』勁草書房、二〇二一年。

（11）朝井前掲書二〇〇九年、二〇一九年。

（12）松田ヒロ子「高度経済成長期日本の軍事化と地域社会――石川県小松市のジェット機基地と防衛博覧会」『社会学評論』七二（三）、二〇二一年。清水亮「自衛隊基地と地域社会――誘致における旧軍の記憶から」蘭信三（他）『シリーズ 戦争と社会2　社会の中の軍隊／軍隊という社会』岩波書店、二〇二二年。

（13）藤谷忠昭「地域におけるナショナルなもの――与那国の対外戦略」意義元久未子・藤井和佐藤編『変貌する沖縄離島社会』ナカニシヤ出版、二〇一二年。藤谷忠昭「沖縄の地域社会と自衛隊」『相愛大学研究論集』第三三巻、二〇一七年。

（14）大野光明「軍事基地がつくられるということ――京都での米軍基地建設と地域社会の軍事化」『平和研究』四五、二〇一五年。

（15）Enloe, Cynthia, MANEUVERS The International Politics of Militarizing Women's Lives, The University of California Press、二〇〇〇年（佐藤文香訳『策略――女性を軍事化する国際政治』岩波書店、二〇〇六年、二一八頁）。

（16）馬毛島環境問題対策編集委員会編著『馬毛島、宝の島』南方新社、二〇一〇年、五三頁、八七頁。

（17）神奈川県企画部基地対策課『神奈川の米軍基地』二〇〇五年、二〇六〜二〇七頁。

（18）早川登『いま、三宅島』三一書房、一九八八年。

（19）「馬毛島活用に係る報告書　概要版」平成二九年一二月、五頁、西之表市HP（https://www.city.nishinoomote.lg.jp/material/files/group/9/mageshimakatuyoukeikakugaiyou.pdf）。

（20）立澤史郎「マゲシカの生息状況と保全上の課題」『日本鹿研究』一二号、二〇二一年。

（21）前掲「馬毛島活用に係る報告書　概要版」

（22）「ご説明資料」令和元年一二月、防衛省、西之表市HP（https://www.city.nishinoomote.lg.jp/material/files/group/55/201912boueisyousetumeisiryou.pdf）。

（23）「馬毛島における施設整備」令和二年八月七日、防衛省・自衛隊、西之表市HP（https://www.city.nishinoomote.lg.jp/material/files/group/89/20200807_sisetuseibi.pdf）。

（24）「馬毛島基地（仮称）建設事業に係る環境影響評価準備書のあらまし」熊本防衛支局、令和四年四月、一頁。西之表市HP（https://www.mod.go.jp/rdb/kyushu/kensetsu/kumamoto/oshirase/mage/040419_2_osirase.pdf）。

（25）同前、三頁、五頁。

（26）朝日新聞二〇二二年六月一八日。

（27）「馬毛島基地（仮称）建設事業に係る環境影響評価準備書」六―三―一〇と六―三―一一。全体では八四二〜八四三頁。西之表市HP（https://www.mod.go.jp/rdb/kyushu/kensetsu/kumamoto/oshirase/mage/jyunbisyo/jyunbisyo_072.pdf）。

（28）同前。六―三―五一と六―三―五二。全体では八八三〜八八四頁。西之表市HP（https://www.mod.go.jp/rdb/kyushu/kensetsu/kumamoto/oshirase/mage/jyunbisyo/jyunbisyo_073.pdf）。

（29）「環境省レッドリスト二〇二〇」別添資料三の三頁（http://www.env.go.jp/press/files/jp/114457.pdf）。朝日新聞二〇二二年六月一八日。

（30）南日本新聞二〇二二年九月六日、九月一〇日。

（31）「駐留軍等の再編に係る再編関連特定防衛施設及び再編関連特定周辺市町村の追加指定について」防衛省、令和四年九月二八日（https://www.mod.go.jp/j/press/news/2022/09/28a.pdf）。

（32）防衛副大臣小川勝也氏の記者会見での発言。朝日新聞二〇一一年六月九日。

（33）朝井志歩「馬毛島でのFCLP施設建設計画の経緯と問題点」『愛媛大学法文学部論集　人文学編』第五二号、二〇二二年、一六一〜一六四頁。

（34）同前と、朝井志歩「馬毛島でのFCLP建設問題における騒音予測図と被害認識」『愛媛大学法文学部論集　人文学科編』第三八号、二〇一五年の拙稿を参照。

（35）同前。

（36）西之表市HP（https://www.city.nishinoomote.lg.jp/admin/soshiki/kikaku/mageshimataisakukakari/3939.html）。

（37）「西之表市と馬毛島の未来創造推進協議会」のA14さんへの聞き取り。二〇二二年九月一〇日。

（38）八板俊輔「馬毛島を、知っていますか」『世界』九四一、二〇二一年、二四〇頁。

(39) 朝日新聞二〇二一年六月一一日、六月二二日、六月二四日。
(40) 「馬毛島問題への決意と対応」二〇二一年三月二三日、西之表市ＨＰ（https://www.city.nishinoomote.lg.jp/material/files/group/55/tokubetuihatugen.pdf）。
(41) 八板前掲、二三四、二三五、二三九頁。
(42) 鹿児島県知事は二〇二二年一一月二九日に馬毛島での基地建設計画を容認する考えを表明した。
(43) Weber, Max, Über einige Kategorien der verstehenden Soziologie, 一九一三年（林道義訳『理解社会学のカテゴリー』岩波書店、一九六八年、一六〜一八頁）。
(44) 「航空自衛隊戦闘機デモフライトの音の測定結果について」（https://www.mod.go.jp/j/approach/chouwa/mage/img/slider_05/mage_approach_05.pdf）。
(45) 「西之表市と馬毛島の未来創造推進協議会」のＡ16さんへの聞き取り、二〇二二年九月一〇日。
(46) 「馬毛島基地計画のデモフライトを求める女性たちの会」のＢ11さんへの聞き取り、二〇二二年九月一一日。
(47) 同前。
(48) 西之表市種子島漁協塰泊小組合の漁業者Ａ10さんへの聞き取り、二〇二〇年三月一五日。
(49) 「よめじょの会」のＢ3さんへの聞き取り、二〇二〇年三月一九日。
(50) (45)に同じ。
(51) 同前。
(52) 「西之表市と馬毛島の未来創造推進協議会」のＡ15さんへの聞き取り、二〇二二年九月一〇日。
(53) 西之表市種子島漁協州之崎小組合の漁業者Ａ9さんへの聞き取り、二〇二〇年三月一五日。
(54) (45)に同じ。
(55) (37)に同じ。
(56) (52)に同じ。
(57) (52)に同じ。
(58) 「馬毛島への米軍施設に反対する市民・団体連絡会」のＡ8さんへの聞き取り、二〇二〇年三月一六日。
(59) 「馬毛島基地計画のデモフライトを求める女性たちの会」のＢ14さんへの聞き取り、二〇二二年九月一一日。
(60) 馬毛島環境問題対策編集委員会前掲書『馬毛島、宝の島』、七三頁。
(61) 「馬毛島への米軍施設に反対する市民・団体連絡会」のＡ8さんへの聞き取り、二〇二二年九月一〇日。
(62) 反対派である西之表市議会議員Ｂ1さんへの聞き取り、二〇二二年九月九日。
(63) 反対派である西之表市議会議員Ｂ8さんへの聞き取り、二〇二二年九月九日。
(64) 反対派である西之表市議会議員Ｂ7さんへの聞き取り、二〇二二年九月九日。
(65) 「よめじょの会」のＢ4さんへの聞き取り、二〇二〇年三月一九日。
(66) 「よめじょの会」、西之表市議会議員Ｂ1さんへの聞き取り、二〇二〇年三月一九日。
(67) (49)に同じ。
(68) 「馬毛島基地計画のデモフライトを求める女性たちの会」

のＢ10さんへの聞き取り、二〇二二年九月一一日。

（69）（46）に同じ。

（70）（68）に同じ。

（71）（58）に同じ。

（72）（37）に同じ。

（73）「馬毛島問題に係る各種団体等との意見を聞く会での意見概要」、西之表市ＨＰ（https://www.city.nishinoomote.lg.jp/material/files/group/55/202201ikengaiyou-1.pdf）。

（74）（37）に同じ。

（75）（45）に同じ。

（76）（37）に同じ。

（77）「馬毛島基地計画のデモフライトを求める女性たちの会」のＢ13さんへの聞き取り、二〇二二年九月一一日。

（78）（46）に同じ。

（79）迫川浩英「馬毛島自衛隊基地建設反対闘争――陸海空の終結拠点」『社会主義』七〇六、二〇二一年、七四頁。

（80）熊本前掲書、二〇二一年、三二五頁。

（81）Enloe, Cynthia前掲書、二一八頁。

本稿は、二〇二〇―二〇二三年度科研費基盤研究（Ｂ）「軍事化が島嶼に及ぼす影響の比較研究――琉球弧、グアム、マーシャル諸島（課題番号20H01573）」の助成を受けた。

特集1

沖縄の負担軽減と世界自然遺産

米海兵隊北部訓練場の「過半」の返還をめぐって

池尾靖志
（立命館大学）

はじめに

沖縄県の施政権が日本に返還されて五〇年目に当たる二〇二二年四月、ＮＨＫ朝の連続テレビ小説「ちむどんどん」の放映がスタートした。二〇二一年七月、沖縄本島北部に広がる「やんばる」地域が世界自然遺産に登録されるとともに、米海兵隊北部訓練場のおよそ半分の面積の返還によって沖縄の「負担軽減」が実現したとする政府の意向を汲んだものであった。(1)

だが、広大な面積を誇る「やんばる」地域は「僻地」で、一九五七年一〇月に米海兵隊北部訓練場が開設され、ベトナム戦争が始まると、米軍はベトナムの集落を模した「ベトナム村」を建設して枯葉剤の投下訓練や集落を襲撃する訓練などが行なわれた。しかし、このことは、沖縄県民であってもあまり知られていない。「ちむどんどん」はこれらの事実を全て無視し、沖縄の本土復帰五〇年と世界自然遺産登録を祝うための宣伝材料として使われた。

二〇一六年に約四〇〇〇ヘクタールが返還された北部訓練場は、一九九三年にも一部返還が実現しているが、そこからは大量の米軍廃棄物が見つかっている。しかし、日米地位協定によって米軍には撤去義務はなく、日本政府の対応も十分なものとはいえない。島嶼防衛の強化が図られる中で、北部訓練場でも激しい訓練が行われ、米軍が日米共同使用区域とされる県道に銃を持って現れたり、軍用車両が民家に突っ込んだりと、事故も多く見られる。

　本論文は、政府が推し進める沖縄の「負担軽減」の中でも、大幅な割合を占める北部訓練場の「過半」の返還の条件とされた、ヘリパッド（ヘリコプター着陸帯）「移設」に対する住民運動、ならびに、米軍から返還され、世界自然遺産として登録された土地の中から発見された米軍廃棄物問題を取りあげ、そこから浮かび上がってきた課題を整理する。

一、ヘリパッド建設に抗する「座り込み」の開始

　SACO合意では、北部訓練場の約半分の面積にあたる約四〇〇〇ヘクタールが条件付きで返還されると明記され、一九九九年の日米合同委員会において、七カ所のヘリパッドを「移設」した後、北部訓練場の「過半」（全面積の約五一％）を返還することが合意された。これを受けて、同年一〇月二六日、地元である高江区民総会は「ヘリパッド移設受け入れ反対」を決議した[2]。

　その後、那覇防衛施設局[3]は工事に先駆けて環境調査（二〇〇二年〜二〇〇四年三月）を行い、この結果を踏まえて、二〇〇六年二月の日米合同委員会では移設するヘリパッド七カ所を六カ所とし、造成規模を縮小することで合意した[4]。ただ、「移設」とはいっても、実際は、自然が手つかずのまま残された原生林を切り開き、六ヶ所のヘリパッド（直径：四五メートル）を「新設」するものであった。二〇〇六年二月二三日、地元である高江区民総会は二度目の「ヘリパッド建設反対」を決議した。二〇〇七年四月に就任した伊集盛久東村長は、翌月、ヘリパッド建設反対の公約を撤回し、ヘリパッド建設受け入れを表明した。同年八月に施行した米軍再編交付金の給付を目論んだのである。

座り込みの開始

　二〇〇七年七月二日、N4地区での建設着工が始まろうとする前夜から、地元住民の有志たちがヘリパッド建設現場への進入路のゲートまで座り込みを始めた。五家族の住民たちは翌月、「ヘリパッドいらない」住民の会（以降、「住民の会」と表記）を発足させ、新たなヘリパッドがどのような運用をされるのか、話し合いの場を持つようにと、当時の那覇防衛施設局に要求してきた。

高江の集落から最も近いN４と呼ばれるヘリパッドまで、民家からはわずか四〇〇メートルしか離れていない。当然ながら、ヘリパッドができ、オスプレイが飛び回るようになれば、騒音や振動などの被害をまともに受けてしまう。住民たちは何も座り込みたくて座っているわけではなく、自分たちの生活を「守る」ためのたたかいであった。

ＳＬＡＰＰ裁判

座り込みを始めたN４ゲート前に、住民たちは、雨風をしのぐための仮設テントを張った。これは、県道七〇号線の路肩に設置したもので道路通行の支障にもならず、撤去可能な仮設テントで不法建造物にも当たらない。しかし、沖縄防衛局は、ヘリパッド建設予定地である国有地への立ち入りを妨害したとして、住民一五人に通行妨害禁止処分の仮処分を申し立てた。この通知は二〇〇八年一一月二五日、那覇地裁から住民たちに届けられた。

訴えられた一五人の中には、当時八歳の少女も含まれていた。八歳の少女を被告とする訴えは、県民世論の批判を受け、防衛局によって取り下げられた。しかし、少女の母親によると、女の子はこのテントには立ち寄ったこともなく、那覇地裁から届けられた書類の中の写真にも写っていなかった。仮処分の通知書には、現場で座り込んでいる写真以外に、住民たちが情報発信していたブログの記事が全てプリントアウトされて積み上げられており、新聞のインタビューに答えたことや関係機関に申し入れに行ったことも「妨害行為」とされていた(5)。

二〇〇九年一二月一一日、那覇地裁は大部分の人々への仮処分申立てを却下する一方で、「住民の会」共同代表の二人に対して仮処分を決定した。二人は「自分たちの行動は正当な意思表明であり、監視行動である」と述べ、決定に不服であるとして、起訴命令申し立てを行なった。

二〇一〇年一月二九日、民主党政権に交代する中で、当時の千葉景子法務大臣は二人に対して、裁判の場で争う手続き開始を決定した（起訴決定）。本来、裁判とは、国民が憲法や法律に照らして、自らの権利保障を求めるために提起されるものである。しかし高江の場合には、国の政策に抵抗する者を「見せしめる」ために国が提起した。住民を弾圧するために企業・国・自治体が用いる訴訟のことをＳＬＡＰＰ（恫喝的訴訟：Strategic Lawsuit against People Participation）と呼び、米国では禁止されているのだが、本件はまさにＳＬＡＰＰであった。

二〇一二年三月、那覇地裁は、二名のうち一名に通行妨害禁止を認める判決を下した。このため、住民一名は控訴したが、二〇一三年六月、福岡高等裁判所那覇支部で原審の判断が支持された。さらに、住民は上告及び上告受理申立をしたが二〇一四年六月一三日、上告棄却、上告不受理決定がなされ、訴訟は終了した。[6] こうした国の対応については、環境保護活動を萎縮させる恐れや、表現の自由、集会の自由の観点から懸念が指摘されているほか、国際的に見ると、環境活動家等に対するＳＬＡＰＰの広がりが問題となっている。[7]

沖縄防衛局は、住民を裁判所に訴え、起訴決定がなされた三日後（二〇一〇年二月一日）に、ようやく地元住民らに対する説明会を開催した。この場において、沖縄防衛局の担当職員は、北部訓練場の「過半」の返還によって、高江集落の周りにヘリパッドができれば、「高江区民には負担を引き受けていただくことになる」と述べた。また、当時の沖縄防衛局長は「オスプレイが飛ぶことがわかれば、（その時点で）住民にお伝えすることはできる」と説明したものの、実際には何の情報提供も住民にはなされないまま工事は進められた。[8] だが実際には、二〇〇九年八月の段階で、米国海兵隊は、二〇一二年一〇月にオスプレイの普天間飛行場への配備計画を公表していたし、[9] 同年六月一三日、防衛省が沖縄県に提供した「米軍普天間飛行場への垂直離着陸輸送機ＭＶ‐22オスプレイ配備に伴う在沖米海兵隊による環境審査書」には、Ｎ4地区において、年間一二六〇回、オスプレイが訓練を行うことが記されていた。[10]

二、生活に根づいた座り込み

建設工事は断続的に行われた。このため、これに抵抗して座り込む住民たちも、状況の変化に柔軟に対応した。「座り込み」がはじまった初期の頃は、Ｎ4、Ｎ1、Ｎ1裏、Ｇ／Ｈ地区の四カ所で座り込んでいた。しかし、座り込む人が次第に減ってくると、Ｎ4とＮ1、Ｎ1裏の三カ所に絞って座り込みを行うようになる。座り込むメンバーも、住民の会のメンバーだけでなく、統一連なども加わり、それぞれの場所をそれぞれの所属する団体や組織が責任を持って座り込み始めた。住民の会のメンバーの中には子どもを抱える家族もおり、生活の糧も得なければならないため、曜日を決めて「当番制」を敷くようになる。「当番」は、担当する日は終日テントの中で過ごし、工事車両の動きを監視するだけではなく、テントをはじめて訪れる人への応対もした。

沖縄島北部の地理的条件

東村高江から那覇市内までは、沖縄自動車道を使っても片道三～四時間ぐらいかかる。このため、先述したSLAPP裁判が始まり、裁判所から呼び出しがかかると、特に小さい子を抱える家族が裁判所のある那覇市内にまで出向くのはそれだけで相当の労力であり、場合によっては那覇市内での宿泊を余儀なくされる。当然、生活の糧を稼ぐための仕事も中断せざるを得ない。逆も然りで、沖縄島の中南部から高江を訪れようとすると、交通手段がほぼ車に限られる中でガソリン代もかかるし、何よりも時間が消費される。まして、全国から高江を支援しようとする人たちが高江に出向くためには空港から現地までの移動手段を確保し、宿泊を覚悟しなくてはならない。このため、辺野古や、さらにその先の高江にまで向かおうとする人たちは情報を共有しあって車を相乗りしたり、すでに支援のために現地に滞在する者に連絡して、名護バスターミナルまで迎えにきてもらったりすることが日常的に行われた。ブログには、高江までの行き方を案内するパンフレットをPDFにしてアップした。

ノグチゲラ（国指定特別天然記念物）の繁殖期にあたる三月から六月末までは、音の発生する重機を使った工事は中断するため、その間は座り込みも休めるものの、それ以外の期間は、夜中であろうと突然やってくる作業員に対応するため、交代でゲート前に車中泊して、二四時間体制で座り込んだ。このため、食料や水、さらには、道端に現れるヒメハブに備えて懐中電灯を持参したりするなど、それ相応の準備も必要であった。

テントを訪れる人も様々である。沖縄島を自転車で一周しているときにたまたま現場に差し掛かり、話を聞くうちに次第に居続けてしまうフリーの人や日本を旅する外国人旅行者、那覇市内のゲストハウスで高江の状況をきいて訪れる人など。大学の長期休暇を使って、大学の先生に引率されながら学生が現場を訪れる場合もあれば、大学の講義で話を聞いて、自発的に学生が訪れることもある。もちろん、本土の労働組合や平和運動に関わる人たちが現場を激励しに来ることもある。現地に支援に行く人のカンパを本土の市民団体が募ることもあったが、そのことが後に問題となった（後述）。

トゥータンヤ

高江には宿泊施設がないため、座り込みが長期化してくると、住民の会は集落近くにあったトタンブキの一軒家を借り、そこをトゥータンヤと名付けて、座り込みに参加する人たちが雑魚寝できるスペースを確保した。二四時間体制とはいえ、現地に居続けることはかなりの負担もかかるため、休息も必要だからである。

集落のはずれに暮らす家族は、朝、子どもたちをトゥータンヤや小中学校まで車で送り届け、そのまま畑に出向く。そして、学校が終わると、小学生になった子どもたちは一旦トゥータンヤに鞄を置いて、集落の中で生活する友達の家で遊んだりしながら、親が迎えに来るのを待つ。トゥータンヤには「住民の会」のメンバーのうち一人が常駐して、座り込み参加者への対応だけでなく、住民の子どもたちの面倒も見た。子どもたちを地域で育てることの重要性を感じる場面であった。

こうして、トゥータンヤは、日中は、預かった子どもたちの遊び場となり、夕方からは、座り込みを終えた人たちがシャワーを浴び、寝泊まりする場となる。座り込む住民と支援者たちとの交流の場でもあり、支援者たちは、トゥータンヤで住民たちの想いや過去の沖縄の話を聞かせてもらいながら、高江の運動が「自然豊かな場所で子どもたちをのびのびと育てたい」という生活に根ざした、ささやかな要求を訴える住民運動であることを認識するようになる。もっとも、沖縄防衛局の職員や建設業者が昼夜を問わず建設現場に訪れる局面になると、座り込む時間帯も日中だけから二四時間体制となり、参加者たちは交代でシャワーを浴びに戻ってきて、食事だけ済ませて再び夜の「ゲート前」に座り込みにでかけるようになった。(11)

二〇一一年一月、沖縄防衛局は、最初にN1の工事に取り掛かろうとした。工事車両がいつやってくるかわからない状況の中で、人々は二四時間体制で現場に張り付くこととなった。現場にトラックが何十台と連なり、ガードレールを挟んで防衛局や工事業者と座り込みに参加する人たちが対峙する局面では、トゥータンヤでおにぎりや差し入れを用意して「座り込む」人たちのいる現場に送り届けるなどし、さながら、前線と物資を供給する後方部隊といった様相を呈した。(12)海上でのボーリング調査のためにヤグラに座り込んだ辺野古と同じように、高江でも座り込む人たちのための食事やトイレの心配なども必要であった。(13)

高江の座り込みには、研究者やメディア関係者も積極的に運動に関わった。辺野古沖に海底調査機を投入しようとしたときにも座り込んでいた阿部小涼（カリブ海地域研究）は、高江住民の「運動」には、①事務局や代表が事実上存在せず、トップダウン型の意思決定をとらないこと、②ライフスタイルに力点をおいた生活者たちと沖縄の「左翼ラディカリズムを汲む層」との直接行動空間への意図せざる合流、③音楽への深い傾倒といった独特の文化とスタイルがあると述べている。[14]大野光明（社会運動論）は、これに加えて、「運動」に直接参加しない高江住民への様々な配慮と調整を大切にしてきた点を指摘する。[15]「ゲート前」で作業員と住民や支援者たちが直接対峙して緊迫した状況に陥ると、必ずと言っていいほど場を和ませるために歌が歌われたし、トゥータンヤで住民と支援者たちが語らう場においても音楽が奏でられた。住民の中にはギターや三線、サックスやドラムを演奏する人たちがいて、住民たちは「スワロッカーズ」と称するバンドを結成した。[16]

「標的の村」

二〇一三年、琉球朝日放送はドキュメンタリー番組「標的の村」を制作し放映した。その番組は、沖縄防衛局と工事業者がN４ゲート前において、クレーンで資機材を吊し上げ、座り込む住民らの頭越しに搬入する様子などを映し出していた。当時、同局のアナウンサーだった三上智恵がディレクターを務めたこの番組は、その後映画化されたこともあり、高江の名前は全国に知れ渡るようになった。すると、沖縄県内に住む人でさえ「やんばる」は遠方であるため、これまで訪れる人はほとんどなかったのに、全国から現場を見に来る人たちが急増するようになった。

本土から来る人たちの多くは辺野古と高江とをあわせて見学しようとルートを選択し、那覇市内から沖縄自動車道を経由して、まず名護市辺野古の現場を見て、その足で高江を訪れる。だが、高江は辺野古からさらに車で一時間あまりの距離にある。そのような状況を知らない人たちから現地訪問の連絡を受けると、緊迫したとき以外は座り込みテントを一七時で締める中、到着するのが遅くなっても住民たちが待機して応対した。

N４の先行提供

N１の工事着工が難しいと気づいた沖縄防衛局は、先に、

N4の工事着工に踏み切った。N4は、オスプレイの離発着に対応するため、既存のヘリパッドの両隣に二カ所のヘリパッドを新設する計画が立てられていた。

既存のヘリパッドの入り口から入れば、工事はすぐに取りかかることができるのだが、工事業者の侵入を防ぐため、ゲート前で住民たちが座り込んでいた。このため、作業現場に容易に立ち入ることのできない作業員たちは、いよいよ、N4ゲートのかなり手前に車を止め、県道七〇号線のガードレールを乗り超えて生い茂る植物を掻き分け、道なきところから作業現場に向かうようになった。すると、座り込みの参加者たちは作業員の工事現場への侵入を防ぐため、歩道に数メートルおきに人を配置して見張りを始めた。さらに、作業員が工事を終えて帰宅するところを捕まえて工事中止の説得をするため、作業員が入っていった草むらの前から離れることなく、作業員が帰宅しようと草むらから出てくる夕方まで粘った。このため、工事現場から帰宅の途につくと翌日再び工事現場に向かうのは困難であることに気づいた工事業者は、作業現場に簡易宿泊所を設置して、一度作業現場の中に入ると一週間近く現地に泊まり込んで作業するようになった。

また、当初は、メインゲートから米軍基地内を通ってN4の作業現場には向かわないと言っていた工事業者は、基地内で行われる別の工事関係者を装って北部訓練場のメインゲートから基地内の道路を通ってN4の作業現場に向かって作業するようにもなった。すると、今度はメインゲートの前でも、二四時間体制で作業員たちを監視するようになった。日中は、高江集落のかなり手前から何カ所かに分けて人員を配置し、トランシーバーで通過車両のナンバーを一台ずつ連絡しながら、メインゲートの前で何人かが待ち構えた。トランシーバーを使用したのは、集落から離れたメインゲートまで携帯電話の電波が届かなかったからであるが、このトランシーバーは、辺野古の海上でボーリング調査をするときにヘリ基地反対協が使用していたものを借りた。高江の座り込みは、当初から辺野古の座り込みと連携していた。夜間になると、メインゲートは閉鎖するのだが、夜、作業員が進入するのを防ぐため、米軍への提供区域と道路との境界を示すオレンジ色のラインすれすれに車を三台横付けにして、交代で見張りをした(17)。

こうして、工事を遅らせることには一定の効果を見せたものの、結果的に、N4のヘリパッド二カ所は完成した。当初、ヘリパッドは六カ所すべてが完成したあとで、米軍側にヘリパッドを引き渡すと防衛局は住民に説明していたが、二〇一五年二月一七日、他のヘリパッドは完成していないにもかかわらず、N4のヘリパッドは米軍に先行提供された。

現場の状況が深刻になり、作業員との対応に追われて、住民と支援者との距離が次第に離れていくと感じた「住民の会」女性メンバーたちは、支援者たちに自分たち一人ひとりのメッセージを綴った『新月新聞』というミニコミ誌を発行し、座り込み参加者や全国からテントに訪れる支援者たちに配布した。また、N4のヘリパッド二カ所が完成した後、住民たちは「TAKAE座り込みガイドライン」を作成した。それは「①私達は非暴力です／コトバの暴力を含め／誰もキズつけたくありません、②自分の意志で座り込みに参加しています／誰かに何かを強いられることはありません／自分の体調やきもちを大切に、③いつでも愛とユーモアを！」という三つの約束事から成り、立て看板をテントの前に置いた。そこには住民たちの想いが込められていた。

オスプレイの飛来

二〇一二年一〇月、普天間飛行場にMV-22オスプレイが岩国飛行場から飛来して普天間飛行場に配備されると、高江集落の上空にもオスプレイが飛び交うようになった。N4ヘリパッドが先行提供されると、高江集落の上空をオスプレイが飛び交うようになり、夜間にも離着陸訓練が行われるようになった。その騒音や振動の被害のため、ヘリパッドから最も近くに住む家族は睡眠不足と体調不良になり、転居を余儀なくされた。東村議会は二〇一五年二月二三日、同村高江の米軍北部訓練場N4に新設された二カ所のヘリパッドの使用禁止を求める意見書と抗議決議を全会一致で可決した。(18)

先述した、二〇一二年に防衛省が沖縄県に提示した環境審査書には、北部訓練場において、現在運用されているCH46中型輸送ヘリコプターが飛行する低高度（地上一五～六〇メートル）の経路をオスプレイが飛来することも記されていた。実際に、二〇一六年六月中旬から連日、オスプレイが日中から午後一〇時過ぎまで離着陸を繰り返したため、沖縄県議会は七月二一日、「オスプレイは昼夜を問わず民間地域の上空を低空飛行し、住民は身体的にも精神的にも限界を超えた騒音・低周波を浴び続け、学校を欠席する児童もいる」と指摘し、工事の中止を求める意見書を決議した。(19) N1での工事作業開始が予定されたその前日でのことである。

三、政府による強行工事

先行提供されたN4のヘリパッド二カ所は、北上する県道七〇号線の西側に位置しており、基地の主要な施設が配置されたメインゲートを通って現場に向かうことができた。これに対して、残された四カ所は県道七〇号線を挟んで東側にあり、豊かな自然の残る亜熱帯の森が広がる場所のみで、建設予定地に向かうには、N1ゲートから先に伸びる、かつての生活道路を拡張して新たに誘導路を設置しなければならなかった。「住民の会」は路肩にテントを張ってゲート前で座り込みを続けていたため、沖縄防衛局は、米軍への提供区域を道路の路肩にまで広げて刑事特別法によって排除することも画策した。[20] しかし、二〇一六年七月、最終的には政府主導によって強制排除に踏み切り、全国から機動隊員が現場に派遣された。

機動隊派遣をともなう工事

二〇一六年に行われた参議院通常選挙（七月一一日）の翌日、沖縄防衛局は、未着工の現場残り四カ所（N1（二カ所）、H、G）の工事再開に動き出した。北部訓練場のメインゲートに大型トレーラーなど六台と機動隊が入り、資材を搬入し始めた。[21] 沖縄選挙区では、当時沖縄・北方担当大臣を務めていた現職が「オール沖縄」勢力の擁立した新人候補に敗れる結果となり、民意は明らかであった。作業開始に向けて、警察庁は七月一一日、各都府県警備部長に「沖縄県警察への特別派遣について」という通知を出した。この中にはすでに各都府県警別に派遣期間と人員が記されていた。翌日、沖縄県公安委員会は六都府県（東京、神奈川、千葉、愛知、大阪、福岡）公安委員会に対して、派遣期間と人数を表で示した文書を通知した。これに基づき、総勢五〇〇人の機動隊員が高江に派遣された。[22]

いよいよ、発表されていた工事開始予定日（七月二二日）の未明、住民だけでなく沖縄各地から約二〇〇人が現場に集結した。駆けつけた人たちの乗ってきた車は一六八台にもなり、「N1ゲート前」を塞ぐように駐車して、機動隊を迎え撃つ体制を作った。

N1ゲートは高江の集落から五～六キロほど離れており、そこに向かうためには県道七〇号線しかない。北部訓練場は「やんばるの森」一帯に広がっており、その中を走る県道七〇号線だけが日米共同使用区域で、それ以外は米軍提供区域である。また、N1ゲートは東村高江と国頭村安波との村境にあって、日中の車の往来はほとんどない。ところが、二二日未明、本土からの派遣機動隊員に沖縄県警の機動隊が加わり、千人余りもの機動隊員が県道の北と南からN1ゲート前に押し寄せ、強行工事に反対する人々を挟み撃ちにした。人々がゲート前を塞ぐように置いた車両は機動隊員らが一台ずつジャッキで持ち上げ、手で押して車を移動させた。ゲート前に横付けされた車の上で人々と機動隊が激しくもみ合い、支援者の中から負傷者も出た。最終的に、工事を止めようと集った人々は抵抗を止め、N1ゲートを機動隊に明け渡した。[23]沖縄のメディアはこの間の様子を報道し続けたものの、本土のマスメディアはこのとき何が起きているのかを報道することはなかった。

N1ゲートから森の奥地にある建設現場まで建設車両が入るようになると、本土から派遣された機動隊員は突如として、N1ゲート前を通行しようとする車を一台ずつ止めて検問を始め、職務質問を行った。農業を営む高江の住民たちは、車にステッカーを貼って県道七〇号線を往来しなければならなかった。[24]

また、伊集村長は集落の中を走る村道のうち、H、G地区へのルートを工事車両が通過することを拒否した。工事の大幅な遅れを検した沖縄防衛局は、大型重機を運ぶために民間ヘリや陸上自衛隊ヘリの投入を検討し、[25]ヘリの下に鉄板を吊るして大型重機をその上に乗せ、空から搬入した。[26]

安倍晋三首相は九月二五日に召集された臨時国会の所信表明のなかで、日米同盟を日本の外交・安全保障の基軸と位置づけるとともに、「北部訓練場、四〇〇〇ヘクタールの返還を、二十年越しで実現させます。沖縄県内の米軍施設の約二割、本土復帰後、最大の返還であります。〇・九六ヘクタールのヘリパッドを既存の訓練場内に移設することで、その実現が可能となります。もはや先送りは許されません。一つひとつ、確実に結果を出すことによって、沖縄の未来を切り拓いてまいります」と述べた。[27]

差し止め訴訟

国の強行工事に対して、九月二一日、「住民の会」を中心とする高江区民三三名が原告となり、ヘリパッド建設禁止訴訟及び同仮処分の申し立てを行なった。一二月六日、那覇地裁は、住民側が提出した渡嘉敷健琉球大学准教授の騒音測定の結果をもって「直ちに住民の生活妨害や健康被害をもたら」し、「人格権を侵害するものとして違法と評価することが可能なものであるとは言い難い」と判断した。このため、住民らは即時抗告を行なったところ、福岡高裁那覇支部は、一二月一五日、（抗告人らがN４地区の着陸帯における騒音に対して被害を述べているのに対して）「N４地区の着陸帯よりも抗告人らの居住地から離れている本件各着陸帯に離発着する米軍機による本件航空機騒音による被害が生じる恐れがあると認められない」とし、住民らの訴えを退けた。住民らは翌年二月一〇日、やむなく本案訴訟を取り下げた。この間、一二月一三日には名護市安部の海岸にオスプレイが墜落していた[28]。

返還式典

二〇一六年一二月二二日、日米両政府はヘリパッドがすべて完成したとして、沖縄県名護市の万国津梁館において、米軍北部訓練場の部分返還を記念する式典を開いた。一九七二年に沖縄が本土復帰して以来、最大規模の面積の土地が返還されたことにより、沖縄の基地負担軽減を目に見える形で示し、米軍普天間飛行場の辺野古移設を前進させるというのが政府の主張である[29]。

翁長知事は、一二月一三日に名護市安部にオスプレイが墜落したことを理由に式典を欠席した。招待されたのは、過去に基地を受け入れ辞任した比嘉鉄也元名護市長、落選した島袋吉和前名護市長、仲井眞弘多前沖縄県知事ら、政府に近い人だけであった[30]。

式典の開催された同日午後六時半から、オスプレイ墜落に抗議する集会が名護市で開かれた。同集会では「住民の会」を代表して儀保昇が挨拶に立った。儀保は「基地がある限り、非暴力、不服従、そして直接行動によって闘い続けましょう」と呼びかけた[31]。

返還式典は済んだものの、ヘリパッドに至るまでの誘導路建設など一部の工事はまだ残っていた。また、法面が崩落するなど、突貫工事のツケが表面化した。実質的に工事が終了したのは二〇二〇年七月三一日であり、この日に米軍による検査が行われた。その後、今日に至るまで、北部訓練場内での米軍の軍事行動に抗議するため、住民の会は「座り込み」を続けている[32]。

「機動隊派遣は違法」住民訴訟

機動隊を派遣した都府県では、機動隊派遣の中止を求めて住民監査請求を行ったところ、いずれも却下された。このため、東京、愛知、福岡の三都県において、この監査の結果を不服として「機動隊の沖縄への派遣は違法」とする住民訴訟が起きた。福岡県警に対する住民訴訟は二〇一七年一月二〇日に提訴されたが、二〇二〇年一一月一〇日、最高裁で上告が棄却された。しかし、名古屋高裁は二〇二一年一〇月七日、一審判決を覆し、派遣手続きの違法性を認める判決を言い渡した。裁判所は、派遣が県公安委員会の承認を得ないまま、県警本部長の専決で処理された点を問題にするとともに、沖縄県警側が派遣を要求したことにも重大な瑕疵があるとした(33)。これを不服とする知事側は最高裁に上告したものの、二〇二三年三月二二日、最高裁はこれを退ける決定を下し、二審判決が確定した(34)。

東京高裁は、派遣隊員に支給した超勤手当などを当時の警視総監に賠償させるように求めた住民訴訟の控訴審判決で同年一〇月二九日、原告側の控訴を棄却した。原告側の代理人弁護士らは同日、都内で会見し「名古屋高裁と東京高裁で判断が分かれたので、当然、最高裁で判断を求めることになっていく」との考えを示した(35)。

沖縄では、県外から派遣された機動隊の燃料費や車両修繕費を県が支出したのは違法として、当時の県警本部長らに約九一〇万円を請求するよう県側に求めた住民訴訟の控訴審判決において、福岡高裁那覇支部は二〇二二年九月六日、住民側の請求を退けた一審判決を支持し、控訴を棄却した。判決によれば、「県内の道路交通などに関して公共の安全と秩序の維持を図る県警の本来的な職責の範疇に属する」とし、国が負担すべきではないと判示した。また、六都府県から約五〇〇人が派遣された機動隊の規模に対して「抗議活動の参加者数や警備範囲などを考慮しても、過大とは言えない」と判断した(36)。

四、沖縄へのヘイトスピーチ

二〇一三年一月二七日、翁長知事をはじめとする沖縄県内四一市町村長や議長が上京し、オスプレイ沖縄配備の中止を求めて東京・銀座をパレードした。その翌日、安倍首相に「建白書」を手渡すためである(37)。パレードの最中、歩道から「売国奴」「日本から出ていけ」といった言葉を浴びせられた。辺野古への新基地建設に反対する沖縄の人たちへのヘイトスピーチは、高江へリパッド建設工事に反対する人々にも向けられ、SNSなどを通じて拡散された。

「土人」発言

抗議行動が激しさを増していた二〇一六年一〇月一八日午前九時四五分頃、座り込みに参加していた目取真俊さんが、大阪府警の機動隊員から「どこつかんどるんじゃ、こら、土人が」という言葉を投げつけられた(38)。この発言は、またたく間にニュースとなった。また、別の機動隊員も「シナ人」と発言した。

大阪府警を所轄する松井一郎大阪府知事は、メディアのインタビューに「無用な衝突を避けるために、警察官が全国から動員されている。じゃあ、混乱を引き起こしているのはどちらなんですか」と答えた。沖縄タイムス記者の阿部岳は、機動隊員の差別意識に基づく権力行使が問題なのに、あえて市民と同列視し、「どっちもどっち」論に引きずり込んで問題をうやむやにしようとする意図が露わだと述べた(39)。

政府の見解として、鶴保庸介沖縄担当相は一一月一八日の参院内閣委員会において「差別であると断じることは到底できない」とし、同日、政府は「問題はない」とする答弁書を閣議決定した(40)。菅義偉官房長官も二〇一六年一一月二二日の衆院決算行政監査委員会において、「差別と断定できないというのは政府の一貫した見解だ」と答弁した(41)。

この「土人」発言に対して、琉球民族独立総合研究学会発起人の一人である松島泰勝（島嶼経済論）は、「人類館事件」を思い出したという。一九〇三年に大阪で開催された第五回内国勧業博覧会の「学術人類館」に沖縄の人らが見せ物として展示された事件である(42)。

この警察官は、「泥だらけの人を見た印象が残り、つい口にした。土人の意味は知らない」と釈明した。これに対して中川成美（比較文学）は、檻の中に閉じ込められた「野蛮人」という認識が反転して、自分自身が檻の中に閉じ込められてしまったと感じたのではないだろうかと指摘する。「子供の《ママ》ように「俺は土人ではない、土人はお前らだ」と、体いっぱいに暴言を吐く、この一青年の姿に、私は国民国家の枠組みに深く穿たれた「日本人」としてのアイデンティティの喪失がまねく暴力性の本質を見た気がした。」松井府知事が機動隊員に対する「出張ご苦労様」という発言も、フェンスの外からの傲慢さそのものと断罪する(43)。

砂川秀樹（文化人類学）は、「この事件を、その言葉を口にした機動隊員と言葉を直接向けられた人との個人的なトラブルとしてとらえたとしたら、問題の本質を見ない見方として批判されたであろう。なぜなら、その背景には、「本土」と沖縄、中央と周縁などの構造的差別と力関係、そこから生じる差別意識があったからだ。ゆえに、大きな社会的な問題となった」と述べる。(44)

発言を投げかけられた目取真俊は、沖縄差別をインターネット上で掻き立てる「ネット右翼」ではなく、機動隊員の発言だったことを問題視したうえで、「政府が公務員の差別的用語を容認し、お墨付きを与えるかのような姿勢は、沖縄以外の地方にこの差別の構図が広がる恐れがある」と強調した。また、石原慎太郎東京都知事が中国を「シナ」と公式の場で発言した過去の事例を挙げて、「日本こそ人権侵害が先行している国であり、国際感覚としても正常な状態ではない」と断じた。(45)

「ニュース女子」問題

ヘリパッド建設が完成し、北部訓練場の面積の約半分の敷地が「返還された」その翌年（二〇一七）一月二日、東京MXテレビ（東京メトロポリタンテレビジョン）が放映した、DHCシアターの制作する「ニュース女子」という番組内で、高江の米軍ヘリパッド建設に対する抗議行動を報じたところ、その内容が、デマに満ちあふれていたとともに、民間団体「のりこえねっと」共同代表の辛淑玉に対して差別的意図を持って中傷したとして、民事訴訟にまで発展した。

番組の中で、高江の運動は、参加者には日当が支払われている、運動が通行の邪魔をして地元住民らの生活の支障になっている、救急車が活動家たちの暴行によって襲撃された、挙げ句の果てに極左暴力集団や反差別勢力の活動家や外国籍の団体に支援されているなどといったデマが流された。あわせて、市民団体「のりこえねっと」共同代表の辛淑玉が「東京生まれの在日朝鮮人」であることが、外国の団体から支援を受けているとされ、また、同団体が高江に行く人たちにカンパを募って手渡したことが、日当を支払っているとされたのである。(46)

在日コリアンはどれだけ日本社会に統合されていようとも、朝鮮半島にルーツがあるという属性のみを理由として敵意を向けられる。それは、「慰安婦」問題や徴用工問題、あるいは拉致問題といった日韓・日朝関係の悪化と連動している。(47)オスプレイの沖縄配備をめぐる中止デモも、沖縄での反基地運動＝日米同盟の否定＝中国や北朝鮮からの支援といった思考回路に陥った人たちによって、街頭でのヘイトスピーチへとつながっていった。

また、地上波で流された「ニュース女子」番組は、インターネット空間のヘイトスピーチを正当化する役割を果たした。このため、同年一二月一四日、放送倫理・番組向上機構（BPO）放送倫理検証委員会は「重大な放送倫理違反があった」と認定し、翌年三月一日、東京MXテレビは「ニュース女子」の放送終了を発表した。だが、この番組動画はYouTubeなどで拡散され、番組が終了されてなお、高江だけでなく、辺野古の座り込みに対しても、多くの人たちの誤解をもたらし続けている。しかし、「ニュース女子」の制作主体であるDHCシアター（現DHCテレビジョン）はBPOの指摘に対して「言論弾圧」だと反論した[48]。

「ニュース女子」で流された情報は、先述した東京都民らによる機動隊派遣の住民訴訟において、東京都側の提出した準備書面の中にも反映された。準備書面の中で都は、沖縄県公安委員会からの援助要求を受け、二〇一六年七月一二日に都公安委員会が派遣決定して以降、「一部の抗議参加者らによる危険かつ違法な抗議活動に対し、周辺の安全確保、交通の危険の防止、適切な警備活動を実施していた」と説明するとともに、「仮に機動隊員らの職務行為に何らかの違法性が認められる余地があったとしても、派遣の違法性を根拠づけるものではない」と主張した。これに対して、原告側の高木一彦弁護士は「都が（インターネット空間での風評）問題を持ち出したことに怒りを覚える。裁判ではそれをうそ、おかしいと言えるチャンスが出てきた」と述べた[49]。「のりこえねっと」事務局長の川原栄一も、準備書面の中の「（高江や辺野古での）抗議参加者の実態」のくだりが「ニュース女子」の論調に共通していると指摘した[50]。

「ニュース女子」をめぐる民事訴訟において、二〇二二年二月、排外主義を社会学的に研究する樋口直人は東京高裁に原告側意見書を提出した。この意見書では、当該事件が人種差別的性格をもつことを、目的と効果に分けて検討する。中でも特筆すべきなのは、人種差別思想の拡散状況とその悪影響について、インターネット上で流布する書き込みを具体的なデータをもとに、実証的に論じている点である。

樋口は「ニュース女子」の番組が「犬笛[51]」であり、人種的犬笛が吹かれて拡散してしまうと被害者による対応は極めて困難になってしまうという。なぜなら、米軍基地問題を口実に在日コリアンを差別した「ニュース女子」番組を放置すれば、韓国や中国といった周辺諸国の意を受けた在日コリアンが黒幕であるというデマが真実であるかのように受け止められ、かといってそれに抗議したところで、原告である辛の民族的属性が差別の材料として消費され、大量の人種差別的言動を生み出してしまうからである。[52]

樋口はまた、高江の運動は地元住民らが立ち上げ、その後も主たる担い手であり続けていることをこれまでの学術研究は明らかにしており、地元は基地建設に反対ではないという当該番組の前提は明らかに事実に反していると述べた。[53] 本論文でも詳しく述べたとおりである。

五、世界自然遺産登録と米軍廃棄物問題

政府は、二〇一六年九月一五日、沖縄本島北部の国頭、東、大宜味の三村に広がる約一万七〇〇〇ヘクタールの地域を「やんばる国立公園」として正式に指定した。もちろん、ここには北部訓練場は除かれている。さらに二〇一七年一月、政府は世界自然遺産候補として「奄美大島、徳之島、沖縄島北部および西表島」を推薦することを閣議決定した。

かつて、世界自然遺産委員会の諮問機関であるＩＵＣＮ（国際自然保護連合）は二〇〇〇年と二〇〇四年の二度にわたり、日米両政府に対して、ヘリパッド建設に対する環境アセスのやり直しを求める決議を行っていた。しかし、日米両政府はこれを無視してヘリパッド建設を推し進めた。このため、ユネスコ世界遺産委員会は、登録を一度は拒否したものの、日本政府は改めて申請し直し、二〇二一年七月二六日、同地域は世界自然遺産として登録された。

二〇一六年一二月に返還された土地は、「沖縄県における駐留軍用地跡地の有効かつ適切な利用の推進に関する特別措置法」（跡地利用特措法）に基づき、国が支障除去を行ったのちに地権者に引き渡すこととされていた。このため、沖縄防衛局は跡地利用特措法に定められた返還実施計画に基づいて支障除去を始めたところ、広大な土地についてわずか一年足らずで支障除去が完了したと発表し、二〇一七年一二月二五日、地権者に引き渡した。ただ、返還地の約八割の地権者は林野庁沖縄森林管理署であった。

北部訓練場を含む「やんばるの森」は貴重な生態系を有しており、蝶類研究者の宮城秋乃は二〇〇七年からここで昆虫の生態を研究し続けていた。返還地が引き渡された二日後、返還地の自然を紹介するため、宮城は琉球新報の記者二人を連れて国頭村安田の林内を案内したところ、すぐに未使用の訓練用砲弾一個が地中から発見された。その後、再度一人で

現場を訪れたところ、未使用の訓練用砲弾一発を含む大量の米軍廃棄物が地上や地中に残っているのを確認した。このため、翌年一月一八日、琉球新報の記者と国頭村の住民に立ち会ってもらい、LZ1ヘリパッド跡地から未使用の訓練用砲弾二個について、一一〇番通報を行った(54)。このことが地元紙に報じられると、沖縄選出の糸数慶子参議院議員は二〇一八年一月三一日、質問主意書を提出した。このような経緯から、宮城は森林に生息する昆虫だけでなく、未使用や不発の弾薬を含む米軍廃棄物の調査を始めることとなった。

二〇一九年一〇月七日、「やんばるの森」が世界自然遺産候補地として登録に相応しいかを審査するIUCN(国際自然保護連合)が視察に訪れた。その日、宮城は返還地から未使用の空砲八発を地元の安田駐在所署員に回収してもらっていた。このため、翌日の地元二紙は、IUCNが視察に訪れた内容の記事のとなりに、世界自然遺産候補地から県警が弾薬を回収した記事を掲載した。この報道がなされた直後から、県警へ弾薬発見の通報をしても、県警は弾薬を一切回収しなくなったという(55)。

宮城が主張したいのは、「やんばるの森」が世界自然遺産になることで、米軍北部訓練場での激しい訓練の実態が隠蔽されてしまうこと、ヘリパッド建設によって軍事機能が拡張された状況を放置すれば生態系に大きなダメージを与えてしまい、環境省や沖縄県のレッドリストに指定された昆虫類や鳥類は生息できなくなってしまう点である。そして、こうした現状を放置しながら自然保護に取り組む専門家たちの欺瞞性を問うている。宮城は今も、県道七〇号線を往来する米軍車両を止めるなど、これ以上の軍事活動が自然を損傷してしまうことから生き物たちを守るための活動を行っている(56)。

おわりに

本論文では、辺野古「新基地建設」と同様に、沖縄の「負担軽減」の名の下に推し進められた高江ヘリパッド建設に対して、住民たちが主体的に座り込みをはじめたこと、また、住民らの座り込みは、それを支える全国からの多くの支援者によって続けられた。そのことは、機動隊派遣に対する監査請求や住民訴訟の展開にも表れている。だが、住民主体の座り込みはインターネット上での誹謗中傷にさらされ、さらには「ニュース女子」番組を通してより拡散していったこと、政府は北部訓練場のある「やんばるの森」を世界自然遺産登録に導くことによって、多くの人たちを欺く一方で、北部訓練場での軍事訓練はさらに熾烈なものとなっている[57]。

沖縄本島北部に軍事機能を集約させることによって、中南部の基地負担は確かに減るのかもしれない。しかし、辺野古沖を埋め立て、新たに軍港機能を兼ね備えた「新基地」がつくられれば、北部地域はより一層危険な状況に陥る。実際、二〇一七年一〇月一二日、高江の牧草地に米海兵隊のヘリが墜落・大破して炎上した。事故後、土地の所有者は自らの土地に立ち入ることが許されず、米軍は、県の調査が行われる前に墜落現場の土をトラック五台分持ち去った。墜落・炎上した土地の土壌からは、二〇二二年三月二日までに、泡消化剤由来と見られる有機フッ素化合物ＰＦＡＳも確認されたという[58]。

座り込みを報道するメディアは過激な場面の一部を切り取って情報を流すため、工事車両や作業員が訪れないときに平穏な日常がテントにも流れることに多くの人は気がつかない。実際、現在「新基地」建設の進む辺野古「ゲート前」の座り込みも、工事車両が来る時間帯以外は現場にあまり人はいない。彼ら・彼女らにも送るべき日常生活があるからである。だが、二〇二二年九月、匿名掲示板サイト「2ちゃんねる」の創設者、ひろゆき（西村博之）が辺野古の座り込み拠点を訪れ、工事車両のやってくる時間帯ではなかったために無人であったことをtwitter上で批判して運動を揶揄した[59]。この発言の影響は未だに続いており、座り込みの続けられた日数を示す看板が書き換えられたりしているようである。しかし、誰によって沖縄に負担が集中させられ、座り込まざるを得ない状況が作り出されているのか、本土に暮らす私たちは今一度真剣に考える必要があるのではないだろうか。

注

（1）「ちむどんどん」に関する社会学的考察として、『放送メディア研究』16号、二〇二三年に所収の田仲論文、岡村論文参照。

（2）ヘリパッドの「移設」先は東村高江と国頭村安波にまたがっているのだが、工事車両を建設予定地まで搬入するゲートが東村高江に位置していることや、新たにヘリパッドができた場合に訓練の影響を受けるのは専ら高江の集落であることから、高江の住民たちを中心にヘリパッド建設阻止の運動が取り組まれ、その運動を支えるために全国から支援者たちが集まった。「国頭村は、村内であっても、村にとっては迷惑のかからないところだからよいという。」仲嶺久美子「自然と共に生きたい」『けーし風』一三号、一九九六年。

(3) 那覇防衛施設局は二〇〇七年九月、沖縄防衛局に改組した。
(4) 『防衛白書　平成一八年版』二〇四頁。
(5) 古賀加奈子「七月二二日からの高江のこと」『越境広場』三号、二〇一七年。また、映画「標的の村」(三上智恵監督)においても、少女の母親が証言している。
(6) 喜多自然「高江スラップ裁判　判決の問題点と今後の課題」http://okinawagodo.org/blog/379/(二〇二三年一月九日アクセス)、日高洋一郎「高江ヘリパッド建設工事差止訴訟について」『国際人権』二九号、二〇一八年。
(7) 大久保規子「沖縄の環境と人権」『国際人権』二九号、二〇一八年。
(8) この時の様子は、映画「標的の村」の中に全て記録されている。当日は、住民以外の会場(高江公民館)の立ち入りが許可されなかったため、筆者は他の支援者らとともに、窓越しに外から傍聴した。
(9) 浦島悦子『みるく世や　やがて――沖縄・名護からの発信』インパクト出版会、二〇一五年、四九頁。
(10) http://www.oki-kan.net/pdf/MV22/03_MV22.pdf(二〇二三年一月二三日アクセス)表二―八のうち、LZ17が、ヘリパッドのN4を示している。
(11) 二〇一〇年一二月二三日、夜中にN4テントで車中泊をしていたところ、米軍ヘリが低空を飛行してテントの足が曲がり、椅子や看板が飛ばされる事件が起きた。『沖縄の米軍基地　平成三〇年一二月』沖縄県知事公室基地対策課、一八九頁。
(12) 筆者も二〇一一年二月、N1で工事業者が土嚢を運び入れ、ガードレールを挟んで業者や沖縄防衛局員と支援者らが対峙する現場にいた。この時の高江の様子は、住民の会によるブログ「やんばる東村　高江の現状」二〇一一年二月の記録参照。https://takae.ti-da.net/d2011-02.html(二〇二三年一月一四日アクセス)。
(13) 辺野古や高江で座り込みに関わった阿部小涼は、二〇〇五年当時、辺野古沖に単管パイプで作られた櫓の上で座り込んでいる時、海上の上にいてトイレをどうするのかを心配していたところ、女性たちが海上に仮設トイレを作り上げた様子を見て、「座り込みの場を創造しているのは、女たちだったことに気付かされた」と述べている。阿部小涼「海で暮らす抵抗　危機の時代の抵抗運動研究のために」『現代思想』三三巻一〇号、二〇〇五年。高江でも、座り込む拠点に仮設トイレを設置したり、車で公共トイレまで送迎したりした。
(14) 阿部小涼「繰り返し変わる――沖縄における直接行動の現在進行形」『政策科学・国際関係論集』一三号、二〇一一年、七二～七三頁。
(15) 大野光明「占拠空間・直接行動・日常――高江ヘリパッド建設阻止運動の広がりによせて」『越境広場』三号、二〇一七年、三一頁。
(16) テレビで放映された「標的の村」のエンディングに彼らの演奏が流れてくる。スワロッカーズは、大浦湾をはさんで辺野古の対岸にあたる瀬嵩の浜で毎年秋に開催される「満月まつり」のときに演奏を披露するなどしてきた。
(17) メインゲートを封鎖するのに、ちょうど乗用車やワゴン車を三台止めると、メインゲートが封鎖できた。工事車両以外の車が来る朝四時(日本人警備員)と朝六時(朝食を作りにくる食堂の従業員）には、いったん封鎖を解除した。筆者もこのときに、実際にメンバーの一人として参加した。

(18) このほか、二〇一五年六月にはオスプレイ飛行禁止と撤去を求める意見書を可決、二〇一七年一〇月には臨時村議会を開いて、ヘリの飛行停止とともに日米地位協定の抜本的見直しを要求した。伊佐真次「抗議テントが米軍に無法に撤去された！たたかいは続く」『議会と自治体』二五四号、二〇一九年。

(19) 「米軍北部訓練場ヘリパッド建設に関する意見書」https://www.pref.okinawa.jp/site/gikai/documents/2806herikennsho.pdf（二〇二三年一月九日アクセス）。

(20) 北部訓練場内を走る県道七〇号線のみが日米共同使用区域とされ、その両側は米軍提供地のため、米軍提供地に入ると、「日本国とアメリカ合衆国との間の相互協力及び安全保障条約第六条に基づく施設及び区域並びに日本国における合衆国軍隊の地位に関する協定の実施に伴う刑事特別法」（通称：刑特法）によって処罰される。このため、「住民の会」はどこまでが路肩として認められるのか、情報開示条例に基づき、沖縄県に情報開示請求を行ったところ、国が情報開示決定を取り消す訴訟を県に対して提起した。沖縄の日本復帰時に在沖米軍基地の提供・使用条件を定めた「五・一五メモ」は日米合同委員会の議事録であり、米軍が同意しない限り公開できないと国は主張した。『琉球新報』二〇一五年三月一五日。

(21) 阿部岳『ルポ沖縄　国家の暴力——現場記者が見た「高江一六五日」の真実（文庫版）』朝日文庫、二〇二〇年、三三一頁。

(22) 石川亜衣「『警視庁機動隊の沖縄派遣は違法』住民訴訟　違法な目的、そのための抗菌支出は認めない」http://gendairiron.jp/vol.16/rostrum/ro05.php（二〇二三年一月一六日アクセス）

(23) この時の様子を三上智恵が撮影している。「三上智恵の沖縄撮影日記〈辺野古、高江〉第57回　高江大弾圧〜臨界点を超えた政府の暴力〜」http://www.magazine9.jp/article/mikami/29564/（二〇二三年一月五日アクセス）。

(24) 『沖縄タイムス』二〇一六年九月八日電子版。高江新月座談会（安次嶺雪音、伊佐育子、石原理絵）「絶望と希望のあいだで、希望が大きくなるように」『けーし風』九三号、二〇一七年。

(25) 『沖縄タイムス』二〇一六年八月二八日電子版。

(26) 九月一三日、沖縄防衛局は大型重機などを訓練場内の建設現場に搬入するため、陸上自衛隊の大型輸送ヘリCH47を投入した。これに対し、翁長雄志知事は同日、「事前に十分な説明がなく（法的）根拠も示されていない。容認できない」と述べ、搬入を強行した国を批判した。『沖縄タイムス』二〇一六年九月一四日電子版。

(27) https://www.kantei.go.jp/jp/97_abe/statement2/20160926shoshinhyomei.html（二〇一九年三月二五日アクセス）。

(28) 日高洋一郎、前掲論文。

(29) 『産経新聞』二〇一六年一二月二三日電子版。

(30) 阿部岳、前掲書、二一七頁。

(31) 同右、二一九〜二二〇頁。この様子は、MBS毎日放送が二〇一七年に制作した番組「映像一七　沖縄　さまよう木霊——基地反対運動の素顔」に収められている。当時の番組を紹介したHPが今も残っている。https://www.mbs.jp/eizou/backno/

17012900.shtml（二〇二三年二月二二日アクセス）。

(32) 二〇二三年二月一六日、N1テントを訪れ、「住民の会」メンバーに面会した。

(33) 『沖縄タイムス』二〇二一年一〇月九日電子版、一〇月一二日社説。

(34) 『沖縄タイムス』二〇二三年三月二四日電子版。

(35) 『沖縄タイムス』二〇二一年一〇月三〇日電子版。

(36) 『沖縄タイムス』二〇二二年九月七日電子版。

(37) 建白書は、オスプレイの沖縄配備撤回と普天間飛行場の即時閉鎖・撤去、県内移設断念を要求した。

(38) 目取真俊『ヤンバルの深き森と海より』影書房、二〇二〇年、三六一頁。

(39) 阿部岳「高江厳戒　日本の未来図――民主主義壊した『国家の狂気』」『越境広場』三号、二〇一七年、三八頁。

(40) これに対して、宜野湾市議会は「高江での警察、機動隊の『土人』発言を差別発言と認めない鶴保庸介沖縄および北方対策担当大臣への抗議決議」を一二月二日に採択した。https://www.city.ginowan.lg.jp/material/files/group/61/ketugian12.pdf（二〇二二年一月一四日アクセス）。

(41) 『沖縄タイムス』二〇一六年一一月二二日電子版。

(42) 『朝日新聞』二〇一六年一〇月二一日。「学術人類館」の開設趣意書には「内地に最近の異種人即ち北海道アイヌ、台湾の生蕃《せいばん》、琉球、挑戦、支那、印度、爪哇《ジャワ》、等の七種の土人」と紹介され、このうち、支那（清国）は事前の抗議で実施されず、朝鮮と琉球も途中で撤去された。平野次郎「大阪の中の沖縄から見た差別の歴史と現実」『週刊金曜日』一一一二号、二〇一六年。中川成美「『土人』とは誰のことか」『越境広場』三号、二〇一七年。

(43) 中川成美「『土人』とは誰のことか」『越境広場』三号、二〇一七年。中川は、この論文の中で、一九世紀半ばから一九五〇年代まで続く「見せ物」で、「文明」が「野蛮」を貶める「装置」としての「人間博物館」のことを紹介している。

(44) 吉川秀樹「『一橋大学アウティング事件』と『土人』発言」『けーし風』一〇二号、二〇一九年、三九～四〇頁。

(45) 『沖縄タイムス』二〇一六年一一月二三日電子版。

(46) 辛淑玉「『ニュース女子』事件とは何だったのか」『世界』二〇二一年一二月号。『ニュース女子』で流された映像は断片的に切り抜かれ、YouTubeを通じて拡散した。注（30）で紹介した「映像一七　沖縄　さまよう木霊――基地反対運動の素顔」は、番組の中でこれらYouTubeに拡散された偽情報を一つひとつ検証している。

(47) 樋口直人「資料『ニュース女子』による人種差別裁判に対する意見書」『グローバル・コンサーン』四号、二〇二二年、二一四頁。

(48) 田沢竜司「『ニュース女子』問題は終わっていない」『週刊金曜日』一二一九号、二〇一九年。

(49) 『沖縄タイムス』二〇一八年五月二四日電子版。

(50) 田沢竜司、前掲記事。

(51) アメリカの政治学者であるロペスによれば、犬笛とは「ある領域では聞こえず容易に否定されるが、異なる範域では強い反応を引き起こすことを理解するための比喩」であり、戦略的人種差別の際に用いられるという。樋口は、ロペスの議論を今回の事件に当てはめると、①番組を制作したDHCテレビジョンの親会社であるDHC会長の吉田嘉明は「私は決して差別主義者でもレイシストでもありません」と言明しており、断固として人種主義であることを否定する、②「犬笛政治」の担い手は自らの人種差別を否定する一方で、受け手の人種差別的感情を焚きつけ、人種による分断をもたらすようにアピールするという。樋口直人、前掲資料二一七頁。高江のヘリパッド建設阻止運動にしろ、辺野古の新基地建設反対運動にしろ、「ネトウヨ」勢力は、日米安保体制に反対する活動家たちは非国民だ、外国勢力に扇動されているなどとインターネット上で発言している。

(52) 樋口直人、前掲資料、二二九頁。

(53) 阿部小涼「繰り返し変わる——沖縄における直接行動の現在進行形」『政策科学・国際関係論集』一三号、二〇一一年、森啓輔「統治と挑戦の時空間に関する社会学的考察——戦後沖縄本島北部東海岸をめぐる軍事的合理性、開発、社会運動」一橋大学博士論文、二〇一六年。

(54) 『沖縄タイムス』二〇一八年一月二二日。

(55) 中村之菊『抵抗——国家という暴力との闘い』民草出版、二〇二二年、三二〜三三頁。

(56) 宮城の活動は、自らブログを立ち上げて日々発信を続けている。「アキノ隊員の鱗翅体験2」https://akinotaiin.blog.fc2.com（二〇二三年一月一七日アクセス）。

(57) 二〇二二年一二月五日から一五日にかけて、沖縄本島の中部訓練場（キャンプ・ハンセン、キャンプ・シュワブ）や北部訓練場などで、隊員千五百人が参加して、「スタンドインフォース演習」と呼ばれる訓練を実施した。これは、米海兵隊の新たな戦略で、敵の攻撃が届く範囲内に殺傷力が高く察知されにくい小規模な舞台を送り込むものである。同月九日、東村の県道で、海兵隊員が銃を持ったまま道に迷う姿が通行人に目撃されている。「米海兵隊が新戦略に基づく訓練を実施」（沖縄NEWS WEB）https://www3.nhk.or.jp/lnews/okinawa/20221228/5090021385.html?fbclid=IwAR0s7ZtKqGlr9mxncwgRFvY0hlsgQ6UC5-0cmhTteGhrjVZCvr3k5KS_bgQ（二〇二三年一月二〇日アクセス）。

(58) 『沖縄タイムス』二〇二二年三月三日電子版。

(59) この件に関する考察は、伊藤昌亮「ひろゆき論　なぜ支持されるのか、なぜ支持されるべきではないのか」『世界』二〇二三年三月号が詳しい。

＊本論文は、科研費研究助成（課題番号：25380677、16H03694ならびに20H01573）による研究成果の一部である。なお、特に注をつけていない事実関係は、二〇〇七年八月に初めて高江を訪れて以来、毎年四回から五回にわたって現地に通い続け、住民や支援者の方たちと生活を共にする中で実際に見聞きした内容を踏まえている。

特集1

地球環境問題をもたらした核兵器

核被害の「無差別性」と「差別性」

竹峰誠一郎（明星大学）

はじめに

「未曾有の危機の時代——午前〇時まであと九〇秒」[1]。米国の原子力科学者会報（Bulletin of the Atomic Scientists）は、二〇二三年一月「世界終末時計」の針が過去最悪とされた前年よりもさらに進み、「世界的な破局に近づいている」と警鐘を鳴らした。終末時計は、原子力科学者会報が一九四七年から毎年発表しているもので、核兵器の脅威を念頭に時刻が発表されてきたが、二〇〇七年からは、気候変動による脅威も考慮されるようになっている。[2]

国際連合事務次長で軍縮担当上級代表を務める中満泉は「仮に人類の存在そのものに対する脅威というのがあるとすれば、「気候変動」と「核兵器」の問題だということが国際的なところでは一致した見方[3]」であると語る。被爆七五周年を迎えた二〇二〇年八月の長崎平和宣言でも、若い世代に向けて「新型コロナウイルス感染症、地球温暖化、核兵器の問題に共通するのは、地球に住む私たちみんなが「当事者」だということです[4]」とも訴えられた。

このように近年、気候変動の問題と重ねて核兵器問題を捉える動きが出てきている。学術分野でも長崎大学核兵器廃絶研究センター（RECNA）が、二〇二〇年に対談シリーズ「核・コロナ・気候変動——問題の根っこにあるもの」を企画し、六回にわたり開催された[5]。広島市立大学平和研究所所長の大芝亮は、核の問題を、国際政治の問題としてだけではなく、広く地球環境の問題として、あるいはグローバル・イシューズとして検討していくことを、広島発の平和学の課題の一つに挙げている[6]。

こうした動きはあるものの、実際の核兵器をめぐる議論となると、昨今のウクライナ情勢でも明らかなように専ら軍事安全保障上の問題とされ、環境問題とは切り離され論じられる傾向は未だに強い。社会運動のなかでも、「平和運動は核戦争の危険を管理し減少させることに専念してきたが、もっと一般的な軍事研究や地球への影響を注意深く監視することはなかった」、「他方、環境保護運動は、戦争の巨大な影響について分析することなく、主に市民社会への影響、ライフスタイル、多国籍企業に集中してきた[7]」と、グローバルな核汚染とその被害について調査研究を進めてきたロザリー・バーテルは指摘する。日本社会でも核と環境問題は切り離されてきた。一例を挙げれば、一九六七年公害基本対策法が制定されたものの、放射性物質は公害対策の対象から除外された。同法が環境基本法に統合された一九九三年の後も、二〇一二年まで放射性物質は除外され、個別環境法のうえでも放射性物質の適用除外規定が設けられてきた[8]。

そうしたなか本論は、特集テーマ「軍事と環境」を念頭に、核兵器を安全保障や軍備管理という観点ではなく、地球環境問題に引きつけて論じていく。現代だけに着目するのではなく、地球環境問題という言葉が定着していなかった一九八〇年代、さらには一九五〇年代までさかのぼり、歴史的に考察していく。また核兵器がもたらす地球環境問題をグローバルな視点だけでなく、筆者がフィールドにしているマーシャル諸島を中心に、核被害地のローカルな視点にも引き付けて考察していく。

核兵器によっても地球環境問題が生み出されてきたことを示しつつ、核被害をどのように捉えていけばいいのかを探求していくことが、本論文の目的である。キーワードは核兵器の被害の特色としてしばしば言及される「無差別性」である。核兵器被害の「無差別性」とは何なのだろうか。また「無差別性」だけで核兵器の被害は捉えられるのであろうか。

一、「核の冬」――核戦争の破局的性格

核戦争がおこると、核爆発の直接の被害によっておびただ

しい数の死傷者がでるだけでなく、火災により大気中に運ばれたススとチリの粒子が太陽光線を遮り、気温が著しく低下する。さらに太陽光線の著しい減少は、植物の光合成にも影響する。(9)

一九八二年スウェーデン王立科学アカデミーの環境専門誌『アンビオ』が特集した「核戦争とその結果」で、気象学者パウル・クルッツェンらが、火災の同時多発に着目した数値シミュレーションをもとに、核戦争後の気候崩壊に警鐘をならした。(10)その後、同研究を踏まえ、核戦争後の地球がどうなるのか、核戦争で生じる火災の問題を加味して、解明する共同研究が天文学者のカール・セーガンらによって行われた。シミュレーションに基づき、核戦争になると地表に到達する日光が激減し、寒冷化現象が起こり得ることが発表された。一九八三年四月に全米各地の科学者らがマサチューセッツ州に集まり、同研究の検証が行われ、一〇月にはワシントンDCで「核戦争後の地球――核戦争の長期的、世界的、生物学的影響に関する会議」が開催された。五〇〇人もの人々が世界各地から集まり、米ソの緊張が高まるなかであったが、モスクワにいるソ連の科学者とも一部テレビ会議で結ばれた。(11)米ソ両科学者は、研究方法は異なっていても、核戦争後に地球凍結が発生するという結論は共通していた。(12)「米ソの現有の核のわずか約〇・八%が燃えやすい都市に対して使われただけでも、……地球の気候やエコシステム（生態系）がいちじるしく攪乱され、核が全面的に使われたような場合には、人類の絶滅さえ可能なことが初めて明らかにされた」。(13)その後も、核戦争に伴う火災発生に着目した関連する研究が続いた。

こうした核戦争で火災が同時多発し、気候崩壊が発生し連鎖する一連の現象は「核の冬」と呼ばれた。核戦争に伴う被害は全人類・全地球におよぶという、核戦争の無差別かつ破局的性格を「核の冬」はわかりやすい形で示すものとなった。核戦争では戦闘員と非戦闘員はもちろんのこと、核保有国と非核保有国、あるいは交戦国と非交戦国などという区別は意味を持たず、核戦争に勝利者も敗者もありえない。核兵器は全人類に対する「反人類的性格」をもつことが、「核の冬」を通じて明瞭に示された。(14)

さらに核戦争は、異常な破局的気候を発生させ、人類にとどまらず、生態系に壊滅的な被害をもたらし、「この惑星上の「すべて」の生命にとっての危機」(15)となる。核兵器は「反地球的性格」をもつことが、「核の冬」を通じて示された。(16)

「核の冬」理論は地球規模の気候影響を視野に収めることで、核戦争は人類破滅とともに、人以外の生命体への危機であることが、浮き彫りにされたのである。「私たちは地球の気候や生態系についてほとんど十分な知識ももたないままに、一方的に核兵器体系の抑止兵器としての効用を信じ、その蓄積を認めてきたのではないでしょうか」[17]とM・ロワン＝ロビンソンの『核の冬』を翻訳した科学ジャーナリストの高榎堯は、訳者のあとがきのなかで問いかけている。

米ソ間の核軍拡競争が高まり、ヨーロッパへの中距離核戦力の配備による一触即発の不安定さから核戦争の危機が高まるなかで、「核の冬」の理論は、核戦争後の地球の姿を可視化していった。そのことで「核の冬」は学術界だけでなく、広く社会に影響力を与えるものとなった。NHKでも一九八四年八月、特集「世界の科学者は予見する・核戦争後の地球」が二夜連続で放映され、二日間で七万件もの視聴者から電話があり大きな反響を呼んだ[18]。「核の冬」の理論はさらに核開発を推進する国の政治家、防衛問題の専門家、軍事戦略家らの間でもある一定程度の注目を集め、米ソの核軍備管理・軍縮交渉を後押ししたとされる[19]。

「核の冬」はもちろん反核平和運動の中でも注目され、とりわけヨーロッパを中心に反核運動に勢いを与えた[20]。一九八〇年英国・マンチェスター市議会の非核兵器地帯宣言を皮切りに、英国のみならず、ヨーロッパ諸国、北米、オーストラリア、ニュージーランド、さらに日本でも、非核宣言をおこなう自治体が急速に広がった[21]。「全人類」や「地球」といった地球規模の広い視野をもって非核都市宣言が推進されていったことが、一九八四年の非核都市宣言自治体連絡協議会の結成総会決議からはうかがえる[22]。また「核の冬」は環境団体からも注目され、反核運動と環境保護運動を結びつける役割をもったことを、核問題評論家の池山重朗は指摘する[23]。

気象研究所の予報研究部室長を務めた増田善信も、「核の冬」に注目し、「「核の冬」は遠く核戦場から離れた人たちまで絶滅させるかもしれないという点ではセンセーショナルであり、……多くの人を核戦争阻止、核兵器廃絶の運動に立ち上がらせる積極面がある」[24]と評価する。他方、「「核の冬」だけを強調すると、「核の冬」をおこさない程度の核戦争、すなわち「管理された核戦争」などと称して、限定核戦争を容認するような意見が出てくる」ことに警鐘を鳴らす。さらに実際「核の冬」に関連する調査のなかで、「どのようなシナリオを用いれば「核の冬」をおこさないですむかを調べる[25]」

研究が行われているとも指摘する。そのうえで増田は、「核の冬」が注目される反面、実際に起った「ヒロシマ・ナガサキの惨禍が忘れられ」ているとも憂慮する。[26]

「核の冬」は、シミュレーションに基づく考察であり、核戦争によって起こり得る未来の可能性に警鐘を鳴らすものである。しかし核兵器がもたらす地球環境問題は、未来の可能性ではなく、すでに現実に生じてきた問題なのである。

二、不可視化された核被害

「放射性物質による地球環境の汚染は深刻である。ここ数年、地球温暖化、オゾン層破壊、酸性雨など地球環境の危機がさまざまに語られている。だが、なぜか環境論議から、放射能汚染問題が抜け落ちている。放射能汚染は地球環境を語る際の「原点」ではないのか」[27]。被爆地広島に本社を構える中国新聞は、広島・長崎以後の放射線被曝による被害の全容を地球的規模で捉え直す特別取材班を編成し、一九八〇年代後半から取材に着手した。一九八七年に国連の環境と開発に関する世界委員会が「持続可能な開発」の考え方を提唱したり、一九八八年に気候変動に関する政府間パネル（ＩＰＣＣ）が設置されたりして、日本でも地球環境問題が認識され始めた頃であった。核兵器を地球環境の問題として、中国新聞が位置付けた企画であった。「核兵器が戦場で使用されたことは一度もない。しかしながら、第二次世界大戦以後、放射線による被害や悲惨な出来事がなかったかというと、決してそうではない。際限のない核実験、核兵器製造、ウラン採掘、原子力発電所事故などによる被害が続発し、「ヒバクシャ」は増え続けた」[28]と、被爆地広島から鋭く問いかけた。核兵器の問題として、核の戦時使用に焦点が当たるが、核戦争に至らなくても、核兵器の開発をするなかで核被害は生み出されてきていることを浮き彫りにする連載でもあった。

ただ世界各地に広がる核被害は、たとえ核実験場とされた地域を訪れたとしても、必ずしも目に迫ってくるものではない。二〇〇八年、ある環境特集番組は、中部太平洋マーシャル諸島の核爆発実験（以下、核実験）場跡であるビキニ環礁を取り上げた。「そこには、サンゴ礁が蘇り多くの魚たちが戯れていた。……実験以来、長く人間の立ち入りが制限されていたため、命が蘇り守られてきたのだ」[29]と現地撮影した映像を流した。たしかに一見すると、核実験で破壊された自然環境はすっかり再生されたように思えよう。筆者も現地を訪れたことがあるが、真っ白な砂浜、透き通るエメラルドの海、真っ青な空が迎えてくれ、浜辺に立ちビキニの海を眺めると、静かな波音が聞こえてきた。ここで核実験が行われていたとはにわかに信じがたかった。

だが、そこにビキニの人びとが生活を営む光景は蘇ってはいない。核実験で故郷を追われ、今なお自分たちの土地と切り離された生活を余儀なくされている人たちが、マーシャル諸島にはいるのだ。「マーシャル諸島の人びとにとって、土地は非常に重要な意味を持っている。土地は、食糧となる作物を植えたり、家を建てたり、あるいは死者を埋葬することができる場という以上の意味を持っている。土地はまさに、人びとの命そのものである」[30]。現地の人びとにとって、土地とは、太平洋の大海原に浮かぶ小さな島々で暮らしを立てていく「命」の源泉となってきたものである。マーシャル諸島の土地制度に基づけば、土地がないマーシャル人は存在しない。この誰もが持っているはずの、命に相当する自分たちの土地を核実験は奪ったのである。

核実験によって、生存の基盤となってきた土地が被曝した。土地が被曝したことによる影響は、自然環境が汚染されることだけに収まらない。自分たちの土地の上で築いてきたすべてが傷つけられることであり、その土地で築かれてきた生活や文化にも影響は連鎖する[31]。

ビキニ環礁での核実験が開始されたのは、広島、長崎の原爆投下から一年も満たない一九四六年七月のことであった。クロスローズ作戦と名づけられた核実験計画は、米国内でも反対する動きがあった。米大統領をはじめ実験当局者に宛てた核実験反対の手紙が米国立公文書館に保存されている[32]。核実験で動物を使うことへの反発、あるいは太平洋戦争で使用した軍艦が標的に使われることへの反発、さらには無駄遣いとの声や、広島の原爆投下で十分ではないかとの声も散見される。核実験に抗議する手紙の束の中でとくに多いのが、動物愛護の観点である。「カリフォルニアのサンフェルナンド峡谷ヤギ協会がビキニで殺されたヤギを追憶する礼拝を計画した」[33]ほどであった。しかしマーシャル諸島の人びとを思いやる声は、筆者が見た限りは見当たらなかった。核実験場とされた場所に暮らす人たちの存在は、核実験に反対する人たちの間でさえ見えない存在だったのである。

「甲状腺の手術はした。しかしすべてを取り除いたのではない。悲しみは心の中にある。外からは見えない」[34]とも、一九五四年の米水爆実験「ブラボー」で被曝し生き抜いてきたレメヨ・アボンは訴える。影響は健康のみならず、生活・文化・心にも広がる。[35] 物理的損害や疾病の有無、線量数値など、比較的目につきやすいもの、表面化するものをなぞるだけでは到底捉えることができない奥行きを、核被害はもっているのである。

くわえて米国により核被害が認定されていない地域で、「ブラボー」実験を直接体験したトニー・デブルムは、外務大臣在職中に次のような言葉を残している。「否定し、嘘をつき、機密にする。これが核をとりまく文化だ[36]」。核被害が捉えにくいのは、放射能／放射線が五感で察しにくいためだけでなく、政治的、社会的に不可視化されているためであることを、自らの体験を通じてデブルムは指摘したのである。

広島、長崎とともに、世界各地の核開発が生み出した被害を訴える人びとの存在を視野に収めるとともに、甚大な環境汚染が地球規模で引き起こされてきた現実を見据え、「グローバルヒバクシャ」という概念が提起されている。[37] グローバルヒバクシャは、核開発の中で顧みられてこなかった世界各地の核被害を浮き彫りにしていく可視化装置である。小さな島々が相互につながり合い海面にネックレスを広げた「環礁」のように、世界各地の核被害をかかえる人たちや地域をゆるやかにつなげていく。不可視化されている世界各地の核被害をローカルに閉ざされた特殊問題とするのではなく、問題群を緩やかに結び、地球規模にもつながる問題として、水面下から浮かび上がらせて開いていく。核被害を抱える人びとや各地の個別具体性を探求しながら、相互のかかわりを探求していこうとする発想が、グローバルヒバクシャにはある。

三、核被害の地球規模の広がり
——グローバル・フォールアウト

「ヒロシマ・ナガサキは原爆の最初の犠牲者だというのは誤りだ[38]」。米ニューメキシコ州で環境正義運動に取り組む先住民族のベアタ・ツォーシィ・ペニャの言葉である。

一九四三年米国南西部ニューメキシコ州の標高約二〇〇〇メートルの段丘《メサ》の上に、現在の「ロスアラモス国立研究所」の前身にあたる研究所が、原爆の設計と製造を目的に秘密裏に整備された。土地と先住民族との間に育まれてきた精神的かつ身体的なつながりが、広島・長崎の原爆投下に連なるマンハッタン計画で引き裂かれたのである。[39] ニューメキシコ州のトリニティサイトでは、広島への原爆投下に先立ち一九四五年七月一六日に核実験が実施され、周辺住民は今も米政府に補償要求を続ける。[40]

広島・長崎に投下された原爆の原料となったウランは、アフリカのベルギー領コンゴ（現在のコンゴ民主共和国）とカナダや米本土から集められた。長崎原爆のプルトニウムは、米国の北西部ワシントン州のコロンビア川上流にあたるハンフォードで生産された。ハンフォードはその後も冷戦期の米国の核兵器開発を支え、製造停止後の今も、終わりなき除染作業が続けられている。[41]

広島、長崎の原爆投下後、核兵器開発は一層本格化した。米ソの核開発競争をはじめ核兵器が拡散したことで、核被害が地球規模に拡散していったのである。のべ二〇〇〇回を超える核実験[42]や旧ソ連のチェルノブイリ（チョルノービリ）をはじめ原発事故によって生じた核分裂生成物は、地球上の大地や動植物、そして人びとの上に降り注ぎ、北極の氷塊にもその痕跡が遺されている。[43]

核実験に伴う放射性降下物が地球規模に拡散するグローバル・フォールアウトの問題に先駆的に警鐘を鳴らしたのは、日本気象学会が一九五四年五月二〇日に発表した「水爆実験禁止に関する声明書」であった。[44]一九五四年三月の第五福竜丸の被曝が公になり、原水爆の実験禁止を求める世論が高まる中で発表された同声明のなかで、気象学会は「(一) 水爆実験によって成層圏に打上げられた放射能を持つ多量の灰は、地球をかこむ大気の大循環のために世界中にはこばれること。(二) このような大規模な大気汚染は長い間つづくので、日射その他の気象現象に異常をきたし、今後の凶冷その他の気象災害との関係については全く予想をゆるさないこと」を指摘した。

気象学会の声明には土台となる研究があった。第五福竜丸の被曝のみならず、ビキニ環礁から遠く離れた海域で操業していた漁船にも、放射能汚染がみつかった。このことから、水爆の放射能灰が、大気中をかなり遠くまで、広い範囲に拡散されていることは容易に予測がついた。そうしたなか日本各地の大学や研究所では、早いところでは一九五四年三月から、雨や落下塵の放射能測定が自主的に進められていた。五月からは日本各地に放射能雨が降り出したことを確認していた。このような研究者の自主的な研究の上に、気象学会は、他の学会に先んじて、「水爆禁止要求」の学会声明を採択したのである。その後、気象研究所で大気及び海洋の環境放射能研究が、三宅康雄を中心に着手された。[45]原水爆実験やチェルノブイリ原発事故など、その時代時代の人口放射性核種の放出に伴う大気環境への長期間に及ぶ影響が明らかにされてきた。

第五福竜丸の被災にはじまり、漁船と魚の放射能汚染で、水産界が多大な打撃を受けるなか、水産庁は、世論の高揚もありビキニ海域とその付近の海の放射能影響調査に踏み切った。俊鶻丸《しゅんこつまる》調査団の結成である。米原子力委員会のルイス・ストローズ委員長は、「実験場のごく近くをのぞいては、ビキニ海域の放射能はない」[46]と公言していた。しかし、「ビキニ環礁から一五〇〇キロメートル以上離れたサイパン島の近くでも、一リットルあたり七六・三ベクレルと、爆心地に近いところの一五分の一程度と高い汚染となっていた」[47]ことを俊鶻丸は突き止めた。海の汚染は簡単には薄まらなかったのである。さらに俊鶻丸調査によって、海水からプランクトン、さらにイカ、マグロなど「食物連鎖」が上位に行くと、（生物の身体のなかで）放射能が濃縮されることも世界で初めて明らかになった」[48]。

核実験を実施した米原子力委員会も、水爆「ブラボー」を含む連続水爆実験キャッスル作戦における、地球規模の放射性降下物の飛散状況を秘密裏に調査していた。観測報告書が一九五五年五月、米気象局の手でまとめられている。[49] 一日ごとに放射性降下物の広がりを示した世界地図が同観測報告書に添付されている。一九五四年三月一日の水爆「ブラボー」実験の爆発後、放射性降下物は赤道付近に帯状に広がり、三月七日に米本土に達し、三月一九日に赤道をぐるりと一周したことが記録されている。

米原子力委員会は、飛散状況を地球規模で観測するだけでなく、その影響調査にも取り組んでいた。水爆ブラボー実験を実施する前年の一九五三年夏、ランド研究所が主催した会合で、放射性降下物に含まれる核分裂生成物ストロンチウム九〇を世界規模で分析調査することが勧告され、プロジェクト・サンシャインと名付けられた極秘計画が立ち上がった。[50] 世界一二二カ所に観測地点が設けられて放射性降下物の飛散状況が調べられ、さらに世界規模でストロンチウム九〇を分析調査する体制が整えられ日本をはじめ世界各地で人骨を含む試料が集められていた。

核実験に伴う地球規模の放射性降下物の広がりに、環境史の観点から新たに光をあてる研究が始まっている。*Political Fallout*を上梓したジョージタウン大学の樋口敏広によるものである。[51] 樋口は大気圏核実験を、地球環境という言葉は当時なかったが、地球環境問題の先駆けと位置付ける。そのうえで大気圏核実験を禁止した一九六三年の部分的核実験禁止条約は、核軍備管理の第一歩と見なされることが多いが、同条約は、人類が引き起こした地球規模の環境問題に取り組んだ国際協定の先駆けであったと樋口は捉える。[52]「放射能汚染は地球環境を語る際の「原点」」とする、前項で紹介した中国新聞「世界のヒバクシャ」取材班の捉え方とも一部重なる。

樋口は「人新世《アントロポセン》」の概念も用いて、地球の環境史を見据え核兵器の問題に迫る。人類の活動によって大規模な環境変動が発生し、地球は姿を変え、地球の地質年代は人類中心の新たな時代・人新世に突入したという議論である。「人新世」とは、一節で言及した「核の冬」研究の先駆者である気象学者のクルッツェンによって二〇〇〇年に提唱された新しい時代区分で、人類が地球の生態系や気候に多大な影響を及ぼすようになった時代を指す。[53]その新たな時代の開始をクルッツェンは産業革命からとするが、大気圏核実験が繰り返された時代を人新世の始まりと捉える見方も出されている。いずれにせよ核実験は、地球と人との歴史的なかかわりが劇的に変化し、人間の活動が全地球に多大なる影響をおぼしたことを象徴する出来事として捉えなおすことができるのである。

樋口は「核実験による大気圏内の放射性微粒子が、微量とはいえ今なお世界各地に存在していることに驚きました。私もまたヒバクシャであったということを発見した」[54]と、放射性降下物が地球規模に拡散するグローバル・フォールアウトに注目するようになったきっかけを語る。地球規模の放射性降下物の広がりを視野に収めると、「地球は被ばくしている」[55]（豊﨑博光）、すなわち「われらみなヒバクシャ」[56]（アーサー・ブース）であると言えよう。

四、核被害をめぐる差別性と加害性
――植民地主義を踏まえて

みてきたように核兵器がもたらした環境問題は、地球規模の広がりを見せるが、その被害は世界に等しく広がったわけでは決してない。「環境破壊の影響は、「すべての人を同時かつ平等に襲うわけではない」。その影響は、（……）、社会的弱者（……）や生物的弱者（……）にもっとも重くのしかかる。また環境破壊の責任は、すべての人が等しく負っているわけではない」[57]。このように社会構造を反映し、社会のある層に被害が集中することは、「環境正義」（環境的公正）の課題として、環境運動や環境社会学などで捉えられてきた。「核開発には環境正義の問題が最も典型的にあらわれる」[58]とも指摘される。「核植民地主義」[59]や「核の人種差別」[60]と称される、核被害を取り巻く地球規模の不公正な差別構造があり、グローバルな加害構造のなかで、核被害がとくに重くのしかかる地域や人びとがいるのだ。二〇二一年に発効した核兵器禁止条約でも、前文で「核兵器の活動が先住民族に過重な影響」をもたらし「将来の世代の健康に重大な影響」を与え、「女性や子どもに不均衡な影響」が及ぶことが指摘されている。

世界システムの「最周縁」に位置付けられる太平洋諸島は、核開発の「中枢」と直接的に結びつけられ、核兵器の爆発実験（以下、核実験）をはじめ核開発が集中し、「核の海」とされた。[61]核保有国が太平洋を好き勝手に利用してきた様から、太平洋は核保有国の「核の遊び場」（Nuclear Playground）とも呼ばれた。[62]太平洋のマーシャル諸島、仏領ポリネシア、キリバスのいずれも、植民地とされていた地域が核実験場とされた。「核植民地主義」や「核の人種差別」の問題が太平洋諸島からは鮮明にみえてくる。

核実験場とされたマーシャル諸島で被曝した地域や人たちのなかで、米国の追跡調査の対象にされた人たちがいる。一九五四年三月一日の水爆「ブラボー」実験で、爆心地からおよそ五〇〇キロ離れた「ウトリック環礁の住民は、一五レントゲン（約一五〇ミリシーベルト）の放射線を浴びて退避し、その後帰還した。かれらが住んでいる島は住むには安全だが、世界で群を抜いて最も汚染された場所である。帰島によって、環境上の良質のデータが得られることは、大変興味深い。（……）汚染された環境で人間が住む際の基準が得られる。活用できるこの種のデータは現存しない。かれらはたしかに西洋人のような生活はしておらず、文明人でないことは事実である。しかし、ネズミよりはわれわれに近いこともまた事実である」。[63]米原子力委員会生物医学部諮問委員会の場で交わされていた議事録である。被曝したマーシャル諸島住民のことを、「文明人ではないが、ネズミよりはわれわれに近い」としていたのである。

「核の遊び場」として太平洋を使ったのはアメリカだけではなかった。一九六三年部分的核実験禁止条約が調印され、米英が太平洋での核実験を停止した後、新たに太平洋で核実験を始めた国があった。フランスである。フランスは、北アフリカのアルジェリアで核実験を実施してきたが、同地が独立したため、新たな核実験場として仏領ポリネシアを選んだ。仏領ポリネシアのムルロアとファンガタウファの両環礁で仏は一九六六年から九六年にわたって、一九三回もの原水爆実験を繰り返した。[64]

そうしたなか「核の海」とされた太平洋に抗う反核運動が太平洋諸島では活発に展開された。「第三世界では欧米諸国に比べ反核運動は盛り上がってこなかった。……ところが、太平洋地域だけは第三世界としては例外的に反核運動が盛ん」[65]になったことを、太平洋諸島での反核運動に直接関わり、のちに環境平和学を提唱した横山正樹は指摘する。

一九七五年には、南太平洋大学の教職員、学生、キリスト教関係者らによる仏核実験に反対する住民団体ATOMが主導して、非核太平洋会議（太平洋反核会議、Nuclear Free Pacific Conference）がフィジーで開催され、二二カ国・地域から九三人の代表が会した。[66]太平洋各地の住民運動や社会運動が初めて出会い、ムルロアで続く仏核実験をはじめ、植民地や人種差別を背景に核大国が太平洋で展開する核活動に、太平洋の民が共同して抗う、新たなネットワークが創設されたのである。[67]同会議で太平洋を非核地帯にする条約案が起草され、各国政府に働きかけることが決議された。

フィジーで開催された草の根レベルの非核太平洋会議は、七八年にはミクロネシアのポナペ、八〇年にはハワイ、八三年にはバヌアツと続けられた。[68]植民地や人種差別を背景に、核大国による核開発が先住民族の犠牲の上に進められていることが浮き彫りになった。「独立なくして核問題の解決はない」という共通認識が確立し、会議の名称は、非核独立太平洋会議（傍点は著者追記：太平洋反核独立会議、Nuclear Free and Independent Pacific Conference）と、八三年のバヌアツ大会から改称された。同会議のなかで非核地帯の確立、脱植民地化、先住民族の権利の承認を求め「非核独立太平洋人民憲章」が採択された。[69]

核大国によって核実験場とともに、核兵器や原子力潜水艦の貯蔵、配備、寄港など基地が押し付けられ、ミサイル実験、合同演習、基地、ウラン鉱山、核廃棄物などでも土地や海が脅威に晒されたりするなど、実に多彩な現在進行形の問題が、反核運動や独立運動の課題として、非核独立太平洋会議のなかに持ち込まれた。そのなかで太平洋の海底に低レベル核廃棄物処理計画を発表した日本に対しても批判の矛は向けられた。[70]

仏核実験反対に端を発して誕生した非核太平洋会議は、放射性降下物の放射能汚染の懸念だけで展開されたわけではない。安全であるか否かではなくて、核開発の負荷を太平洋の民に一方的に押し付ける行為と、その根本にある植民地や先住民族への差別を問題化し、非核独立太平洋運動は展開された。

非核太平洋会議が訴えてきた太平洋の非核化は、紆余曲折の末、一九八五年八月六日広島の原爆投下から四〇年を迎えた日に「南太平洋非核地帯条約」（ラロトンガ条約）として実を結んだ。[71] 一．締約国による核兵器の製造、所有、他国からの取得の禁止（三条）、二．域内における核爆発装置の実験の禁止（六条）、三．核兵器配備の禁止、ただし核艦船および航空機の通過・寄港は各国の主権判断（五条）、四．域内での核廃棄物海洋投棄の禁止（七条）が定められた。このうち核廃棄物の海洋投棄禁止は、太平洋島嶼国の粘り強い要求の末に盛り込まれたものだ。[72] 核廃棄物投棄の禁止は陸地には及ばない限界もあるが、南太平洋非核地帯条約は、非核の課題として兵器だけでなく、廃棄物に目を向けた先駆的な条約になった。

一方、一九八〇年代に核軍縮を求める世論が世界的に高揚しても、さらに太平洋で非核の制度化は進んでも、核被害者の救済には直結しなかった。マーシャル諸島、仏領ポリネシア、キリバス、オーストラリアいずれの場所でも補償や環境修復をはじめ、今なお核実験の後始末をめぐる未完の問題があり、正義の実現を求める声がある。[73] マーシャル諸島政府は、二〇一七年に核問題委員会（ＮＮＣ）を立ち上げた。米国と対等な立場で補償交渉をするために米国に情報開示を求める声が繰り返し聞かれる。現地で訴えられるのは、「再生」や「復興」ではなく、不公正の是正に基づく「核の正義」(Nuclear Justice) である。

マーシャル諸島は気候変動の問題にも直面している。核実験で土地が奪われた人びとの移住先では近年、海面上昇が顕在化している。核実験場とされた島にある放射性廃棄物を格納するコンクリート製のルニット・ドームは、建造から三〇年が経過し老朽化し、気候変動、とりわけ海面上昇によって放射性廃棄物の漏洩リスクが高まっている。核実験の生き証人であり、二〇一五年のパリ協定締結に小島嶼地域の代表として貢献したトニー・デブルムは、「核から気候変動へと、問題は転換されたわけではない」[74] と指摘する。

核も気候変動もともに暮らしの根源である土地と海に損害を与え、住民の日常生活を根底から揺るがすものである。かつそれらの原因は現地の人びと自らが招いたものではなく、外から持ち込まれたものだ。マーシャル諸島の詩人のキャシー・ジェトニル＝キジナーは、「気候変動と核兵器の問題は関連している。これらは最も広範で破壊的な環境人種差別の副産物であり、数十年にわたる国家の行動が、数千年にわたる悲惨な結末につながる」[75]と指摘する。

おわりに

核兵器は安全保障問題、気候変動は環境問題と別個に論じられることが多い。しかし核兵器も気候変動も、ともに地球環境問題として捉えることができる。これまで述べてきたことをまとめながら、核兵器によっても地球環境問題はもたらされることを示しつつ、「無差別性」と「差別性」をキーワードに、核被害を捉え直していく。

無差別性は、核兵器による被害の特色として挙げられる。軍事目標と非軍事的な施設や、戦闘員と非戦闘員を区別することなく、都市に住む人たちに対して、無差別に被害が及ぶことを一般的には意味する。

それに対して、核戦争後の地球の姿を可視化した「核の冬」が示した核被害は、戦闘員と非戦闘員の間だけでなく、より広範に及ぶ無差別性であった。「核の冬」は、核の爆撃による直接的な影響ではなくて、発生する火災によって気候崩壊を起こし、地球そのものが変容するというシミュレーションである。当時は地球環境問題という言葉では説明はされなかったが、「核の冬」は、核の使用に伴い地球環境問題を引き起こす仕組みとその影響の広がりを顕わにした研究といえる。特定の都市の枠を超えて、交戦国と非交戦国の枠を超えて、全人類的に影響が広がる可能性を「核の冬」は示すものであった。さらに人間という枠内で核被害は完結せず、地球上の他の生命体、さらには地球そのものにも被害が及ぶ可能性を示すものであった。

だが「核の冬」だけに注目するのではなく、核兵器がもたらす地球環境問題は、すでに生じてきた問題であることを忘れてはならない。広島、長崎の原爆投下前にも、核被害者は生み出されてきた。広島、長崎の原爆投下後には、核兵器開発は一層本格化した。核拡散とは、兵器が拡散しただけでなく、世界各地に核被害が拡散した状況として捉えていく必要がある。核実験、核兵器製造、ウラン採掘、原子力発電所事故などによる被害が続発し、「ヒバクシャ」は増え続けた。

核兵器を戦時に使用するだけでなく、核兵器を開発すること、そのこと自体のなかで被害は生み出されてきたのだ。

二〇〇〇回を超える核実験による放射性降下物は、実験場内や周辺にとどまらず、グローバル・フォールアウトという放射性降下物の地球規模の拡散をもたらした。大気圏核実験は、地球環境問題の先駆けと位置付けられる。人新世の議論を踏まえるなら、核実験は、地球と人との歴史的なかかわりを劇的に変化させ、人間の活動が全地球に多大なる影響をおぼしたことを象徴する出来事として捉えることができるのだ。

だが「みんなが被害者である」という無差別性だけでは、核被害は十分に捉えることができない。核被害は世界に等しく広がったわけではないからだ。仏核実験反対に端を発して誕生した非核太平洋会議は、核開発の負荷が太平洋の民に一方的に押し付けられる行為と、その根本にある植民地や先住民族への差別を問題化し、非核独立太平洋運動として展開した。

核兵器がもたらした「放射能汚染は地球環境を語る際の「原点」」（中国新聞）と位置付けることができよう。核兵器による地球環境問題は、右目では、グローバルな視点から、国境を超え、地球規模の視野を持ち、多様な生命体にも視野を広げて捉えていく必要がある。同時に左目では、地球規模で存在する格差・差別構造にも着目し、差別性も見据えて、ローカルな視点から社会的政治的につくられた、被害が濃縮するホットスポットに意識的に目を向けていく必要がある。グローカルな遠近両用レンズをつけて、身体だけでなく、土地や海などの生活基盤に対する環境影響の広がりをみすえて、不可視化された核被害は捉えていく必要があるのだ。

注

（1）Mecklin, John, "A time of unprecedented danger: It is 90 seconds to midnight", 2023 Doomsday Clock Statement, Science and Security Board Bulletin of the Atomic Scientists.

（2）Dacey, James, "A brief history of the Doomsday Clock: from nuclear risk to pandemics and climate change", *Physics World*, Sep. 3, 2020.

（3）中満泉「核で命は守れない〜ポスト・コロナの世界への提言」、核・コロナ・気候変動――問題の根っこにあるもの第六話、核兵器廃絶長崎連絡協議会、二〇二〇年六月。

（4）田上富久「長崎平和宣言」二〇二〇年八月九日。

（5）核兵器廃絶長崎連絡協議会「被爆七五年企画『核・コロナ・気候変動――問題の根っこにあるもの』対談映像集」https://www.recna.nagasaki-u.ac.jp/recna/pcu/75th_project_20200715-1［最終アクセス日：二〇二三年二月二七日］。

(6) 広島市立大学広島平和研究所『広島発の平和学』法律文化社、二〇二一年、四、一九頁。

(7) バーテル、ロザリー『戦争はいかに地球を破壊するか』緑風出版、二〇〇五年、三四四頁。

(8) 西久保裕彦「放射性物質による環境汚染の規制権限について」『長崎大学総合環境研究』第一七巻、第一号、二〇一四年、四七～五二頁；今中哲二「放射能汚染について環境目標値が必要だ」『科学』九一（六）、二〇二一年、六一七～六二〇頁。

(9) 「核の冬」広島平和記念資料館展示。

(10) 池山重朗『核の冬』技術と人間、一九八五年、三三～三五頁。

(11) ロビンソン、M・ロワン『核の冬』岩波書店、一九八五年、二二～二八頁。

(12) NHK「NHK特集 世界の科学者は予見する・核戦争後の地球」一九八四年八月五日、六日放映。

(13) ロンビンソン、前掲書、一六七～一六八頁。

(14) 池山、前掲書、二〇一頁。

(15) ロビンソン、前掲書、三頁。

(16) 池山、前掲書、二四～二五頁。

(17) ロンビンソン、前掲書、一七二頁。

(18) NHK、前掲番組。

(19) ロビンソン、前掲書、一三五頁；一政祐行「核戦争の気候影響研究の展開と今後の展望――「核の冬」論を中心に」『安全保障戦略研究』第二巻第二号、二〇二二年、九一頁。

(20) 高原孝生「核兵器への国際的規制をめぐる近年の動向」『明治学院論叢 国際学研究』一六、一九九七年、一四七～一五五頁。

(21) 西田勝『非核自治体運動の理論と実際』オリジン出版センター、一九八五年。

(22) 西田、前掲書、二四六～二四七頁。

(23) 池山、前掲書、六七頁。

(24) 増田善信『核の冬――核戦争と気象異変』草友出版、一九八五年、一五七頁。

(25) 同右。

(26) 同右。

(27) 中国新聞「ヒバクシャ」取材班『世界のヒバクシャ』講談社、一九九一年、一頁。

(28) 同右。

(29) テレビ朝日「空から見た地球」二〇〇八年五月三一日放映。

(30) For Dwight Heine and the UN petition from Marshallese, see DOE OpenNet, NV0400040.

(31) 竹峰誠一郎『マーシャル諸島 終わりなき核被害を生きる』新泉社、二〇一五年、六五～一一二頁。

(32) Operation Crossroads address by W. S. Parsons at Fort Belvoir, Virginia, 24 September 1946 in Armed Forced Special Weapons Project Office of the Historian Reports 1943-48, Entry 19, Box 18, RG 374, National Archives at College Park, Maryland.

(33) ウィンクラー、アラン・M『アメリカ人の核意識――ヒロシマからスミソニアンまで』ミネルヴァ書房、一九八六年、一一七頁。

(34) 筆者によるインタビュー、二〇一二年五月一日、マジュロ環礁。

(35) 竹峰、前掲書、六五～一一二頁。

(36) 筆者によるインタビュー、二〇一四年三月、マジュロ環礁。

(37) 竹峰、前掲書、二六～二八頁。

(38) Tsosie-Peña, Beata and Jay Coghlan "The Atomic Bomb's First Victims," A podcast of the Eurasia Group Foundation, *None of the Above*, August 18, 2020. (https://www.noneoftheabovepodcast.org/episodes/s2e2) [accessed July 10, 2022].

(39) 鎌田遵「マンハッタン計画国立歴史公園に関する一論考――ロスアラモス国立研究所の歴史地理」『亜細亜大学学術文化紀要』三三、二〇一八年、一〇五～一二五頁。

(40) TBDC: Tularosa Basin Downwinders Consortium, "Trinity Downwinders: 77 Years And Waiting," (https://www.trinitydownwinders.com) [accessed July 10, 2022].

(41) 石山徳子『「犠牲区域」のアメリカ――核開発と先住民族』岩波書店、二〇二〇年。

(42) 世界の核実験に関する概要は、世界各地の核実験の歴史、核実験場の場所、核実験の種類、核実験の各国別概要などがまとめられた、「包括的核実験禁止条約機関準備委員会」（CTBTO）の公式サイト（https://www.ctbto.org）内にある「核実験」（Nuclear Testing）の項目を参照されたい。

(43) NHK『原爆』プロジェクト『地球核汚染――ヒロシマからの警告』NHK出版、一九九六年。

(44) 増田、前掲書、三六～三七頁。

(45) 三宅泰雄『死の灰と闘う科学者』岩波書店、一九七二年。

(46) 同右、六〇頁。

(47) 奥秋聡『海の放射能に立ち向かった日本人――ビキニからフクシマへの伝言』旬報社、二〇一七年、七五頁。

(48) 同右、七八頁。

(49) WORLD-WIDE FALLOUT FROM OPERATION CASTLE, Author: LIST, R. J., 1955 May 17, DOE OpenNet, Accession Number: NV0051383. 同観測報告書は一九八三年に公開されたが一部数値が削除されている。削除部分は同文書の複写版 DOE OpenNet, Accession Number: NV0039820 で捕捉ができる。

(50) REPORT ON PROJECT GABRIEL, 1953 Jul 1, DOE OpenNet, Accession Number: NV0720894.

(51) Higuchi, Toshihiro, *Political Fallout: Nuclear Weapons Testing and the Making of a Global Environmental Crisis*, Stanford, California: Stanford University Press, 2020.

(52) Ibid.

(53) ボヌイユ、クリストフ、ジャン＝バティスト・フレンズ『人新生とは何か』青土社、二〇一八年。

(54) Higuchi, op.cit., p. xi.

(55) 豊﨑博光『写真と証言で伝える　世界のヒバクシャ（三）旧ソ連・核保有各国による核被害と日本のヒバクシャ』すいれん舎、二〇一二年、二四四頁。

(56) ISDA　JNPC編集出版委員会『被爆の実相と被爆者の実情――一九七七NGO被爆問題シンポジウム報告書』朝日イブニングニュース、一九七八年、二九頁。「われらみなヒバクシャ」の言葉に関して、詳しくは、竹峰誠一郎「『ヒバクシャ』の言葉の源流をたずねて――一九七七年NGO『被爆の実相とその後遺・被爆者の実情に関する国際シンポジウム』にみる」『明星大学社会学研究紀要』三六、二〇一六年、一〇一

～一一三頁参照。

（57） 戸田清『環境的公正を求めて――環境破壊の構造とエリート主義』新曜社、一九九九年、i頁。

（58） 戸田清『環境正義と平和――「アメリカ問題」を考える』法律文化社、二〇〇九年、三八頁。

（59） Endres, Danielle, “The Rhetoric of Nuclear Colonialism: Rhetorical Exclusion of American Indian Arguments in the Yucca Mountain Nuclear Waste Siting Decision,” *Communication and Critical/Cultural Studies*, 6(1), 2009.

（60） 豊﨑、前掲書、八頁。

（61） アレキサンダー、ロニー『大きな夢と小さな島々――太平洋島嶼国の非核化にみる新しい安全保障観』国際書院、一九九二年。

（62） Firth, Stewart, *Nuclear Playground*, Honolulu, University of Hawaii Press, 1987.

（63） ADVISORY COMMITTEE ON BIOLOGY AND MEDICINE, 1956 Jan 13, DOE OpenNet, Accession Number: NV0750059.

（64） 真下俊樹「フランス核実験被害補償制度――「因果関係の推定」をめぐる攻防」『環境と公害』五〇（二）、二〇二〇年、二六～三一頁。

（65） 横山正樹『太平洋諸民族の反核・独立運動』四国学院大学社会学科横山研究室、一九八七年。横山が非核独立太平洋会議に参加し『土の声 民の声』などに寄稿した参加報告記がまとめて所収されている。

（66） Johnson, Walter, and Sione Tupouniua, “Against French Nuclear Testing: The A.T.O.M. Committee,” *The Journal of Pacific History*, 11(4), 1976.

（67） Conference for a Nuclear Free Pacific, *Conference for a Nuclear-Free Pacific*, Suva, Fiji, 1975.

（68） 横山、前掲書。

（69） Firth, op. cit.; アレキサンダー、前掲書、一〇九～一一九頁。

（70） 横山正樹「核廃棄物の海洋投棄反対運動――太平洋諸島の住民の場合」『公害研究』一〇（四）、一九八一年。

（71） 南太平洋非核地帯条約締結までの紆余曲折や同条約の意義や課題は、竹峰誠一郎「オセアニアから見つめる『冷戦』――『核の海』太平洋に抗う人たち」『岩波講座 世界歴史 第二二巻 冷戦と脱植民地化I』岩波書店、二〇二三年刊行予定を参照。

（72） Ogashiwa, Yoko, *Microstates and Nuclear Issues: Regional Cooperation in the Pacific*, Suva, University of South Pacific, 1991, p. 96-97.

（73） 竹峰誠一郎「核兵器禁止条約がもつ可能性を拓く――世界の核被害補償制度の掘り起こしと比較調査を踏まえて」『平和研究』五八、二〇二二年、九五～一一八頁。

（74） 竹峰誠一郎「緑地帯 マーシャル諸島に学ぶ㊦」『中国新聞』二〇一七年一一月二九日。

（75） Jetnil-Kijiner, Kathy “I envision simple things. Our islands, above water,” 2020 Pritzker Award Finalist, Institute of the Environment & Sustainability, 2020 (https://www.ioes.ucla.edu/news/2020-pritzker-award-finalist-kathy-jetnil-kijiner-i-envision-simple-things-our-islands-above-water/) [accessed July 10, 2022].

特集1

太平洋島嶼地域から考えた「軍事と環境」

ナラティブを通して

ロニー・アレキサンダー
（神戸大学名誉教授）

はじめに

太平洋島嶼地域における軍事と環境と聞いたら、年配の日本人は太平洋戦争のことを思い起こすであろう。爆撃による被害はもちろんのことだが、それ以外にも戦争による傷跡が未だに目立つ。例えば、飛行場などの軍事施設や軍用品の廃棄場の建設による森林伐採やサンゴ礁の破壊、軍事施設や廃棄物から漏れる化学物質による汚染などがあげられる。爆撃の拠点のために作られた滑走路や建物の一部は今日も使われていることがあり、その一部は依然として軍事使用、場合によっては米軍などの外国の軍の基地として使われている。また、現在はダイビングのアトラクションとして使われていることがあるが、爆撃され沈んだ軍艦から漏れる油が海水汚染の原因となっている。そして、意図的ではなかったにしても、交易、捕鯨、軍などの船舶が運んできたネズミや昆虫などの外来種が島々の動植物に多大な影響を与え、在来種の絶滅や絶滅危惧に至っている。(1) これらの破壊は、ただ単に「環境破壊」ということばで表すことができるものではない。なぜなら、海洋空間で暮らしている人々にとって、島や海は彼ら自身の一部であり、代々引き継いだ人間としての存在意義は、次世代のために土地や水、海、そしてそこで生息するすべての生き物を守ることである。(2)

太平洋島嶼地域は戦場となったが、その戦争は直接的に島々の人々の戦争ではなかったことはいうまでもない。動員させられた現地住民もされなかった住民も巻き込まれ、大勢亡くなった。その中で餓死した人は少なくない。爆撃や戦いのために焼野原となった島で暮らすことは決して楽なことではなかった。それでも人々は生き残り、生活を再建した。そうした彼らは今日、先進国の経済活動に関連したライフスタイル、欲望そして軍事活動のために新たな危機にさらされている。それはいうまでもなく、気候変動である。

そこで本稿の目的と流れを説明する。本来ならば、以上のような問題について詳しく書いたほうがよいかもしれない。しかし、本稿では戦争の結果として起こったことよりは、島々を勝手に支配し、軍事目的に使い、目的が達成されたら勝手に離れ、あるいは新たな目的のためにその場に居座り続ける。つまり、人々の生活や島そのものをないがしろにする帝国主義、とりわけ軍事的植民地主義（military colonialism）の形を可視化してみたい。その絵を描く主な方法として、ナラティブを使用する。軍事的植民地主義が身体に及ぼす影響と、それに対する抵抗の体験についての語りをここで再現する。その語りのなかから、軍事主義によって脅威にさらされ続けている太平洋島嶼地域の「軍事と環境」のもう一つの姿を物語ることを試みる。流れとしてはまず、軍事的植民地主義、ナラティブなどの用語の解説や本稿におけるそれらの意味について論じる。次に軍事植民地であるグアム島における継続的な環境破壊を描くナラティブを紹介する。最後に、軍事主義に対する抵抗活動を続けている二人のナラティブを紹介し、遠く離れている島々との繋がりを描きたい。それらの物語を通して、環境において軍事主義がもたらす目に見えにくい影響と、それに対して立ち上がり続けている人々に関する理解を深めていただきたい。

一、軍事的帝国主義がもたらすもの

植民地主義は一枚岩的なものではない。とくに本論に関係するものはセトラーコロニアリズム（settler colonialism）である。セトラーコロニアリズムとは、住み続けることを前提に、先住の人々を土地から切り離し、資源を自らのものとして使い続ける支配のシステムである。入植者が住み続けることを可能にするために、先住民の文化や生活に対する抑圧をし続けながら、先住民を「除去」（eliminate）し、場合によってはジェノサイドを行う[3]。ここでいう「軍事的植民地主義」は、住み続けることを前提とするセトラーコロニアリズムと違って、軍事目的が達成すれば去っていくことはあり得るだろうが、実際には戦略的な重要性があると注目される島々からはそう簡単に去っていかない。また、万が一軍が去っても、軍事目的で使われた証として破壊された土地、廃棄物や汚染が残される。目に見えない汚染の影響を含めて、現地の土地や水だけではなく、人々の身体も脅威に晒される。このように軍がいなくなった後でも継続する脅威は、軍事的植民地主義による先住民に対する「除去の論理」(logic of elimination) を物語っている。

上述した通り、セトラーコロニアリズムによる除去の一つのパターンは、入植者の「優れた」(と彼らがいう) 文化や技術を現地の先住民に学ばせる代わりに、自らの文化や言葉を失わせてしまう、ということである。ことばを奪い取ると、アイデンティティも脅かされる。入植者のことばを話し、彼らの学校に行き、食べ物を食べ、音楽を聞くことで、やがて入植者の「仲間」になれる。これは形式的なことに留まらず、考え方までコロナイズされる[4]。軍事的な植民地だと、入植者は外国の軍であり、「優れた」もののなかには兵器や軍事戦略、敵に関する考え方のみならず、軍事化されたマスキュリニティや家父長的なジェンダー観も含まれる。安全保障や自らの安心までもコロナイズされる[5]。そして軍事化そのものは、家父長制を拠り所にするために、軍事化はジェンダー関係にも変化をもたらす。つまり、軍事的な植民地は、入植者の政治的、経済的、社会的営みに引き込まれるだけではない。生活が軍に支配されるだけではなく、軍に依存し、場合によっては自らの価値を、軍が発信する評価によって見出すこともある。ようするに、人々は個人として、そして社会として軍事化される[6]。

本稿ではグアム島を事例に、軍事的植民地支配や軍事化が環境に及ぼす影響を描く方法として、ナラティブ、とりわけ女性の声を用いる。シルベスター、コックバーンなどのフェミニスト研究者は、紛争地や貧困地などの女性たちが語る日常生活を重視してきた。なぜなら、彼女らの体験の物語は、生きている現実の根底に交差する戦争、植民地化、家父長制などを可視化すると同時に、それらの存続に不可欠である支配や従属を明らかにする[7]。また、別の理由として、アレクシエーヴィチがいうように、「「女たちの」戦争にはそれなりの色、臭いがあり、光があり、気持ちが入っていた。…そこでは人間たちだけが苦しんでいるのではなく、土も、小鳥も、木々も苦しんでいる」[8]。太平洋、とりわけミクロネシアの多くの島の文化では母系社会が形成され、土地やそこに生きているものを守り、ケアしていく社会的役割を女性が果たしていた。しかしながら、植民地化の一環として家父長制も導入され、彼女らの社会的地位が大きく変わった。戦争だけではなく、「女性たちの」植民地化も環境破壊も「それなりの色」があると思う。

ナラティブの研究を通して出会った概念の一つは「ストーリーワールド」（storyworld）である[9]。私たちは友だちの恋物語を聞くときも、太平洋の島の女性がみた環境破壊という物語を聞くときも、それらの物語に出てくる人物や景色などを無意識に想像の中で描いていく。そこで描かれた「世界」は「ストーリーワールド」であり、想像の中に出てくるものは、当然ながら私たちが思う世界であって、彼女らが生きた世界とは異なる。環境破壊の物語だったら、語っている人は先住民であり、彼女の環境に係る世界観が包括的なものだとすれば、それは「自然環境」と「人間の生活圏」をわける多くの西欧人や日本人の考える「環境」とは異なる。本稿でナラティブを用いる根拠は、「軍事と環境」を語るにはまず、植民地化する側とされる側の「軍事」にも「環境」にも係るストーリーワールドが異なることを認識する必要があると思うからである。ようするに、なにがもっとも軍による脅威にさらされているかは、軍事化された先住民から見るのと、研究者である私や読者であるあなたとでは、見え方が同じだとは限らない。

二、Lさんの話[10]

Lさんはグアハン（グアム島）出身の女性である。彼女が暮らしている島は世界で最も軍事化されている場所の一つと呼ばれており、面積の約三〇％は米軍の軍事施設に覆われている。四〇〇〇年もグアハンで暮らしているチャモルの人々は、太平洋のほかの島に比べて最も軍事的植民地主義を体験し、身体的にも環境的にも軍事化を生きた経験（lived experience）として強いられている[11]。Lさんはいう。「記憶にある限り、蛇口から出る水道水の水質は昔のままだと思うのは間違いだ。母親に飲むなと言われ、飲水としてもご飯を炊くにも使えなかった」。

グアム島は、サンゴ島のマーシャル諸島と違って、豊富な水資源と石灰岩帯水層がある。本来ならば、そこで暮らす人々には十分でしかも水質の良い水資源がある。しかし、一九四一年から三年間の日本軍の占領を終了させる目的で米軍が島を爆撃し、激しい地上戦を展開した。そして、やがて取り戻した島をさらなる爆撃の拠点として使い続けた。こうした軍事活動は多大な破壊をもたらしたが、それは言い換えれば、途轍もない量の「廃棄物」を作った。軍は自ら作った「ゴミ」を持って帰ることはなく、しかもグアムに処理する場所も施設もなかったので、黙って適当にチャモルの人々の土地に埋めてしまった[12]。Ｌさんのお母さんは間違っていなかった。水は、それらの廃棄場から漏れていく化学物質に汚染されているのだ。

　戦前に牧場として使われていたＬさんの家族の土地も米軍に接収され、戦後しばらくしてから返還されたが、廃棄場として使われていたことは知らされていなかった。Ｌさんの祖母も叔父も返還された土地に家を建て、土地を耕していた。Ｌさんが生まれた頃には親戚がその土地に集まり、最初に植えられたアボカドやバナナ、パンノキ、ヤシの木から収穫されたものを年中食べていた。Ｌさんによると、八〇年代に「軍事活動によって飲み水が汚れている」と聞いたことが母親の「水を飲むな」のきっかけとなった。けれど、「私たちは土を信じていた。だって、私たちは「土の人々」（i Taotao Tano'）。土からとれたものを食べないということは、私たちのアイデンティティの究極の放棄を意味する。」

　もちろん、戦場となり軍用地として使われた土地に傷跡はあった。Ｌさん兄弟は家の近くのジャングルで遊んでいるときに弾や火薬、あるときは爆弾を見つけた。そして、戦後五三年も経っていた二〇〇八年に突然、米陸軍工兵隊がやってきてＬさんの土地を調査しはじめた。その結果、私たちの土地は「かつて使用されていた防衛地」（formerly used defense site、ＦＵＤ）であると告げられた。それから、三年間も待ったところでわかったのは、以下の物質が土地に含まれているということである。トリプトファンヒドロキシラーゼ（ＴＰＨ）、多環芳香族炭化水素（ベンゾ［a］ピレン）；（PAHs, Benzo(a)pyrene）、ポリ塩化ビフェニル（PCBs, Aroclors 1254, 1260）、殺虫剤（ディルドリン、エンドリン、4,4'-DDD,-DDE,-DDT）、金属（ヒ素、カドミウム、クロミウム、鉛、水銀）。水には、ＴＰＨ、揮発性有機化合物（VOCs: ブロモジクロロメタン、トリハロメタン）、殺虫剤（ディルドリン）、金属（鉛、セレン）。結論からいうと、Ｌさんの家族の土地は、「人間の安全に深刻な脅威」であり、対処法としては汚染されているところを切り取り、汚染物を別の場所で保管する。Lさんの話によると、近くの村に住んでいる人がこの結果を聞いて、手をあげた。「私の土地を掘ったら戦車が出てきた。どうしてくれる？」と聞いた。答えは、「あなたの土地はFUDという評価を受けていないので、何もできません」。

その日、担当官は「また連絡します」と言って消え去った。二度と連絡はなかった。Lさんが暮らしているのはグアム島という、アメリカの領土である。もしもグアムが独立国だったら、その政府はアメリカの政府にクレームをつけることができるだろう。賠償責任を追及することができるだろう。米軍が軍事施設を置くのに様々な条件をつけることができるだろう。けれど、米軍の「本拠」であるグアムにおいては、軍がその気になるまで待つしかない。「軍事と環境」の色とは、矛盾の色である。Lさんは軍がしないのなら、自分ですると決めて、土や水の汚染の意味を調べ始めた。軍の無責任が、環境保全の活動家を生んだ。

Lさんにはもう一つの物語がある。それは息子Sちゃんの話である。生まれてすぐに四時間にわたる手術を受け、そのまた四時間後にLさんの腕に抱かれて亡くなった。Sちゃんは、腸が身体の外側にできるという状態で生まれた。医師によると稀に起こる、という。だが、Lさんの息子が生まれた年にその医師は既に六人の赤ちゃんに同じような手術を担当したという。Lさんの友だちも同じ症状で生まれたばかりの赤ちゃんを亡くした。

グアムの状態がおかしいと指摘するのはLさんだけではない。たとえば、米海軍でグアムに駐在していたVSさんは、米国議会退役軍人委員会に充てた手紙に、一九六六年に食べ物に放射能を加えるという人体実験に参加させられたこと、第二次世界大戦にグアムであふれる遺体の処理のために大量のDDTを何回も撒いたこと、オレンジ剤に加え、白剤、紫剤などの除草剤がグアムに備蓄されただけではなく、撒かれたこともある、という。さらに、このように殺虫剤や除草剤に加え、特にベトナム戦争の頃に溶剤も頻繁に使われていたことによってグアムの帯水層が汚染され、危険な物質が飲み水に入った。しかしながら、汚染はそれだけではない。一九四六年から一九六三年まで、グアムはアメリカの太平洋（マーシャル諸島）における核実験の後方基地として使われ、実験に参加していた戦艦の洗浄（除染を含む）などは、グアムで行われた(13)。

こうしてグアム島は、アメリカのアジアでの戦争の拠点基地として使われ続けてきた。今後も中国や北朝鮮、台湾の問題に対して、グアムがアメリカの前線となるに違いない。本来ならば平和な島はなぜ、戦争に巻き込まれなければならないのか。ある太平洋空軍司令官のことばが象徴的であろう。「グアムは、なにがなんでもアメリカの領土だ。上空飛行の権利を与えられる必要はない。着陸許可も要らない。私はいつでもグアムへ行くことができる。カリフォルニア州やニュージャージー州と同じようなもの(14)」。

軍事的植民地主義のもっとも陰湿なところの一つは、植民地の住民のアイデンティティを支配者側のアイデンティティにすり替えることである。グアムの場合、アメリカが一九五〇年に管轄を軍から内務省に移し、グアムの住民にアメリカ国籍を与えた。しかしながら、彼らに大統領選挙の投票権を与えず、議員はオブザーバーとしてしか参加できない。しかし、二〇一四年にグアムで軍事拡大に関する聞き取り調査をしたときに、次のことばが深く印象に残った。「……私たちは、ミリタリーに全く注目しなかった。注目に値するものだと思っていなかった(15)」。

沖縄から海兵隊を再配備するという話がでたときも、大きな反対の声はなかった。しかしながら、新基地建設のために軍から二〇〇九年に提出された環境評価書案に対し、グアムの住民が立ち上がった。ただでさえも不十分な水資源は、人口増加のためにさらに圧迫され、しかもサンゴ礁への影響も懸念されていた。環境への影響が目に見えると、人々は同時にその原因となる軍の姿も見えるようになる。この二〇年の間に独立を望む人の声が少しずつ大きくなってきていると同時に、アメリカとの関係をより密接にしたいという人々がたくさんいる。獲得したアメリカ国籍は仮に二流国籍であっても、失いたくないという人も少なくない。環境が破壊されると住民の声が大きくなるけれど、アメリカはグアムを手放そうとしない。今後のアジアでの戦争のためにグアムの環境は静かに汚され続けるだろう。

三、TさんとVさんの話

軍事的植民地主義はグアム島に限るものではないし、支配者側はアメリカだけではない。太平洋においては、米軍がアメリカ支配下の島々を核実験場として使ったと同じように、フランスが自分の支配下の島々を核実験に使い、支配下の島の人々を被ばくさせた。島々を始め、全人類を破滅される危険性をはらんでいる核兵器に対しては太平洋地域の各地で抵抗活動が続いている。そこで、最後に核のことについて少し触れたい。マーシャル諸島での核実験のことはよく知られている。しかし、上述したように米国が設定した「危険区域」やその後の「被ばく区域」にグアムは入っていない。実際に被ばく者がいるのに、その被害はアメリカが認めない。

Tさんは、別の角度から核と一緒に暮らしている。彼女は沖縄出身で、第二次世界大戦のときに沖縄は本土への攻撃を遅らすために犠牲にされたと語る。人口の四分の一が犠牲になった沖縄戦のあと、アメリカがすぐに日本軍が使っていた基地を占領し、本土への攻撃に使用した。Tさんが語る。原爆投下にも沖縄が一役を果たした。長崎に原爆を投下するために飛んでいたB–29は悪天候のために旋回せざるを得なかった。そのため、燃料が少なくなったので、沖縄で補給してからティニアン島へ戻った。また、戦争がまだ終わっていないうちに米軍が沖縄の人々の土地をとりあげ、新しい基地をつくったり既存の基地を拡大したりした。占領中に核兵器も沖縄に備蓄し、事故もあった。「戦後一四年の一九五九年六月一九日に、核兵器積載のMIM–14ナイキ・ハーキュリーズミサイルが那覇空港に隣接する米軍基地から間違って発射させられ、近くの海に落ちた。一九六一年にMGM／CGM–13メイス・クルーズミサイルは恩納基地に配備され、中国に向けられた。一九七二年に沖縄が日本に返還されたときは、本土同様に核兵器が持ち込まれないという約束だったのに、沖縄に核兵器の持ち込みを許す秘密文書があった」。

Tさんは、基地について語る。「私は昔から沖縄における米軍基地の圧倒的な存在による暴力、とくに女性に対する暴力と人権侵害に反対している。私は軍事基地、軍事主義、そして日米安保条約、核兵器など軍事的なことを最優先にする国家政策から発生する暴力、人権侵害と環境破壊に対して強く抵抗する」。Tさんは、戦争が終わっても占領が終わっても軍事基地がなくならない現実、そしてその現実に伴う暴力を体験してきた。沖縄は日本に戻ってからもなお、米軍基地が存続しLさんが語るような汚染問題もしばしば起こっている。軍事的植民地主義が終わっても、軍事主義が終わらなければ軍事基地とそれに伴う環境汚染はなくならないだろう。Tさんの活動の根底にある狙いは、子どもたちに戦争も戦争の準備のための基地も体験しなくってよい沖縄をつくることである。

もう一人、Vさん[17]の話も紹介したい。Vさんはフィジー出身で、フィジーには核兵器や外国の基地はない。しかし、フィジーはグアムと同じようにフランスの核実験の「危険区域」の外にあって、被害を受けてもフランスはそれを認めない。実際には数多くの南太平洋の島々が放射能の影響を受け、汚染された魚を食べ、多くの被害を受けているという[18]。Vさんは、フランスの核実験に反対し、ATOM（Against Testing on Moruroa：モルロアでの実験に反対）という太平洋地域各地からの参加があった会議とその後の反核活動に参加し続けている。現在は、ICANのメンバーでもある。Vさんがいう。「私にとって、そして多くの仲間にとって、反核の立場は実験に限るものではなく、帝国主義や植民地主義といった、ある国がある国を支配するということへの反対につながっていた。植民地主義という政治的ヘゲモニーの不正や環境に対する破壊がその一部であり、そして権力と支配も。国の支配だけではない。当時、男性の女性に対する支配は「普通」のことだと思われ、たいていの人は受け入れていた。私たち太平洋の島々が核に反対することは実験による影響だけではなかった。むしろ、核実験を可能にする帝国主義、核レイシズム、そして植民地主義に反対していた」。Vさんはまた、反核運動の中でフェミニズムに出会った。反核運動の中で、女性運動に対する様々な立場の人がいて、太平洋の生活や世界観に合うフェミニズムを探ることになった。Lさん、Tさんと同じように、環境の破壊は命の破壊ととらえる。放射能をはじめ、リプロダクティブヘルスに係る化学物質は女性の身体にも影響し、それが代々続くものである。彼女らにとって、「軍事と環境」を考えるには、フェミニズムが欠かせないものである。

おわりに

本稿は、太平洋島嶼地域における「軍事と環境」についての一考察である。人間が生活すれば、そして戦いをすれば、ある種の環境破壊が起こる。自給自足で暮らし、周りの自然から材料や燃料を取り、戦うなら手で作った武器を使うような暮らし方でもある程度は環境を破壊するだろうが、繰り返さなければ自然はやがてもとに戻るだろう。近代的な兵器が持ち込まれ、一八〇〇年代から本格的になった植民地化、セトラーコロニアリズムが脆弱な島嶼環境を圧迫していたのだろう。また、セトラーコロニアリズムによる砂糖キビ農園などの活動、その後の経済開発による観光業などによって、取り返しがつかない環境破壊が今もなお続いている。しかしながら、その中でももっとも厄介でもっとも破壊的なのは軍事主義に基づく植民地主義である。軍事的植民地主義は、戦争の準備と実践のための支配であり、国家安全保障を理由に本土で許されないようなことも、行うことができる。核実験はその一つであるが、LさんもTさんも体験しているような化学物質による汚染もそこに含まれる。

私はもともと「軍事と環境」と聞いたら、戦争による破壊や放射能被害を含む広島・長崎に投下された原爆の実像を想像していたと思う。私にとって「環境」も「軍事」も、人間が住む場所の外にあるものとして捉えていた。九〇年代に沖縄に行き、米軍の迷彩服の色を見て、驚いたことを鮮明に覚えている。私がイメージしていた緑を基本とする迷彩軍服（ベトナム戦争にときに使っていたもの）が、茶色を基本としたものとなっていた。色が違っていただけではなく、私の中で「軍事」と「環境」が新たにつながったのである。言い換えれば、私の「軍事」と「環境」のストーリーワールドが変わり始めた。八〇年代から様々な島を歩き、Lさん、Tさん、Vさんや彼女らの仲間に出会うことを通じて、自分のストーリーワールドがさらに変わった。迷彩服やミサイルだけではない。本当に怖いのは、目に見えないものだと徐々にわかってきたのである。

本稿では、Lさん、Tさん、Vさんのナラティブを通して、「軍事と環境」は目に見える問題だけではなく、軍の圧倒的支配力の問題が絡んでくることを明らかにした。また、それぞれの島々において異なるけれど共通していることは、環境との一体感、つまり人間は環境を守り次世代に渡すためにいるという考え方である。女性の身体に降りかかる「軍事と環境」は、次世代を脅かすためには許されることではない。味も音もなく目に見えない、忍び込んでくる汚染。それを止めるには軍事主義を止めるほかない。

注

(1) J. R. McNeill, "Of Rats and Men: A Synoptic Environmental History of the Island Pacific," *Journal of World History*, 5 (2), Fall, 1994, 299-349.

(2) 先住民の世界観には自然に対する包括的なとらえ方、コミュニティーに参加し、周囲の人々との関係性を大切にする、という特徴がある。Konai Helu Thaman, "Decolonizing Pacific Studies: Indigenous Perspectives, Knowledge, and Wisdom in Higher

Education," *The Contemporary Pacific*, 15 (1), Spring 2003, 13. ただし、ここで気をつけないといけないのは、Linda Tuhiwai Smith が注意するように、ほんのわずかな関わり合いで太平洋の人々のことをわかると言い、太平洋の人々の文化を奪い取り、先住民の世界観に対するオーナーシップを主張すると同時に、それらを創造した太平洋の先住民にチャンスを与えないだけではなく、先住民自らの文化や国を創造する機会を否定する。Linda Tuhiwai Smith, *Decolonizing Methodologies: Research and Indigenous Peoples*, London: Zed Books, 1999, 1.

（3） 植民地のものを「商品」として取り扱う植民地主義は「抜きとりと商品化の論理」に基づくものに対して、セトラーコロニアリズムは、セトラー（入植者）が住み続けるために先住民の除去（eliminate）が不可欠とする「除去の論理」（logic of elimination）にもとづいており、一過性の出来事よりは継続的な過程である。なお、elimination の和訳として「排除」は使われるが、別の所にいれば良いという意味よりは無くすという側面を強調したいので、筆者は「除去」と訳すことにした。Patrick Wolfe "Settler Colonialism and the Elimination of the Native," *Journal of Genocide Research*, 8 (4), 2006, 387–409, DOI: 10.1080/14623520601056240; Patrick Wolfe, *Settler Colonialism and the Transformation of Anthropology: The Politics and Poetics of an Ethnograph Event*, London: Cassell, 1998; Lorenzo Veracini, *Settler Colonialism: A Theoretical Overview*, Palgrave Macmillan, 2010; Lorenzo Veracini. "Introducing Settler Colonial Studies," In Special Issue: A Global Phenomenon, *Settler Colonial Studies*, 1 (1), 2011, 1–12, DOI: 10.1080/2201473X.2011.10648799.

（4） Frantz Fannon, *The Wretched of the Earth*. NY: Grove Press, 1968. フランツ・ファノンは、植民地化された人々の "colonized mentality" を克服するのは暴力によって独立を勝ち取るしかない、と提示した。

（5） 「軍事化された男性性」については例えば、Betty Reardon, *Sexism and the War System*, Syracuse: University of Syracuse Press, 1985; Cynthia Enloe, *Bananas, Beaches and Bases*, Berkeley: University of California Press, 1989; *The Curious Feminist*, Berkeley: University of California Press, 2004. また、植民地化された安全保障観についてはロニー・アレキサンダー "Gendered Security: Learning from Being and Feeling Safe on the Island of Guåhan/Guam,"『ジェンダー研究』22、二〇一九年、七〜二五頁。

（6） Cynthia Enloe, *Maneuvers: The International Politics of Militarizing Women's Lives*, Berkeley: University of California Press, 2000, 291.

（7） Ronald Berger and Richard Quinney, eds., *Storytelling Sociology: Narrative as Social Inquiry*, Boulder: Lynne Reiner Publishers, 2005; Cynthia Cockburn, *The Space between Us: Negotiating Gender and National Identities in Conflict*. New York: Zed Books, 1998; Annick Wibben, *Feminist Security Studies: A Narrative Approach*, Routledge, 2011; Christine Sylvester, ed., *Experiencing War*, Routledge, 2011.

（8） スヴェトラーナ・アレクシエーヴィチ『戦争は女の顔していない』（三浦みどり訳）、岩波書店、二〇一六年、五頁より。

（9） 「Storyworld」については、David Herman, "Narrative Ways of Worldmaking," S. Heinan, and R. Sommer, eds., *Narratology in the Age of Cross-disciplinary Narrative Research*, Berlin: Walter De

Gruyter, 2009, 71–87. 本章では、広義の意味としての「物語」を使用する。「物語」は「ナラティブ」を含むが、それだけではない。Ronald Berger and Richard Quinney, “The Narrative Turn in Social Inquiry,” Berger and Quinney, eds., *Storytelling Sociology: Narrative as Social Inquiry,* Boulder: Lynne Reiner, 2005, 1-12.

(10) Victoria-Lola Leon Guerrero, “Dreaming of Waterfalls”（未発表原稿）及びインタビュー（二〇二二年一一月一〇日、一一月一七日）。

(11) Catherine Lutz, “US Military Bases on Guam in Global Perspective,” *The Asia-Pacific Journal*, Japan Focus, Volume 8, Issue 30, Number 3, Jul 26, 2010, Article ID 3389.

(12) 米軍は戦後、多くの個人の土地を軍用地として占領した。土地を取り戻す訴訟は現在も続いている。Julian Aguon, *Just Left of the Setting Sun*, Tokyo: Blue Ocean Press, 2006.

(13) Civilian Exposure, “My Story about Naval Station Guam,” (https://www.civilianexposure.org/my-story-about-naval-station-guam/) Letter to Congress, n.d.; L. Natividad and Gwyn Kirk, “Fortress Guam: Resistance to US Military Mega-Buildup,” *Japan Focus*, 2011.

(14) Brooke, James, “Looking for Friendly Overseas Base, Pentagon Finds It Already Has One,” *New York Times*, 7 April, 2004.

(15) LisaLinda Natividad, Interview, Guam, September 2014.

(16) 高里鈴代文章によるインタビュー、二〇二一年一二月。「強姦救援センター・沖縄」代表。「基地・軍隊を許さない行動する女たちの会（一九九五年設立）共同代表、「軍事主義を許さない国際女性ネットワーク」沖縄代表。沖縄平和市民連絡会共同世話人など。一九八九年から二〇〇四年まで、四期一五年那覇市議会議員であった。過去には、東京都女性相談センターでの電話相談員や那覇市婦人相談員などを務めた。二〇〇五年、「一〇〇〇人の女性をノーベル平和賞へノミネート」の一人となった。

(17) Vanessa Griffen文書によるインタビュー、二〇二一年一二月。ＩＣＡＮ、非核・独立太平洋運動のメンバー、FemLink Pacific（女性の地域メディア）元理事。

(18) 一九四六〜一九九六年の間、米国、英国、仏国が太平洋地域で計三一八の核爆発措置を爆発させた。降下物は世界中に散らばった。フランスは一九三回の実験を行った。

特集2　ウクライナ問題と私たち

〈特集2〉では、未だ終わりの見えないロシアによるウクライナ侵攻について、戦争社会学を牽引する研究者を中心に、多様な立場から論点や視点、そしていま目の前にある課題を自由に提起する。未だ直接的な調査研究は難しく、簡単な答えを出すことができない戦争を前にしてもなお、私たちの生きるこの世界の問題として思考し続け、戦争社会学の研究課題として引き受けていく道を模索する。

特集2　序文

ウクライナ問題は戦争社会学に何を問いかけるのか

根本雅也（一橋大学）

戦争が始まった。ロシアによるウクライナへの侵攻は、日本に暮らす人びとの多くにそのような印象を与えたかもしれない。もちろん、近年、世界で「戦争」がなかったわけではない。むしろ、小規模であろうと、紛争や軍事衝突はしばしば起こっていた。だが、ウクライナへの侵攻に関する日本の報道は、近年では比べるべくもないほど継続的に、かつ多量になされてきたようにみえる。こうした一つ一つの出来事／情勢／報道に触れて、戦争社会学に関わる研究者たちは何を考えるのか。これが本特集の根底にあった問いである。

こうした素朴な問いは早くから生じたものの、特集として企画するには特有の難しさがあった。一つは、そもそも現在進行形で生起している出来事を語ることの難しさである。めまぐるしく変わる状況に対して、依頼から半年後に原稿を書き、そしてその半年後に公刊されるというスケジュールでは時期を逸したり論点がずれたりしてしまう可能性がある。(1) もう一つは専門性である。戦争社会学研究会に関わる研究者の中には、ウクライナやロシアを専門としている者はほとんどおらず、むしろその多くは日本の戦争、特にアジア太平洋戦争とその「戦後」に関心を寄せてきた。

しかし、それでもなお、「戦争」を冠する本研究会において、今回の武力侵攻について言及することなしに通り過ぎることは許されないのではないか。こうした意識が編集委員会の中で共有され、二〇二二年七月に趣旨文が作成された。(2) 本特集の原稿がどのような趣旨の下で執筆されたのかを示すためにも、当時の趣旨文を転載することにしたい。

特集趣旨

二〇二二年二月二四日、ロシアがウクライナに軍事侵攻を開始した。軍隊と軍隊の戦闘、都市への空爆、民間人の殺害・尋問・虐殺、性暴力が起きた。ウクライナの市民は武器を取り兵士となる者もいれば、女性・子どもを中心に国内そして国外へと避難する者もいた。ウクライナの人びとがSNSを通じて情報を世界に発信した一方で、ロシアでは情報の統制が行われる。愛国主義の勃興、国際義勇兵の募集と参戦、戦争犯罪の追及、核兵器使用の脅威、原子力発電所への攻撃による放射性物質拡散の危険性など、半年にも満たないうちに、ロシアによる軍事侵攻は、それに付随してさまざまな出来事を引き起こしている。

ウクライナへの軍事侵攻は、二国間の問題として止まることはなかった。アメリカ・EU・イギリスなどは、ウクライナに対する支援を表明し、武器の提供を行うとともに、自国への経済的な影響もある中でロシアへの経済制裁を敢行した。また、ロシアの脅威を目の当たりにしたスウェーデンやフィンランドは、NATOへの加盟を宣言した。ロシアとの関係の深い中国・インド・トルコはこの問題への対応に苦慮し続けている。

日本社会への影響も多方面にわたっている。日本は経済制裁に参加し、それは物流や資源に影響し、円安の進展もあいまって、物価の高騰が続く。政治に目を向ければ、安全保障論議への関心が高まり、核武装論への言及が起こるとともに、政治家たちは「守る」という言葉を頻繁に持ち出す。当初はウクライナ侵攻の報道一色だったメディアは、徐々に鎮静化し、今ではウクライナに関する報道が新たな「日常」を構成しているかのようにすら思える。私たちはウクライナに気持ちは配りながらも、日々の仕事や生活に追われる。

ロシアがウクライナへ侵攻して以降、現地で、世界で、そして日本で、さまざまなことが起き、今も起き続けている。ウクライナへの軍事侵攻とそれに続く一連の出来事が、「戦争と社会」を研究対象とする本会の会員にとっても大きな衝撃を与えたことは想像に難くないだろう。

本特集は、ロシアによるウクライナへの軍事侵攻に関連して、本会会員の研究や調査の経験にもとづいた独自の視点・論点を紹介するものである。ロシアによるウクライナ軍事侵攻およびそれに付随して起きた諸々の出来事は、戦争社会学に関わる研究者にどのような衝撃を与えたのか。どの点において自分の研究とのつながりを感じ取ったのか。そこから導き出される、日本社会や国際社会、あるいは戦争社会学にとっての課題や論点は何か。それらを通じて、本特集は「ウクライナ問題は戦争社会学に何を問いかけるのか」について考えてみたい。

ただし、本会に属する会員の多くは、ウクライナやロシアに精通しているわけではない。そのため、各論考はウクライナにおける戦闘やウクライナ／ロシアの政治経済や国際関係などについて必ずしも直接的に論じるわけではない。しかし、「戦争」を冠する社会学研究に関わる者として、それぞれが培ってきた知見は、今回の一連の出来事と何かしらの点でつながっているように思われる。本特集は、執筆者のそれぞれの調査・研究の経験にもとづいて／関連して、各人の視点からロシアのウクライナ侵攻が提起しうる問題について考えてみたい。そのことは、戦争社会学研究会の研究成果を広く社会に還元することになるとともに、現在の戦争社会学研究の地平を浮かび上がらせることになると考える。

右記の趣旨にあるように、本特集は、戦争社会学研究会として一致した意見の表明の場ではなく、様々な研究のバックグラウンドを持つ人びとの独自の視点や問題提起となっている。そのため、それぞれが依拠する視点や、問題提起の対象もまた様々である。しかし、一方で、個々の原稿を注視していくと少なからぬ共通点やつながりが存在する。

以下では大局的な視点から個々の原稿を整理しつつ、論点を析出してみたい。それは、特集という形で問いを投げかけた編集委員（会）としての責務でもあろう。ただし、以下の整理は一つの解釈であり、一つの応答でしかない。ここに提示された諸論考をどのように理解し、何を紡ぎ出すのかは、もちろん読者に委ねられている。

石原俊の論考には二つの大きな指摘がある。一つはロシアによる侵攻で生起した今回の戦争が近代の戦争と乖離したものではなく、むしろ「近代戦史の博物館」ともいえるものであるということだ。つまり、近代以降の戦い方が凝縮して現われているという指摘である。もう一つは、現在の日本に生きる私たちにとって、アジア太平洋戦争を示唆する「戦後」という時代区分を捉え直す必要があるということである。現在の軍事・戦争・安全保障の状況を見据え、「戦後の終わり」を意識することは、「戦後」という括りで見えなくなっている事象を可視化することにつながっているように思われる。

過去の戦争と今回の戦争の連続性は、死者数の記録を中心に論考を展開した浜井和史にもみられる。ロシアによるウクライナへの侵攻が行われる中で、死者の数の提示は様々に利用されてきた。こうした死者数の政治利用は現代的なものではなく、かつての日本でもみられたことであった。他方、こうした死者数の政治利用に対して、国際社会では、民間人の犠牲者数を正確に記録するなど、対抗する動きも出てきている。死者やその数は権力によって政治的に利用されうるが、同時にそれに対する抵抗——死者やその数の想像にあらがう具体的な数のカウントという行為——があることを浜井の論考は描き出している。

戦争被害の政治利用は、ある被害を目立たせ、それとは異なる被害を見えにくくすることにもつながっている。四條知恵は、自身の研究する広島・長崎の状況を踏まえ、ウクライナにおいても（ロシアにおいても?）、戦争被害の多様性があり、今後語られにくい（表面化しにくい）戦争被害が出てくることを予見し、そこに目を向けていくことの必要性を指摘する。

戦争においては当該の国や地域の内にある多様性がみえにくくなる、というのは、山本昭宏が問題提起する「戦争の言説」に重なる。というのも、そこでは国民という集合体や、それを代表＝表象する（represent）（とされる）指導者が「主語」となり、そこにあるはずの人びとの多様性が軽視されるようになるからだ。他方、山本はこうした「戦争の言説」が実は日常の中に潜んでおり、むしろ「文化」ともなっていることを指摘する。つまり、一見、戦争とは関係のない（ように思われる）日常生活の中で（たとえば企業などへの帰属意識やその言説のように）、私たちは「戦争の言説」に触れながら生きていることになる。

山本の言及する「戦争の言説」の日常性は、児玉谷レミと佐藤文香の論考に具体的に表れる。児玉谷・佐藤の論考は、ロシアのウクライナ侵攻に関連して、プーチンをめぐる「主権的男性性」を論じる。主権的男性性の中心には「恥から権力への転換」がある。「恥」は屈辱的で忌避されるべき状態とされ、「女性的な身体経験・身体感覚」に連結される。そしてそこから「男性的な「全能の身体」を取り戻すべく権力を求める」こととなり、「自立性を守るための軍事力の行使が正当化される」。実際、プーチンの権力の正当化には「マチズモ的なイメージ」が大きな役割を担っており、それが今回のウクライナ侵攻にも適用されているという。

以上の論考で言及される、死者数の政治利用、戦争被害の可視化と不可視化、戦争の言説、権力によるイメージの利用といったものは、人びとの想像力をかき立てることで、特定の人びとや集団の利益や権力をもたらしたりするものであろう。松田ヒロ子の論考もまた「戦争へ向かう想像力」について論じている。松田によれば、今回のウクライナ問題が日本社会にいわゆる「台湾有事」を想起させ、ウクライナと台湾（そしてロシアと中国）の類似性に（専門家の懐疑的な態度にもかかわらず）目を向けさせてきた。他方で、今回のウクライナ侵攻が始まる前から、防衛省・自衛隊は対中国を意識して南西諸島の軍事基地化を進めてきた。松田はこうした軍事化の進展によって影響を受けるのは「南西諸島で生活する住民とそれを取り巻く自然環境」だとし、そこへの想像力を働かせることが大事なのではないかと指摘する。

当事者に対する想像力や当事者の意識は、井上義和と野上元の論考の中でもそれぞれに言及されている。「祖国」という観念に左右の立場を超えた連帯の可能性を見出している井上は、戦後日本が「理想」として抱いてきた「専守防衛」の現実について議論する。その中で、井上が指摘するのは日本社会にある当事者意識の希薄さであり、「捨て石」とされうる人びと・地域への想像力の欠如である。「専守防衛は認めるけれども、侵略にどう対峙するかは（自分事としては）考えたくない。自国内でも、自分や身内の生活圏から遠ざかるほど、日常の生活実感から離れるほど、関心が薄くなる」。そうした状況においては、実際に侵攻を受ける人びとは、少数であればあるほど、多数派に「捨て石」にさせられてしまうのではないか。それを回避する方途の一つとして、井上は国家や政府とイコールではない「祖国」という観念の重要性を（その注意点とともに）論じる。

野上元は、今回のウクライナ問題が戦争社会学研究に提起した課題の一つに「戦争に際した日本社会の意識の変化を把握する」社会調査の必要性があると指摘する。その背景には今回の軍事侵攻が「攻め込まれた側」の視点を想起させるものであること、そしてそれゆえに「戦争に対する人々の当事者性のありよう」が問われていることがあるという。野上によれば、戦争に関する社会意識の調査の国際比較をする中で、日本では「戦争が起こった時に、国のために戦うか」という問いに対して「わからない」という回答が目立つ。また、このような野上の問題提起に対して、SNSの反応もまた「結局、戦うかどうかはもう少し具体的にどういう状況になっているかを示してくれないと答えようがない」といったものが多かった。こうした想像力の欠如/具体的に想像することの忌避を含めた、戦争に対する現代日本社会の意識を探る社会調査が、戦争社会学が取り組むべき課題として提示される。

戦争社会学研究に関わる人びとへの課題は、柳原伸洋によっても指摘される。それは研究とパブリック(公共)との関係であり、アカデミズムの役割である。柳原は戦争社会学研究会に関わる研究者たちの二〇二二年のメディアでの発信を整理しながら、今後、戦争社会学研究会がパブリックに語りかけていく必要性を説く。柳原はロシアによるウクライナ侵攻が開始されて以降、「『戦争』の特性とそれを理解するための素材を、高校生・大学生に提示し、彼女ら・彼ら自身が戦争についての考えるヒントを提供するために」レクチャーを行ってきたという。それは「研究の潮流(先行研究)や考える素材(資料)を提供しつつ、公衆における思考を促す」触媒としてのアカデミズムの役割であるといえよう。

ウクライナ問題は戦争社会学に何を問いかけるのか。本特集は、この問いに対して執筆者がそれぞれに向き合った成果である。そのため、右記のまとめは、各論考の正確な要約というよりも、共通点に着目した一つの整理の仕方でしかない。先に言及したように、各論考をどのように読み解くのか、そこからどのような問題提起を受け取るのか、それぞれの論考に対する批判も含め、その読み方は読者に委ねられている。この点において、本特集は(柳原の指摘にならえば)人びとに考える材料を提供し、思考を促す触媒としてパブリックに開かれている。戦争社会学に関わる研究者たちの想像力に触れ、読者の想像が広がることを願っている。

追記

原稿を入稿した後で、あるベテランの研究者とウクライナ問題に関連してやりとりをすることがあった。本特集の執筆者たちよりも上の世代、つまりアジア太平洋戦争を直接経験してはいないものの、様々な点で「戦争」により近い世代である。この研究者は、ウクライナ問題について発信しようとして途中で書けなくなってしまったという。メールには次のように記されていた。少し手を加えて引用する。

> このウクライナ戦争を経験したことで、改めて戦争は様々な要素が混じっており、それ以前に感じていた、「悪い戦争」というイメージが自分のなかで相対化されていることにショックを受けています。つまり、かつてスタッズ・ターケルが書いた「良い戦争、悪い戦争」というイメージがクローズアップされていることに、自分自身のなかで、どうしても受け入れられない違和感が残り、感情的にも論理的にも整理できない状況が続いています。

戦争について書くことが、結果として「良い戦争」を肯定することになりかねないことに、「違和感」を覚えるのであろう。

このことは、戦争について書くことの難しさと重みをあらためて教えてくれる。自分たちが書いた内容が、意図しない形で何かを支持してしまう可能性がある。筆者を含め、戦争や関連する事象について研究し、発信する人びとにとって常に考えておくべき課題であるように思われる。

注

(1) こうした不安はこの序文を執筆している現在、杞憂に終わったように思われる。というのも、本特集に寄せられた原稿は、時宜的な制約を受けつつも、それを超えた視点を提示しているからである。なお、特集への寄稿依頼は二〇二二年七月になされ、同年一二月から翌年二月の間に原稿が提出された。この序文は二〇二三年二月に執筆している。

(2) 趣旨文は編集委員の一人である根本雅也が執筆し、編集委員会に諮った上で依頼文とともに送付された。

特集2

戦争の段階論を超えて

石原 俊（明治学院大学）

一、戦争社会学研究者としての二〇二二年

戦争社会学の研究に携わってきた一人として、二〇二二年は特異な一年となった。

前年末の二〇二一年一二月二四日、当研究会の会員が多数寄稿する、『シリーズ 戦争と社会』全5巻（編集委員：蘭信三・石原俊・一ノ瀬俊也・佐藤文香・西村明・野上元・福間良明、岩波書店）の刊行が始まった。

明けて二〇二二年一月二九日には、当研究会員が多数登壇する、日本学術会議・社会学系コンソーシアムの共催シンポジウム「いま「戦争」を考える――社会学・社会福祉学の視座から」（報告者：福間良明・佐藤文香・渡邊勉・藤井渉、討論者：上野千鶴子・野上元、オーガナイザー兼司会者：石原俊）を開催し、のべ約四〇〇人の参加者を得た（コロナ感染拡大のためオンライン開催）。

そして、『シリーズ 戦争と社会』が2巻まで刊行され、前記シンポジウム開催から一カ月も経たない二〇二二年二月二四日、専門家さえその多くが予想しえなかったロシアによるウクライナ侵略戦争が始まった。

四月末に『シリーズ 戦争と社会』全5巻が完結すると、関連企画として、シリーズ編集委員らが寄稿する『思想』二〇二二年五月号（特集：戦争社会学の可能性、寄稿者：青木秀

男・野上元・児玉谷レミ・佐藤文香・直野章子・蘭信三・一ノ瀬俊也・福間良明・西村明・石原俊、岩波書店）が刊行された。

一一月一六日には、筆者の研究対象のひとつである硫黄島《いおうとう》をテーマとするシンポジウム「帰れない遺骨、帰れない島民――硫黄島の過去・現在・未来を考える」（主催：明治学院大学国際平和研究所・全国硫黄島島民三世の会、報告者：浜井和史・酒井聡平・楠明博・西村怜馬《りょうま》・羽切朋子、オーガナイザー兼司会者：石原俊）を開催した。このシンポジウムは、遺骨収集史の専門家、硫黄島における遺骨収集の担い手、硫黄島戦没者遺族、故郷に帰れない硫黄島民二世・三世（各個人において各属性はオーバーラップする）らが、登壇者として一同に会する、初めての場となった。

そして年末には、日本学術会議の事実上の機関誌である『学術の動向』二〇二二年一二月号で、特集「いま「戦争」を考える――社会学・社会福祉学の視座から」が組まれた（寄稿者：石原俊・有田伸・福間良明・佐藤文香・渡邊勉・藤井渉・上野千鶴子・野上元・関礼子）。この特集は、前述の同名シンポジウムの関連企画にあたる。

筆者は不肖、以上のすべての企画において、単独または共同で責任者を務めた。また、各企画の関連報道が全国紙・地方紙各紙に掲載され、その対応にも追われた。ウクライナ侵略戦争をはじめとする現代の戦争について、コメントを求められることも少なくなかった。

まさに、「戦争社会学に始まり戦争社会学に終わった」一年だった。筆者にとって二〇二二年は、二〇〇九年の当研究会創設時から一〇年以上進めてきた戦争社会学研究の成果をまとめて世に出した年であると同時に、これまでの研究の同時代的な有効性が問われた年でもあった。

二、「近代戦史の博物館」としてのウクライナ侵略戦争

戦争社会学に携わる一研究者として、日々報道されるウクライナ侵略戦争の展開は、いくぶん驚きの連続であった。語弊を恐れずにいえば、この戦争が「近代戦史の博物館」のごとき様相を呈したからである。

多くの人文社会科学の研究者は、近代以後の戦争の形態が、「総力戦」から「冷戦」へ、「冷戦」から「新しい戦争」へと移行したと考えてきた。イマニュエル・ウォーラーステインの世界システム論がいう「周辺」（≒現在の発展途上国）につ

いてはともかくも、すくなくとも「中心」(≒現在の先進国)または「半周辺」(≒現在の新興国)に関しては、そうした段階論的思考の妥当性はあまり疑われてこなかった。

「新しい戦争」論は、メアリー・カルドーら主要な論客によれば、ソ連崩壊後の新たなグローバリゼーションの段階において、戦争が次のような特徴を帯びるとする。①主権国家間・国民国家間ではなく、国家と非国家主体の戦争が主流になる。②準軍事組織や民間軍事会社(PMC)の台頭によって、主権国家・国民国家に独占されていた軍事的暴力が部分的に「民営化」される。③軍事的暴力が「大衆化」し、準軍事組織ばかりか一般庶民までもが大規模虐殺などに加担するようになる。④民族・宗教・言語などに基づく「アイデンティティ・ポリティクス」が戦争の主要なドライヴとなり、冷戦期のような普遍主義志向の価値観に依拠する戦争を凌駕していく。

一九九一年のソ連崩壊から約三〇年間に起こった、ユーゴスラヴィアの内戦や虐殺、ルワンダ・ブルンジにおける紛争や大量虐殺、アルカーイダなどのテロリズム路線、そして米国を中心とする多国籍軍が「対テロ」の名において介入したアフガニスタン戦争やイラク戦争の実情をふまえれば、「新しい戦争」論にはかなりの説得力があった。また現代ロシアに関しては、プーチン政権が独裁化するにつれて、通常戦力に核戦力や情報戦などを組み合わせた「ハイブリッド戦争」という手法が主流になったとされている。

しかし、いまウクライナ侵略戦争で起こっているのは、「総力戦」「冷戦」「新しい戦争」それぞれの特徴だとみなされてきた近代戦のあらゆる形式が、渦を巻くように一気に表出しているような事態である。

たしかに、ウクライナ侵略戦争も「新しい戦争」の要素を多分に含んでいる。ロシアの侵略行為は、「ワグネル」のようなプーチン政権に近いPMCの協力なしには続行できない。侵攻初期段階においてウクライナ南東部で抵抗の有力部分を担った「アゾフ大隊」などは、ウクライナ右派民族主義を結集軸とする準軍事組織であった。また、ロシア・ウクライナ双方が激しい情報戦を展開していることから、この戦争が「ハイブリッド戦争」の性質をもつことも否定できない。

他方で、この戦争がロシアの明白な国際法違反が引き起こした侵略戦争であること、ウクライナ・ロシア両軍の前線がのべ数千キロメートルに及ぶこと、侵攻初期にロシアが艦砲射撃・揚陸作戦といった手法を採用したこと、激しい塹壕戦が展開されていること、ウクライナ・ロシア双方が（男性の）総動員体制に入ったことなど、この戦争は「総力戦」としての第二次世界大戦や朝鮮戦争と、ひいては第一次世界大戦とさえ、連続性をもっている。一千万人以上とされる未曽有のウクライナ国内避難民・国外難民の発生は、沖縄戦をはじめとするアジア太平洋戦争末期の状況を想起させる。

また、ウクライナ国内のロシア占領地において、ロシア軍に協力的でないとみなされた民間人が多数迫害・殺害された。これは日本国民にとって遺憾な記憶だが、旧日本軍がアジア太平洋戦争において、作戦遂行と占領地の治安管理を優先するあまり現地民間人の迫害・殺戮に及んだ、いわゆる治安戦を連想させる。

そして、ロシアのウクライナ侵略が、「新冷戦の熱戦化」を決定づけた側面も無視できない。一方でプーチン政権は、「西側諸国（Western countries）がウクライナのネオナチを支援している」という言説によって、侵略を正当化している。他方で欧米主要国は、ウクライナへの軍事支援の理由を、「西側」自由民主主義体制の防衛に求めている。さらに、プーチン政権による核使用の恫喝が、「新冷戦」状況に拍車をかけている。

このように、現在進行形のウクライナ侵略戦争は、「近代戦史の博物館」のごとき様相を呈している。だがそもそも、ソ連崩壊後にロシアが関わった戦争に限っても、チェチェンやシリアで起こっていたのは、「新しい戦争」というよりも「近代戦史の博物館」に近い状態だったのではなかろうか。筆者自身を含め、先進国で暮らす研究者の多くが、そうした現代の戦争の実態を、直視してこなかっただけではないだろうか。

三、「戦後の終わり」を直視すること

以上のように、少なからぬ研究者が戦争の段階論に囚われてきた一方で、日本社会の戦争・軍事に関する意識については、どのような現状認識が可能だろうか。

敗戦後の日本本土は、東西陣営に分断された敗戦国ドイツと異なって、冷戦の軍事的な拠点や前線を正面から引き受けることはなかった。それらを、沖縄を含む北西太平洋の島々や旧植民地である朝鮮半島・台湾などに負担させてしまったからである。こうして日本本土では、「冷戦」（cold war）の当事者意識が希薄なまま、「もはや戦時ではない」という意味での「戦後」（post-war）意識が広まっていった。

一九九二年に、国連平和維持活動（ＰＫＯ）枠で自衛隊の

海外派遣が始まって、すでに三〇年以上が経過した。その後、各特措法や新安保法（平和安全法制）によって、自衛隊の海外派遣の条件は着々と整備されてきた。この間、イラクや南スーダンの陸上自衛隊の派遣先は、隊員にいつ犠牲者が出てもおかしくない状況にあった。にもかかわらず、日本社会では「新しい戦争」下での派兵の当事者意識が広がる気配は一向にない。そして、ウクライナ侵略戦争が始まって一年を経ても、日本社会の「戦後」意識は衰えをみせない。

だが、日本社会の「戦後」意識がいつまでも持続していることについて、日本の大衆の戦争・軍事認識が「総力戦」段階で止まっているなどと、社会（科）学者は笑って済ませることができるだろうか。カール・マンハイムのいう存在被拘束性、すなわち社会（科）学者も当該社会のなかで生活する人間であることをふまえるとき、筆者はそう思わない。敗戦後八〇年近く、同時代の世界の戦争・軍事に対する人びとの関心が低いまま、社会の軍事化（militarization）が進んでこなかった日本本土にあって、研究者も「戦時ではない」という意味での消極的な「戦後」意識から自由であるはずがないからだ。

もちろん、北東アジアで次の戦争を起こさせない外交的努力や大衆的努力は重要である。だが、たとえば台湾海峡で本格的な戦争が始まったとき、日本の「戦後」も否応なく終わる。いま日本語圏の戦争社会学研究に求められているのは、戦争の段階論への囚われを解除して現在の戦争・軍事の実態を直視することと、日本社会にとっての「戦後の終わり」の可能性を直視すること、この二重の作業であるだろう。

参考文献

石原俊「総力戦の到達点としての島嶼疎開・軍務動員——南方離島からみた帝国の敗戦・崩壊」蘭信三・石原俊・一ノ瀬俊也・佐藤文香・西村明・野上元・福間良明 編『シリーズ 戦争と社会 第3巻 総力戦・帝国崩壊・占領』岩波書店、二〇二二年。

石原俊「島嶼戦と住民政策——日本帝国の総力戦と疎開・動員・援護の展開」『思想』二〇二二年五月号。

石原俊「忘れられた『南方』の戦時と戦後——帝国解体がもたらした悲劇」『中央公論』二〇二二年九月号。

石原俊「戦争への感度 鈍っていた日本——歴史めぐる論文集5巻が完結 編集委員・石原俊さんに聞く」『朝日新聞』二〇二二年八月三日（夕刊）。

石原俊「変容する『戦争と社会』——シリーズの完結に寄せて見直されるべき「戦後」意識 軍事への思考力高める作業が必要」『聖教新聞』二〇二二年九月二〇日。

石原俊「『戦後の終わり』にどう向き合うか」『学術の動向』二〇二二年一二月号。

特集2

戦争と死者の記録化

浜井和史
（帝京大学）

一八五九年六月、北イタリアにてソルフェリーノの戦いを目撃したスイス人のアンリ・デュナンは、一八六二年に『ソルフェリーノの思い出』を著し、戦場の悲惨さと、犠牲者救援のための組織設立の必要性を訴えた。デュナンの訴えは国際的な反響を呼び、赤十字社発足の契機になるとともに、一八六四年には初の国際人道法とされるジュネーヴ条約（戦地軍隊における傷病者の状態改善に関する条約）が成立した。

この最初の条約には、死者の取扱いに関する規定は含まれていない。死者をめぐる問題についてはその後の赤十字国際会議などでも議論はされていたが、加盟国の間には、混乱を極める戦場において適切な戦死者処理を国際約束とすることへの躊躇があった。戦場における死者の保護について初めて国際的な合意が成立したのは、日露戦争後、一九〇六年のジュネーヴ条約改正においてである。さらに第一次世界大戦後の一九二九年の改正では、交戦者が死者及び埋葬場所に関する詳細情報の記録を作成し、速やかにその記録を相互に交換することが規定された。そして、第二次世界大戦後の一九四九年には、従来の規定をより詳細にするかたちで全面的に改正され、現在まで継承されている。

このように、一九世紀後半以降、国際的な人道意識の高まりと膨大な死者を出した世界大戦の経験を通じて、戦場における死者を保護し、記録することが国際社会における一般的な共通理解となってきた。とはいえ、二〇二二年二月に始まったウクライナ戦争は、過去の戦争と同様に、これまで築き上げてきた国際規範を踏みにじり、多くの犠牲者を生み出す結果を招いている。本稿は、ウクライナ戦争における死者をめぐる問題について、近年の新たな動きに着目しながら検討するものである。

イギリスの戦争学の大家ローレンス・フリードマンが端的に示すように、死者数は「戦争の規模を示す最も単純な尺度であり、それにかかったコストを最も純粋に表し、犠牲を示す最も強力な指標である」。そうであるがゆえに、死者数の統計が政治的に利用されることは頻繁に行われてきており、進行中の戦争でそれは顕著である。例えば、ウクライナとロシアがそれぞれ公表しているロシア兵士の死者数には大きな開きがある。ウクライナ国防省はツイッターでロシア側の損害を日々更新しているが、一二月二二日の時点でロシア側の戦死者が一〇万人を超えたと発表した。一方でロシア側は、九月二一日にジョイグ国防相が発表した五九三七人という数字以降、公式の戦死者数は更新していない（二〇二二年一二月二九日時点）。この状況は両国の思惑をよく表している。すなわち、ウクライナ側は、ロシア側の損害が大きければ大きいほど国内における士気の維持につながると考えており、一方でロシア側が統計情報を小出しにしている（九月の発表で公式発表は二回目となる）のは、損失の大きさが国内の反戦・厭戦ムードを高めないように注意を払っているからだといっていいだろう。

そのうえで問題なのは、これらの数字がいずれも正確であるという保証はどこにもないことである。死者数をはじめとする統計の公表は情報戦の重要な一環であり、政府や軍部によって注意深く統制されている。開戦からひと月が経過した二〇二二年三月中旬には、ロシア側が戦死したロシア兵の遺体を極秘裏にベラルーシに移送していると報じられたが、これは被害の実態を秘匿するためだと考えられている。一方で、もちろん、ウクライナ側が発表する数字が正しいというわけでもない。一一月下旬、欧州委員会のフォン・デア・ライエン委員長はウクライナ軍の死者が一〇万人を超えたと述べたが（米軍も同様の見方を示している）、これに対してウクライナ大統領府は一二月一日、自軍の死者について「一万〜一万三〇〇〇人」であると反論している。

こうしたことはアジア・太平洋戦争において日本の政府・軍部が戦死者に関する情報を統制し、日本側の損害を最小限に抑えて発表していた事例からもよくわかるだろう。さらに複雑なのは、交戦国の当局においても、実際には正確な状況を摑んでいない可能性があることである。終戦直後に日本政府が帝国議会に報告した日本側の戦没者数は約五一万人（陸軍約三五万、海軍約一六万）と、実際の数字の四分の一以下であったことはよく知られている。ウクライナ開戦以来、メディアにおいても連日のように様々な情報に基づいて死者数が報道されているが、とりわけ当事国による死者数の公表はあくまでプロパガンダ戦の一環であると理解すべきことを今回の戦争は改めて示している。そして戦争終結後も死者数をカウントする作業は延々と続くこととなり、それでも正確な数字であるかは判然としないというのが現実である。

しかし、だからといって正確な死者数を追求する作業がないがしろにされてよいわけではなく、むしろ近年においては、特に民間人犠牲者を可能な限り正確に記録する取組みが国際社会に広がっている。

ウクライナ戦争では多数の民間人が被害に遭っているが、二〇二二年四月初旬にウクライナの首都キーウ近郊のブチャにおいて、ロシア軍の撤退後に多数の民間人の遺体が放置されているのが見つかり、その多くから虐殺や性的暴行、掠奪などの痕跡が明らかになったことは国際世論に重大な影響を与えた。それ以前からすでにロシアの空爆による民間人被害が伝えられていたが、いわゆる「ブチャの虐殺」が報道されると、世界的にロシア批判の声が高まり、ロシア並びにプーチン大統領の戦争犯罪を追及する声が相次ぐこととなった。さらにその後も、マリウポリやイジューム、リマン、ヘルソンなどロシア軍撤退後の各地で、多数のウクライナ民間人が殺害され、集団埋葬されている実態が明らかになっている。

残念ながら、戦争が長引くにつれて、同様の事態が今後も発生するかもしれない。そして、そうした行為がジェノサイドと認定され、戦争犯罪として裁かれるに至るまでには、膨大な時間と労力を要することとなり、しかも、必ずしも犠牲者が望む結果がもたらされるとは限らない。戦争犯罪や国際刑事裁判所の役割などをめぐる国際人道法のあり方については、改めて論じる必要があるが、ここで着目したいのは、民間人犠牲者の扱いをめぐる問題である。

一般的に、戦争において戦闘員以外の民間人の死傷者が急増したのは、二〇世紀の二度にわたる世界大戦を通じてであった。戦間期には軍縮会議や赤十字会議において空襲や戦争の惨禍から民間人を保護するための議論が行われていたが、国際的な合意に至らないままに第二次大戦が勃発した。第二次大戦では、大規模な空襲や原爆投下、ホロコーストなどにより、戦闘員と民間人の死者数が拮抗する状況となり、これを受けて一九四九年の改正ジュネーヴ条約の第四条約として「戦時における文民の保護に関する条約」が新設されることになった。

とはいえ、戦争における民間人死者については、従来、国家との雇用関係にある正規の軍人とは異なり、その死に関する情報が不明瞭な場合が多く、記録方法も確立されておらず、死者数の統計に正確性を求めることは困難な状況であった。日本の場合においても、秦郁彦が指摘するように、アジア・太平洋戦争の日本人戦没者約三一〇万人のうち、二六〇万人は厚労省が管理する戦没者名簿からの積算であるのに対して、一般邦人の「戦災死没者」と分類される約五〇万人は総理府(現・総務省)所管の民間団体(現・太平洋戦全国空爆犠牲者慰霊協会)による概略の推計に基づくことから、「三一〇万人」は政府による「準公認」の数字とせざるをえない事情がある。

しかし、二一世紀に入ると、武力紛争や、あるいはより広範な暴力による個人の死について、死因や死の状況を含む包括的な記録を作成し、公開するという体系的かつ継続的な取組みが国際的に行われるようになった。その嚆矢となったのは、二〇〇三年に勃発したイラク戦争の民間人死者の情報を収集し、そのデータベースをオンラインで公開している「イラク・ボディ・カウント」という団体の活動である。この団体は、イラクへの軍事介入による人的被害が看過されるべきではないとの観点から英米の研究者らによって組織され、公式の数字の他にメディア報道のクロスチェックや、病院、遺体安置所、NGOなどの記録を検討することによって死者数が集計されている。

こうした試みは国連でも実施されてきており、特に国連人権高等弁務官事務所(OHCHR)では、二〇〇七年の国連アフガニスタン支援ミッション(UNAMA)において死傷者の記録システムを確立し、その後、イラクやリビア、ソマリア、パレスチナ、イエメンなどでそのシステムを運用している。

続発する紛争や内戦に際して、今日では多くの国際的なNGO団体がこうした取組みを実施しているが、その活動は試行錯誤を重ねている。そもそも、これらの組織によって提示される統計の正確性については常に疑問が投げかけられており、「イラク・ボディ・カウント」も多くの批判にさらされてきた。また、二〇一一年以降のシリア内戦の死者数に関して国連は、二〇一二年五月、混乱により死者の集計が困難になったと報告し、二〇一五年以降は推計数を更新することを諦めたという経緯もある。

しかし、困難な状況の中で試行錯誤を繰り返すうちに、こうした活動は国際的に認知され、その方法も洗練され、確立されるようになってきた。死者数のカウントの最適な方法については、イギリスを拠点とするNGO「エヴリ・カジュアリティ・カウンツ」が二〇一六年に「死傷者記録の基準（Standards for Casualty Recording）」というマニュアルを作成・公開し、記録手法の規格化を促している。さらに二〇二〇年に開催された国連の人権理事会では、「ジェノサイド防止に関する決議」などにおいて、国家機関、独立した市民社会、または国際的に委任された組織が主導する、事実にもとづく死傷者記録のイニシアチヴの重要性が確認された。また、二〇二二年に入って国連は、シリア内戦の民間人死者について、改めて、二〇一一年から二〇二一年までの一〇年間で三〇万六八八七人に上ったとの推計を明らかにした。これらの経験を踏まえてOHCHRは、ウクライナ戦争においても、民間人死者数をウェブサイトで公開し、一週間ごとに更新している（二〇二二年一二月二六日時点の死者数は、六八八四人である）。

死者を記録することの意義について、OHCHRが作成した「死傷者記録のガイダンス（Guidance on Casualty Recording）」の中でバチェレ高等弁務官は、死者を記録することは武力紛争時などにおいて、民間人の保護を強化するための重要かつ効果的な手段であるとの認識が高まっていると指摘している。こうした記録は、民間人や武力紛争状況に限らず、悪化した人権状況や紛争後の環境にも適用できるものであり、その情報は一般に、綿密な調査の後、リアルタイムを含めて公開され、これにより、早期警戒や予防、対応、説明責任、賠償、再発防止など、さまざまな目的のために、時間を超えて、多くの関係者が利用できるようになることが期待されている。

もちろん、統計の正確性については今後も議論が尽きないであろうし、それが政治利用される可能性についても留意しなければならない。しかし、民間人犠牲者の可視化が戦争の局面を大きく左右する今日、確立された方法で第三者機関が個人の死を記録し、公開することが国際社会に定着していったならば、それは正当・不当にかかわらず、武力を行使する者への圧力となっていくだろう。

このように、二一世紀に入って民間人死者の取扱いを取り巻く環境は大きく変わりつつある。それは統計の領域だけではない。「ブチャの虐殺」が明らかになってから数日のうちに、オランダのハーグに本部を置く国際行方不明者機関（ICMP）が専門家チームを現地に派遣した。ICMPはボスニア内戦での被害者の身元を特定するために一九九六年に設置された組織で、ウクライナ政府の要請のもと、最新の鑑定技術を駆使して遺体の身元特定や死傷者情報の記録の役割を担っている。技術とノウハウを有している機関の関与により、遺族のもとへ遺体が返還される可能性が高まることが期待されている。また、遺体の身元を特定する技術としては、顔認証システム開発企業（Clearview AI）が協力を申し出ている。インターネット上の顔写真画像をAIが収集してデータベースを作成し、特定の人物とマッチングさせるというシステムが遺体の身元特定にも活用できるという。この技術については、個人情報の侵害などの問題を抱えており、実際にどこまで実用的なのかは未知数であるが、いずれこうした最新の技術が、死者の身元特定など様々な面で活用されるようになるだろう。

二〇二二年にノーベル平和賞を受賞したロシアの人権団体メモリアルは、ウクライナ戦争開戦前の二〇二一年一二月にプーチン政権によって解散命令を受けた。メモリアルはスターリン時代の大粛清の死者たちをアーカイヴする活動で知られている。暴力による個人の死が隠蔽される時に、また新たな暴力が生まれる。それは軍人と民間人、さらには戦時と平時とを問わない問題でもある。死者の記録化をめぐる二一世紀の国際潮流に日本は今後どのように対応していくべきなのか。過去の戦争を改めて検証しつつ、将来に備えて今から考えておくべき課題であるといえよう。

参考文献

井上忠男『戦争と国際人道法——その歴史と赤十字のあゆみ』東信堂、二〇一五年。

小泉悠『ウクライナ戦争』筑摩書房、二〇二二年。

秦郁彦「第二次世界大戦の日本人戦没者像——餓死・海没死をめぐって」『軍事史学』第四二巻第二号、二〇〇六年九月、四〜二七頁。

フリードマン、ローレンス『戦争の未来——人類はいつも「次の戦争」を予測する』中央公論新社、二〇二一年。

他に、ウクライナ戦争をめぐる内外の各種報道記事を参照した。

特集2

広島からウクライナを考える

四條知恵
（広島市立大学）

二〇二二年八月六日、広島の平和記念式典に参加し、広島平和記念資料館を見学したアントニオ・グテーレス国連事務総長は、「広島と長崎の教訓と、七七年前のあの恐ろしい日に命を落とされた方々の記憶は、決して忘れられることはありません」というメッセージを残した。(1) ロシアによるウクライナへの侵攻が続くなかで、プーチン大統領は核兵器の使用を仄めかしている。これに対して、アメリカのバイデン大統領も「このままではキューバ危機以来、初めて核の脅威に直面する」と、アルマゲドンという言葉を使用して、危険が高まっていることを訴えた。(2) このような状況のなかで、広島の内外から「被爆地の教訓」をウクライナ問題に生かすべきという声が上がっている。教訓という言葉を辞書で引くと、「教えさとすこと」とある。私自身はここで教訓という言葉を使用することに違和感を覚えるが、広島、長崎の地で起こった悲惨な被害を発信することで、二度と同様の悲劇を人類が被ることがないようにと教え諭すことが、「広島と長崎の教訓」なのだろう。

核兵器が再び使用されるのではないかという危惧は、広島とウクライナをつなぐ主要な回路の一つとなっている。もし、ウクライナを起点に核戦争が起こるならば、被害は全世界に及ぶだろう。そうなれば、世界中のあらゆる人々と同様に、自分自身も核被害を受ける可能性がある……その象徴として、ヒロシマは機能する。これは、核戦争などによる人類の終末までの残り時間を示す「終末時計」[3]のイメージとも重なる。終末時計は、核兵器が使用される前後の文脈を切り離したうえで、人類が一様に核兵器の被害を被るという抽象的、普遍的な光景をイメージさせる。二〇二三年五月に広島市で開催されるG7サミットでも各国首脳の広島平和記念資料館の視察が検討されているが[4]、原爆被害を伝える拠点として機能してきた広島平和記念資料館も、原爆投下に至る歴史的な文脈よりも、一人ひとりの人間のエピソードに焦点をあてることで、原爆被害の悲惨さ、残酷さに対する来館者の共感を誘うという展示手法をとっている。確かに、「原爆が人間に何をもたらしたのか」という普遍的な視点は、誰しもが原爆被害を自分自身の問題として捉えるための主要な回路の一つであり、その回路に沿ってヒロシマは、核兵器の使用により生じる悲劇を防ぐための羅針盤として、その存在意義を示そうとしてきた。

しかしながら、広島、長崎にいたのは差異のない「人間」であると同時に、戦時下の大日本帝国の社会構造の中に置かれた多様な背景を持つ人々だった。原子爆弾は、爆心地からの距離に応じて一様に物理的な被害を与え、放射線による被害はその後も継続したが、被害を受けた一人ひとりが被爆時あるいは戦後に置かれた社会的な立場によって、それぞれの傷の癒え方は異なっていた。その中で、原爆投下から七七年を経た今も、相対的に語られてこなかった被害がある。例えば、朝鮮半島出身の人々や部落差別を受けてきた人々、被爆前あるいは被爆後に性産業に従事していた人々、被爆前から障害を持っていた人々、そして人間に比べて言及されることの少ない動物や昆虫の被害……。それらが語られてこなかった背景を繙いていくと、今を生きる私たちの社会が抱える問題が見えてくる。

当然のことだが、教訓たるべきとされる広島と長崎の被害にも異なる部分が多くあるように、ウクライナにおける戦争被害にも、どの紛争地域とも異なる、ウクライナ固有の状況がある。そのことを前提に、語られにくい被害があるという視点からウクライナの人たちが置かれた状況を考えてみると、広島、長崎が過去において、また現在もそうであるように、「ウクライナ人」という一つの塊がそこにあるのではなく、そこには、様々な状況に置かれたウクライナに住む人々がいることに気づく。開戦時にウクライナにいた留学生が避難の際に国境で差別的な扱いを受けたというニュースを耳にしたが、ウクライナにいるのは、ウクライナ国籍の人たちだけではないはずだ。その人たちは、戦火の中でどのような扱いを受けているのか。過酷な状況の中で、障害や病気を持つ人たちは、どのように避難し、暮らしてしているのだろうか。セックスワーカーの人々の言葉を、誰か聞き取っているのだろうか。戦争は、動物や昆虫、そして植物を含む環境にどのような影響を与えているのか。あるいは、日本における報道のなかで、ウクライナと他地域の紛争に対する目線が異なっていないだろうか。

かつての広島、長崎がそうであったように、ウクライナ戦争でも、現在進行形で語られる被害と相対的に語られにくい被害が生じている。そして、いつの日か戦争が終結を迎えたとしても、被害を語ることに困難を抱える人々がそこに存在する。戦争を遂行し、その被害を受けるのは、抽象的な「人間」ではなく、現在の社会構造の中に置かれた生身の人間である。原爆被害の歴史に携わってきた者の一人として、七五年間草木も生えないと言われた広島の地から、異なる社会構造の中で生きる人々への想像力を働かせる、そのような形でウクライナに繋がることができれば、と考えている。

注

(1) 国際連合広報センター、二〇二二年八月六日、「広島に残されたグテーレス事務総長からの直筆メッセージをご紹介します」、国際連合広報センターホームページ(二〇二二年九月六日取得、https://www.unic.or.jp/news_press/info/44615/)。

(2) 『中國新聞』二〇二二年一〇月八日(六面)。

(3) 核戦争などによる人類の終末を午前〇時とし、終末までの残り時間を示した時計のデザイン。二〇〇七年からは、気候変動の影響も含めて検討し、米国のBulletin of the Atomic Scientistsが定期的に発表している。二〇二三年一月には、主にウクライナ戦争により危険が高まったことを理由に針が進められ、残り時間は九〇秒とこれまでで最も短くなった。

(4) 『中國新聞』二〇二二年一二月二二日(一面)。

特集2

文化としての「戦争の言説」

山本昭宏（神戸市外国語大学）

先日、あるところで「ウクライナのために私は何ができるのでしょうか？　それを自問して歯がゆい思いをしています。どう思われますか」と問われた。そのときにはうまく答えられず、後悔に似た思いが残った。以下の文章は、そのときの問いかけについての現時点での回答である。

そもそも、日本とウクライナの物理的・精神的距離は遠く、私たちはそれなりに平穏な日常を生きている（冷戦下の「平和」を想起してしまう）。日本に住んでいる人間が、プーチンは擁護不可能だとして、ゼレンスキー政権の方針に賛成したり、反対したりするのは「越権行為」に近いのではないのかという思いを拭い去ることができないし、自分が次のようなことを書くのは恥ずかしいことだという自覚があるが、それでも日本での議論に限定すれば、指摘できることがあるように思う。

さて、ロシアによるウクライナ侵攻をめぐる日本での議論においては、次のような理解が平均的であるように思われる。つまり、国土が「侵略」されたウクライナ（の人びと）が徹底抗戦を決意している以上、いわゆる「西側」の国際社会が支援体制を整えるのは当然だ。この状況で停戦を呼びかけるような議論は、ロシアの蛮行を許すことになる。ウクライナの指導者の方針（たとえば一八歳から六〇歳の男性のみが、原則として出国禁止という方針）を批判するたぐいの議論は、結局のところ「どっちもどっち論」になり、やはりロシアに利するものだ――。

部分的には同意できるところもあるけれども、ウクライナやロシアという国家やその指導者、あるいはその国民全体を主語にして立論するところに、「戦争の言説」の典型例がある。ここで「戦争の言説」と呼ぶのは、国際関係、動員された兵士や死者の具体的な数、配備される兵器の解説、そして破壊の映像や地図を使って説明される被害状況などによって構成された、戦争を語る際の枠組みを指す。さらにその内部で多様に切り結ぶ言葉やイメージの集合をも指している。こうした「戦争の言説」のなかから、先述した国家・国民という巨大な主語が使用されるという特徴や、言外に「結局お前はどちらに立つのか」という踏み絵を迫る特徴が生じる。日本の場合は、必ず「攻められたらどうするのだ⁉」という言葉がついて回るし、「祖国」や「国民の生命と安全」という、どこか決然とした感じだけは伝わる言葉があふれることになる。そうした言葉への警戒感が強いのが、戦後日本の特徴だったが、いまやそうした分厚い警戒は見る影もない。

「戦争の言説」の問題は「戦場において何らかの力」を行使している人間の主体性が、ほとんどと言ってよいほど把握されない（あるいは意図的に無視される）点にある。「何らかの力」と書いたのは、武器を使う物理的・明示的な力もあれば、より消極的な反抗・不服従などの力もあるからだ。主体性が把握されないというのは、たとえば、戦闘に参加するウクライナの人びとのなかにも（ロシアの人びとのなかにも）多様な意見があり、態度にもグラデーションがあるという当然のことが、顧みられないということだ。そうした多様な声が聴こえなくなるという事例については、日本の戦争をめぐる戦後の議論が繰り返し言及してきた。もっとも、そもそもロシアのウクライナ侵攻以前の私たちがそうした声を聴こうとしていたのかという問題は残るけれども――とにかく、気がつけば誰もが、誰に言われたわけでもないのに、自ら進んで「戦争の言説」のなかで発話している。

しかし、考えてみれば、以上のような「戦争の言説」の問題は、なにも戦争を語る際だけに当てはまるのではない。私たちの社会は、普段から「戦争の言説」のなかで生きている。国際関係をめぐる報道や専門家の政論がそうである。国際関係だけではない、国内の政党間の対立や企業間競争をめぐる解説がそうである。要は、個人とその個人が何らかの帰属意識を抱く集合体（国家・政党・企業など）とを直結・同期させる言葉が、文字通り空気のように存在しているように思える。考えてみれば、特定の指導者の名前を挙げて「〇〇の国・党・会社」などと呼ぶことほど、失礼なことはないのだが、私たちは「それはそれ」としてスルーしている。

こうした言説のあり方は、従来は「文化」と呼ばれて理解されてきたものだ。だから、「戦争の言説」を変えることは、文化と呼ばれる人間の営みを変えるということだと言い換えられる。その手がかりは私たちが日常生活における言葉や認識のなかにしかない。

ここで「文化」という言葉を持ち出したのは、ジョン・ダワーの『戦争の文化』（上・下、岩波書店、二〇二一年）を念頭に置いてのことだ。ダワーが言う「戦争の文化」とは何か。それは、戦争の原因・継続・結果に関わる人間の営みを総称する多義的な言葉である。「戦争の文化」の構成要素は、「大国意識」「希望的観測」「異論排除と同調圧力」「宗教的・人種的偏見」「想像力の欠落」などである。これらの精神性が絡まり合って、選択の余地があるところで開戦の決断がなされ、情報は都合よく切り貼りされ、聖なる戦争が吹聴される。戦争に適合するための論理がひねり出されたり、よりマシな悪を選ぶという発想が幅を利かせたりすることも「戦争の文化」の一部なのだとダワーは言う。

このエッセイでは、ダワーの議論をさらに敷衍して、文化としての「戦争の言説」が、戦争遂行中の国家内部に限らないことを示唆してきたのだが、しかしながら、以上のように説明したところで、「ウクライナのために私は何ができるのでしょうか？」と問う人や、「攻められたらどうする⁉」と怒る人にはじゅうぶんには納得してもらえないだろう。「ご高説もっともですが、それでは戦争は終わりませんよ」と論されるかもしれない。そもそも、訊けば答えが返ってくるたぐいの問題ではない。付言するならば「誰かがほんとうの答えを持っている」という考え方もまた、「戦争の言説」の一部である。「ほんとうの答え」によってすべてが決着するのではなく、暫定的な答えをその都度修正していくほかないのではないか。日本を事例に提示した「戦争の言説」という問題把握の方法もまた、これからの議論のためのたたき台である。「戦争の言説」を民主化（！）するために議論を継続したいので、「この頁続く」としてこのエッセイを終えたい。

特集2

ウクライナ侵攻を主権的男性性で読み解く

恥から権力への転換メカニズム

児玉谷レミ（一橋大学大学院）
佐藤文香（一橋大学）

二〇二二年二月二四日、ロシアがウクライナへの軍事侵攻を開始した。二〇二三年四月現在、未だ戦争終結の兆しは見られない。本稿では、このウクライナ侵攻をジェンダーの視点から考察する手掛かりとして「主権的男性性」(1)概念を用いてみたい。フェミニストたちは、軍事力の動員が、女性化された屈辱的な経験を克服しようと、全能で自律的な男らしさに駆りたてられることで果たされることに光をあててきたが、プーチン大統領によるウクライナ侵攻を考えるにあたってもこうした知見が有用であることを示そう。

軍事とジェンダー、主権的男性性

一九九〇年代より興隆していったフェミニスト国際関係論では、主権者としての国家が男性的なものとして想起され、軍事的安全保障が正当化されてきたことが指摘されてきた。こうした信念体系のもと、軍隊の派遣を躊躇したり撤退を決断したりすることは、女々しさの象徴として忌避される。たとえば、リンドン・ジョンソン大統領がベトナム戦争で軍隊を撤退させなかった背景には、「弱虫」として彼の男性的な信頼が失われてしまうことへの恐れがあったと言われている。あるいは、サダム・フセインによる大量破壊兵器の開発について、査察団の報告を退けイラク戦争に突入していったジョージ・ブッシュ大統領。彼の決断には、九・一一後顕在化した、「よりソフト」で女性的な粘り強い交渉よりも、男性的な力の誇示に重きを置くアメリカの政治的文化が影響したという。(2) えてして、「女性的」とみなされることを忌避し、「男性性」を誇示するというかたちで、政治家による軍事的決断はなされてきた。

フェミニスト哲学者のボニー・マンは、九・一一後のアメリカ社会の対テロ戦争言説を分析することで、こうした議論をさらに前に進めている。彼女は、主権的男性性の要とは「恥から権力への転換」(3) であり、これが軍事力の動員に接続していると見る。「恥」とは、しばしば他者からの攻撃によってもたらされるような機能不全や脆弱性をあらわすもので、女性的な身体経験・身体感覚と結びつけられる。それは自己の存在の正当性が揺るがせられるような、屈辱的で忌避すべき状態だ。この脆弱さから自らを切断し、男性的な「全能の身体」を取り戻すべく権力を求めることで、自立性を守るための軍事力の行使が正当化される。(4) マンのこうした議論に依拠して、以下では、プーチン政権のウクライナ侵攻を、読み解いてみよう。

プーチン政権を男性性から読み解く

まず、ロシアの政治空間において、ウラジーミル・プーチンの政治的権力の正当性(あるいは非正当性)が、異性愛的な男性性と密接に関連した形で主張されてきたことを確認しておきたい。ロシア政治を専門とする国際政治学者で政治における男性性やミソジニーを研究しているヴァレリー・スパーリングは、プーチン大統領の政治的権力の正当化戦略においてマチズモ的なイメージは中心的な役割を果たしてきたと述べる。麻酔矢を撃つことでシベリア虎からジャーナリストの一団を守る、F1レースカーで競技場を疾走するなどといった姿を彼はアピールし、政治的に利用してきた。一九九九年終わりにボリス・エリツィン大統領が辞任し、プーチンが大統領代理を務めたところ、彼はただちに政治的PRとして自らの男らしさを示している。それは軍事主義と結びついた男らしさであり、一九九九年一〇月の南部ロシアの軍事基地訪問の際には戦闘機を乗りこなしてみせた。在任期間の年限に達し大統領の職から退いた二〇〇八年から二〇一二年の間も、自らの男性性を維持し続けようとして、当時のドミトリー・メドベージェフ大統領を「女性化」することに、プーチンおよびクレムリン派は心を砕いた。たとえばノヴォシビルスクの母親集会にメドベージェフを向かわせて、自らはモスクワで大規模な記者会見に臨むというように、である。(5)

プーチン大統領の男性性の誇示においては、彼の軍歴や軍事行動への姿勢も重要な役割を果たしている。彼はソビエト連邦軍に徴兵されることはなかったものの、ロシアにおいてはそれよりも優れた経歴とされるソビエト連邦国家保安委員会（KGB）の一員となった。KGBはソ連時代、その残虐さゆえに恐れられつつも、「もっとも実直で、高潔な人々」を惹きつけていたとされる組織であり、そこに所属していたプーチン大統領の軍事化された信頼性は申し分のないものであった。(6) また、彼の軍事行動に対する姿勢が国民からの支持を調達してきたことにも目を配る必要がある。ロシアにおける軍事と男性性の関係を考察したフェミニスト国際関係論の研究者マヤ・アイヒラーによれば、第二次チェチェン紛争開戦時にプーチンが強硬な態度を貫いたことが決断力ある人物としての評価につながり、彼は順調に大統領へと就任することになった。(7)

さらに、こうした男性性を誇示するかたちで主張されるプーチン政権の政治的権力は、同性愛嫌悪を伴い、異性愛中心主義と密接に関わっている。スパーリングはプーチン支持派と反対派の言動を分析し、この点を指摘している。たとえば二〇一〇年のプーチンの誕生日には、モスクワ国立大学の女子学生および卒業生が自ら被写体となって性的なカレンダーを作成し、あたかもプーチンの恋人候補者のようにふるまって祝福したことで、話題を呼んだ。(8) 他方で、反クレムリン派でプーチンの大統領としての資質を批判する者たちは、彼のことを「ホモ野郎」となじることで、国家元首としての正当性に疑義を呈した。(9) これらが示唆しているのは、ロシアにおける政治的な権力者としての正当性が同性愛嫌悪と分かちがたく結びついているということだ。指導者として正当な存在であるためには、プーチンは「同性愛者ではない」すなわち「異性愛者である」ことを顕示する必要に迫られる。

このように、プーチンが自らの政治的権力を正当化するために行う数々のジェンダー化された実践は、主権者としてのロシア国家が、軍事、そして男性性と深く結びついていることを示している。このことを確認した上で、ウクライナ侵攻を主権的男性性の、「恥から権力への転換」のあらわれとして考察してみよう。

「屈辱」を克服し主権を追求するためのウクライナ侵攻

ウクライナ侵攻を主権的男性性という観点から考えるにあたって、まずは、彼の演説で語られる「屈辱」に着目する必要がある。[10]プーチン大統領の侵攻直前の演説には、ロシアがソビエト連邦崩壊以降、アメリカをはじめとする西側諸国からいかに辱めを受け、それがロシアを機能不全としてきたのかが語られている。

たとえば、侵攻を正当化する理由の一つとして、NATOの東方拡大が挙げられているが、それはアメリカに「だまされた」屈辱的な経験とみなされている。「NATOが一インチも東に拡大しないと我が国に約束したこともそうだ。繰り返すが、だまされたのだ」と彼は語る。プーチン大統領はさらに、根源的な屈辱としてソビエト連邦の崩壊に言及する。ソ連の崩壊は、「我々を最後の一滴まで搾り切り、とどめを刺し、完全に壊滅させようとした」経験であった。

そこから議論は、ロシアが主権を取り戻さなければならないという主張に接続していく。曰く、西側諸国がとる「私たちの国益や至極当然な要求に対する、無遠慮かつ軽蔑的な態度」は、ソ連の崩壊により権力と意志が麻痺したことから来ている。アメリカの行いは、「私たちの国益に対してだけでなく、我が国家の存在、主権そのものに対する現実の脅威」であり、「力および戦う意欲こそが独立と主権の基礎」なのだ、と。[11]こうしたプーチンの演説内容からは、ロシアがアメリカをはじめとする西側諸国により「機能不全」にさせられ「脆弱な状態」に置かれており、そうした状況を克服するための正当な行為として、ウクライナ侵攻が位置付けられていることがわかる。

侵攻が開始されると、プーチン大統領はたびたび、国家が主権を有することの重要性を口にした。「主権を持たない国は生き残ることができず、「指導的役割を求める国なら主権を確保する必要がある」のであって、「主権ある決定ができない国は植民地である」と。[12]これらの言動に鑑みれば、今回のウクライナ侵攻は、ソ連の崩壊、およびその後のアメリカによって経験させられてきた数々の「屈辱的な出来事」を克服し、ロシアが主権を取り戻すためのもの――まさに「恥から権力への転換」であったと解釈できよう。

侵攻のさなかに、西側諸国に対する抵抗として性的少数者への弾圧が行われていることも見逃すことができない。ロシアでは性的少数者を「非伝統的な性的関係」として、これにまつわる情報発信を禁ずる法案が作成され、二〇二二年一二月に上院で可決された[13]。この法案は、西側諸国の価値観に対抗しロシアの伝統的な家族観を守るためのものであるとされている[14]。

先に見たように、プーチン政権下のロシアにおいて、政治的な正当性は同性愛嫌悪を伴うものであった。ウクライナ侵攻下でのこの法案の成立は、こうしたプーチンの政治的態度と親和的なものであり、アメリカに対し主権を主張するには、彼らと真っ向から反対の姿勢をとること――すなわち性的マイノリティの排除が必要だという考えがみてとれる。主権者としてのロシアは、このように異性愛的にジェンダー化されているのだ。

以上、本稿では「主権的男性性」概念に依拠し、プーチンのウクライナ侵攻をジェンダーの視点から考察することを試みた。ロシアの政治空間において政治的権力と異性愛的な男性性は密接に結びついており、今回の侵攻が「恥から権力への転換」として正当化されている様子が観察できた。主権国家としてのロシアとその軍事力の動員を支えるメカニズムとしてジェンダーを考える余地は十分にあると言えるのではないだろうか。

注

（1） Mann, B., *Sovereign Masculinity: Gender Lessons from the War on Terror*, Oxford University Press, 2014.

（2） Enloe, C., *Globalization and Militarism: Feminists Make the Link*, Rowman and Littlefield, 2007, 48-50.

（3） Mann, B., op. cit., 41.

（4） Ibid, 85-136.

（5） Sperling, V., *Sex, Politics, and Putin: Political Legitimacy in Russia*, Oxford University Press, 2014, 29-31.

（6） Ibid, 32-33.

（7） Eichler, M., *Militarizing Men: Gender, Conscription, and War in Post-Soviet Russia*, Stanford, Stanford University Press, 2012, 47-48.

（8） Sperling, V., op. cit., 1.

（9） Ibid, 80-114.

（10） プーチンの演説を含めロシアの政治言説を分析するには、本来原語にあたるべきであるが、執筆者の言語能力により適わぬため、日本語に訳されたメディア言説を用いている。

（11） ＮＨＫ、二〇二二年、「【演説全文】ウクライナ侵攻直前プーチン大統領は何を語った？」（二〇二三年四月二七日取得、https://www3.nhk.or.jp/news/html/20220304/k10013513641000.html）。

（12） 日本経済新聞、二〇二二年六月一〇日、「プーチン氏『主権ない国は生き残れぬ』 制裁に対抗姿勢」（二〇二三年四月二七日取得、https://www.nikkei.com/article/DGXZQOCB101720Q2A610C2000000/）。

（13） 朝日新聞、二〇二二年一二月二日、「ロシア上院、法案可決 性的少数者の情報発信禁止」（二〇二三年四月二七日取得、https://digital.asahi.com/articles/DA3S15490885.html）。

（14） 朝日新聞、二〇二二年一二月一日、「性的少数者に関する情報発信ほぼ不可能に ロシア、欧米価値観に対抗」（二〇二三年四月二七日取得、https://www.asahi.com/articles/ASQD15W6QQD1UHBI022.html）。

特集2

戦争へ向かう想像力にいかに抗うか

ウクライナ問題から想起される台湾有事

松田ヒロ子
（神戸学院大学）

想起される台湾

ロシアがウクライナに侵攻してからまもない二〇二二年三月三日、東京都内で「日本からウクライナを想う市民の会」がウクライナ難民の日本への受け入れを訴えて記者会見を開いた。会見に同席した三名のひとりである作家の温又柔氏は、『毎日新聞』のインタビューに応じ、記者会見に出席した動機について語りながら、次のように述べたという。

（台湾の）台北市の自分の知人や親戚が、万が一そういう目にあったらというネガティブな想像が渦巻いてしまうということも正直ありました。プーチン氏の怖さを想像するたびに、習氏が今後どう台湾に出てくるのか、どうしても考えてしまうのです。(1)

想像力とは、実に人間らしく、美しいものである。日本の市民のほとんどはウクライナに行ったことはないだろうし、ウクライナ出身の親戚や知人を持つ人も多くはないはずだ。にもかかわらず、テレビやインターネットを通して悲惨な映像を目にしてウクライナの人びとに思いをはせ、現金や支援物資を寄付した人は少なくないだろう。

だが人間の想像力は、ときに厄介なものだともおもう。この一年間で、ウクライナから台湾を想起する言説を、どれほど私たちは見聞きしてきただろうか。例えば、ロシアの侵攻開始からまもない二〇二二年二月一八日に開かれた自民党の党会合において、佐藤正久外交部会長は「今日のウクライナを明日の台湾にしては絶対いけない」と述べて、ロシアの軍事侵攻に対して強い態度をとることを政府に求めた。(2) このように「今日のウクライナは、明日の台湾」であるとする人びとの論調の大半は、温氏のようにウクライナ市民への支援を呼びかけるものとは異なり、日本政府に対して、強硬な外交姿勢と軍事増強を訴えるものとなっている。

「今日のウクライナは、明日の台湾」か?

ウクライナから台湾を想起する人びとの論調は大きく二つに分けることができる。第一に、ウクライナ問題が東アジアの国際関係を不安定化させ、台湾有事を誘発することを懸念する言説である。たしかに、ロシアのウクライナ侵攻の影響は様々なかたちですでに世界各地に及んでいる。今後も、展開によってはウクライナ問題は東アジアの政治経済に大きな影響を与えるかもしれない。しかしながら忘れてはならないのは、「台湾有事」、すなわち中国が台湾統一のために軍事侵攻する可能性は、数十年前からあったという点である。中国(中華人民共和国)と台湾(中華民国)は、緊張と融和を繰り返しながら七〇年以上にわたって共存してきた。台湾有事のリスクが高まるのは今回が初めてのことではない。台中関係に詳しい専門家の多くは、ウクライナ問題が直接に台湾有事を引き起こすとは考えにくいと予測している。

次に多く見られるのは、ロシアと中国の政治体制の類似性を指摘し、ロシアが隣国(ウクライナ)を侵攻したのだから、中国も同じことをやりかねないとして、東アジアにおける軍事紛争の勃発を予感させる論調である。たしかに、ロシアーウクライナと中国ー台湾は、非対称なパワーバランスや、近接した地理関係など類似点が少なくない。しかしながらウクライナと台湾(そしてロシアと中国)には相違点も多いのである。重大な相違点の一つは、ウクライナがロシアと陸続きで二〇〇〇キロメートル以上国境を接しているのに対して、台湾島と中国大陸は海を隔てて一〇〇キロメートル以上離れている点である。これは武力侵攻の可能性という観点から見た場合、重大な違いである。このように様々な違いがあることから、台湾政治に詳しい専門家の多くは、プーチン大統領が習近平主席を彷彿させる点があるからといって、台湾とウクライナを比較することに対しては否定的な見解を示している。

つまり、台中関係に詳しい専門家の多くは「今日のウクライナは、明日の台湾」になるという言説に対して否定的な見解を示している。にもかかわらず、ウクライナ問題と台湾有事を結びつける〈想像力〉は、比較的安価で入手しやすい一般書や一般向けの雑誌記事、インターネットの時事問題チャンネルなど様々な日本語メディアに溢れている。問題は、その〈想像力〉が中国を仮想敵として日本の軍事力を増強することを正当化する言説を生んでいる点である。すなわち、「ウクライナは明日の台湾」とする言説は、ウクライナ問題を語りながら台湾有事に対する不安を煽り、防衛費の増大や自衛隊の戦力の増強を是認する世論形成に一役買っていると考えられるのである。

無論、軍事力を強化することについては批判も多い。いや、軍事力を強化すること自体というよりは、防衛費のために国民の経済的負担を増やすことに対する不満の声が大きいというべきだろう。二〇二二年一二月に行った毎日新聞の世論調査によると、自衛隊が敵のミサイル基地などを攻撃する「反撃能力」を保有することについては五九％が、日本の防衛費を大幅に増やす政府の方針については四八％が「賛成」と答えている。だが一方で、防衛費を増やす財源として増税することについては六九％が、防衛費を増やす財源として社会保障費などの政策経費を削ることについては七三％が、「反対」と回答している。(3)世論は、日本が軍事力を強化すること自体については肯定的だが、そのための負担をみずからが負うことに対しては否定的なのである。

軍事基地化する南西諸島

ロシアのウクライナ侵攻以降、日本国内では台湾有事を懸念する声が高まっているが、実際のところ防衛省・自衛隊は、数年前から九州・南西地域の防衛体制強化に取り組んでいる。二〇一六年には航空自衛隊が沖縄県那覇を拠点とする航空自衛隊第九航空団を新たに編成したのに加えて、陸上自衛隊が与那国沿岸監視隊を編成した。(4)表一にあるように、これ以降、南西諸島には次々に部隊が新編されている。二〇二三年三月には、陸上自衛隊が地対艦ミサイルなどを配備した駐屯地を石垣島に開設した。防衛省はこうした体制の強化を、「島嶼

表1　南西地域における主要部隊新編状況（2016年以降）
＊防衛省『防衛白書　令和4年度版』249頁をもとに筆者が作成

2016年	☆第9航空団新編	那覇
	◉与那国沿岸監視隊新編	与那国
2017年	☆南西航空方面隊新編	那覇
	☆南西航空警戒管制団新編	那覇
2019年	◉奄美警備隊、地対艦誘導弾部隊及び地対空誘導弾部隊新編	奄美、瀬戸内
	◉宮古警備隊新編	宮古島
2020年	◉第7高射特科群移駐	宮古島
	◉第302地対艦ミサイル中隊新編	宮古島
2022年	☆第53警戒隊の一部を配備	与那国島
	◉電子戦部隊新編	那覇、知念
	◉電子戦部隊新編	奄美

☆＝航空自衛隊、◉＝陸上自衛隊

部に対する攻撃への対応」としているが、主に中国軍による軍事行動に対する備えを想定した体制強化であることは明白である。

二〇二二年一一月には、台湾有事が南西諸島に波及する事態を念頭に、日米共同演習「キーン・ソード」が一〇日間にわたって行われた。キーン・ソードは、一九八五年から行われてきたが、一六回目となる今回は最大規模の演習となった。鹿児島県・徳之島では、南西諸島としては初めて輸送機オスプレイが参加する訓練が行われ、占拠された離島の奪還を想定した訓練が地元住民の前で公開された(5)。

おわりに——戦争へむかう想像力にいかに抗うか

防衛省は「南西諸島で大規模な演習を行うこと自体が抑止力になる(6)」としているが、これほど急速にこの地域に自衛隊の部隊を集中させることが実際に武力紛争の抑止につながるのかについては議論の余地があろう。南西諸島の住民の間では自衛隊の移駐や新編について賛否両論あり、地域社会の分断につながっているケースも報告されている。

南西諸島への自衛隊配備の強化は、ロシアのウクライナ侵攻以前から着々と進められてきた。そして、「今日のウクライナは、明日の台湾」であるとして、台湾有事への不安を煽る言説はいま、この地域における軍事化を追認し、その流れを加速化しようとしている。だがいうまでもなく、それによって最も重大な影響を受けるのは、「納税者一般」ではなく、南西諸島で生活する住民とそれを取り巻く自然環境である。私たちにいま必要とされているのは、武力紛争に対する漠然とした不安と根拠のない隣国に対する不信感に抗い、自衛隊の戦力の増強によってもっとも影響を受ける人びとや自然環境に対する想像力を働かせることではないだろうか。

注

（1）『毎日新聞』二〇二二年四月四日（東京・夕刊）。
（2）『毎日新聞』二〇二二年二月一九日（東京・朝刊）。
（3）『毎日新聞』二〇二二年一二月一九日（東京・朝刊）。
（4）防衛省『令和四年版　防衛白書』防衛省、二〇二二年、二四八〜二五〇頁。
（5）『読売新聞』二〇二二年一一月二〇日（東京・朝刊）。
（6）同右。

特集2

祖国派宣言

捨て石をつくらない専守防衛のために

井上義和
（帝京大学）

戦後日本の「理想」の戦い方？

ロシアの侵略に対するウクライナの自衛のための戦いは、戦後日本が、ある意味「理想」としてきた戦い方である。「理想」の戦い方とは、先の大戦への痛切な反省と周辺諸国への配慮などを背景に、戦後日本が国是としてきた、専守防衛のことだ。

すなわち「相手から武力攻撃を受けたときにはじめて防衛力を行使し、その態様も自衛のための必要最小限にとどめ、また、保持する防衛力も自衛のための必要最小限のものに限るなど、憲法の精神に則った受動的な防衛戦略の姿勢」（防衛白書、傍点引用者）である。

この受動的かつ必要最小限の防衛力を、国民世論は確かに支持してきた。とはいえ、専守防衛は戦いを終わらせるための決定力を持たない。自国内で敵の侵攻を食い止めて時間を稼いでいれば、そのうち国際社会が何とかしてくれる（はず）――という考え方である。それが何を意味するのか、今回のウクライナの戦いは痛いほど教えてくれる。

戦後日本の「理想」とはかくも過酷なものだったのか、はたしてこの「理想」に殉ずる覚悟が今の私たちにあるのか。多くのことを考えさせられる。

誤解なきよう予め断っておくと、この小論は、憲法改正や軍備増強などを訴える立場をとらない。そうではなく、憲法の精神に則り少数者を守る立場から、その「理想」を貫くために必要な覚悟と克服すべき課題について考える。

そのさきにたどり着くのは、「祖国」という右派好みに見える言葉である。けれどもこの言葉には、左右の立場を超えた対話と連帯の可能性がある。だから自分たちの言葉として使えるようにリハビリしよう。そういう宣言である。

力と思惑の均衡がもたらす専守防衛

ウクライナが専守防衛に徹しているように見えるのは、それが彼らの「理想」の戦い方だから、ではない。

自衛の枠から逸脱すれば、国際社会や国内世論の支持を調達することが困難になるからである。ロシアが自らの行動を特別軍事作戦だと強弁しつつ、戦力を逐次投入するのも同様だ。西側諸国が経済制裁と武器供与以上の手出しができないのは、核大国を相手とした第三次世界大戦への発展をおそれるからである。第三国の仲介もうまくいかない。痛み分けの余地のない、一方的な侵略だからである。こうした現実的な力と思惑のせめぎあいに「理想」が入る余地はない。

その結果、ウクライナの自衛の戦いは自国内を焦土にしながら泥沼化している。代わりに戦ってくれる国はいない。相手が諦めるまで徹底抗戦するか、相手の要求を容れて降伏するか。市民参加の総力戦で戦うならば、必然的に犠牲者も多くならざるをえない。

専守防衛はたんなる「理想」ではなく、過酷な現実でもある。そのことをウクライナの戦いは教えてくれる。日本にとって「何とかしてくれる（はず）」の同盟国や国際社会は、側面からの支援はしてくれても、日本の代わりに正面から戦ってくれるわけではないのだ。その側面支援でさえ、日本の自衛のための戦いの本気度に左右される。

自国を戦場にする本土決戦

専守防衛とは本土決戦の別名に他ならない。

というと、先の大戦末期の「幻の決号作戦」が想起される。国体護持のため陸軍は最後まで徹底抗戦を強く主張したが、連合国軍の本土上陸前に日本政府がポツダム宣言を受諾したため発動されなかった。

もちろん、戦後日本の「理想」を体現する専守防衛派が、戦争末期の本土決戦派の生まれ変わりであるはずがない。とはいえ、後で述べるように、結果として、よく似たところに回帰していくことを私は恐れる。

ロシアの戦車部隊が市街地を蹂躙していく映像は、北朝鮮の弾道ミサイル発射実験と並んで、わかりやすい脅威であり、世論も敏感に反応する。案の定、不動の国是だった専守防衛に動揺が走っている。自国内を戦場にしたくなければ、そして戦争の早期終結のためには、国境を超えて相手の軍事施設などを攻撃できるようにしておく必要がある、と。

けれども、こうした装備や戦略について立ち入った議論をすることへの国民世論の忌避感は、いまだ根強い。二〇二二年四月に自民党の提言で「敵基地攻撃能力」を「反撃能力」へと名称変更することが注目されたが、専守防衛という「理想」に抵触しないかどうかという解釈ばかりが問題にされた。一二月、岸田首相がこれまでの防衛政策を大きく転換する方針を打ち出したときも、防衛費の増額とその財源をめぐって慎重論が噴出した。大手メディアの決まり文句は「説明や議論が不十分」である。

他国からの侵略に対してどのように国を守るのか――という問いを、誰も自分事として引き受けようとしない。日本の防衛政策は、外敵と「理想」の二正面作戦を強いられているのが実情だ。

無血占領された島を奪回できるか

専守防衛は認めるけれども、侵略にどう対峙するかは（自分事としては）考えたくない。自国内でも、自分や身内の生活圏から遠ざかるほど、そして日常の生活実感から離れるほど、関心が薄くなる。戦車やミサイルによる都市の破壊への恐怖に比べて、離島の不法占拠からの時間をかけた実効支配となるとピンと来ない。

国民世論の大勢を占めるのが、こうした戦わない（似非）専守防衛派だとすれば、「理想」を護持するために、（多数者の）平和を守るための捨て石として、（少数者である）一部地域住民に犠牲を押しつける――というのはありそうなシナリオである。先ほど、専守防衛派は、戦争末期の本土決戦派とよく似たところに回帰していくのではないかと述べた理由はここにある。

例えば日本には一万四〇〇〇を超える離島があり、領海および排他的経済水域の基点をなしている。九割以上が無人島だ。「無人島の一つや二つなら構わない」と思われるだろうか。この思考は容易に「有人島でも影響が少数者にとどまるなら構わない」にスライドする。しかも「人道的」な避難をさせながらの軍事占領だとしたらどうか。

こうした無血占領の場合、自衛隊は奪回のための組織的な行動がとれるだろうか。いや、より本質的には、最高指揮官たる内閣総理大臣が防衛出動（武力行使）の命令を出せるのか。島嶼防衛のための装備や作戦など準備万端整えても、総理大臣の命令がなければ自衛隊は動けない。命令を出すとしても、制海権・制空権の確保や十分な火力支援のために、必要な戦力を惜しまず投入できるだろうか。「自衛のための必要最小限」の縛りが、結果として前線の将兵の梯子を外すことにならないかと私は恐れる。

その点も含め、我が国の総理大臣は世論におもねるのではなく、戦時指導者として世論を説き伏せる覚悟があるのかが問われるだろう。

多数者を守るために少数者を捨て石にするか

改めて問う。住民の安全が確保されている場合でも、自衛官の命を危険にさらしてまでも、離島を奪回するために出動命令を出せるのか。それとも「極めて遺憾、到底容認できない」のコメントとともに、武力によらない外交ルートでの解決を模索するのか。

後者は、武力衝突を回避し、あるいは戦争を早期終結させるのと引き換えに、実質的には領土の一部を差し出すことを意味する。

このとき被占領地域の住民の生活と生業は、本土＝多数者の平和のための捨て石にされる。かつて決戦準備の時間を稼ぐために、多くの島が盾にされ、国体護持の捨て石にされたように。戦わない専守防衛派が、本土決戦派に限りなく近いところにいるのではないかと危惧する所以だ。

国民世論は、それを現実的で賢明な譲歩だとして歓迎するかもしれない。さらに、原発事故や激甚災害のときと同じように、故郷を追われた住民たちに十分な補償をせよと（相手国ではなく）日本政府に要求するだろう。

日本には自国なのに国家主権の及ばない「穴」がいくつも開いている。北方領土や竹島や尖閣諸島の問題だけではない。在日米軍基地を抱える沖縄の問題もそうだ。これらは複雑な矛盾と繊細な均衡のうえにつくられてきた歴史的現実なので、一挙に解決することは難しい。けれども、自国の主権に対する侵害や制限に痛みを覚えない者や、捨て石をつくって安住する者に、はたして少数者の人権を守ることができるだろうか（逆も然り）。

主権と人権は、右派と左派の専売特許ではない。どちらも、多数者の平和のために少数者を捨て石にしないための法概念である。これらが抽象的な観念ではなく血の通った原理になるために、欠かせないものが「祖国の物語」である。

祖国の物語のリハビリテーション

自衛のための過酷な総力戦を戦い抜くには、国民全体が共有する物語が必要である。妻子を逃がして自分は残る。国外からわざわざ帰国して銃を取る。ウクライナで人びとの心をつないでいるのは「祖国」という言葉である。

それにひきかえ、国を守ろうと立ち上がる人びとの映像に、どう向き合ったらよいか戸惑ってしまうのが私たちだ。彼らの祖国という合言葉はあまりにも重い。その重さを受け止めきれないのは、私たちが祖国という言葉の使い方を忘れているからである。

祖国は、国家や政府とイコールではない。先人が大切に育んできたものを受け継ぎ、豊かにして次の代に託す。それを守るために戦った死者の記憶とともに。こうした「命のタスキ」の想像力が、祖国の物語を支えている。

先に述べた主権という観念に、血が通い、痛覚が生まれるのも、この祖国の物語によってである。

祖国の物語には、人びとを惹きつけ突き動かす力があるからこそ、取り扱いには注意が必要である。敵の侵略に立ち向かう心の拠り所は、同時に、戦意高揚の効率的な燃料にもなる。先の大戦で痛い目にあった私たちが警戒するのも無理はない。

けれども、警戒しすぎて手入れや習熟を怠れば、有事に無力なだけでなく、本来あるべき、社会を良くして未来につなごうという世代間の信頼も萎えてしまう。私が祖国という言葉に、左右の立場を超えた対話と連帯の可能性をみるのは、この意味においてである。

戦後日本は、こうした想像力を小説や映画、漫画やアニメなどのエンタメの世界に封印して、公的な言論空間では抑圧してきた。祖国の物語を現実の世界で扱うＴＰＯ（時と所と場合）がわからないのはこのためである。

過去から何を託され、未来に何を託すのか。そのために私たちに何ができるのかを考えてみよう。

どんな問題にも、多様な考え方はあっていい。けれども、感情や意見や立場を超えた、儀礼的な態度が必要な場面というものがあるはずだ。結婚や出産には祝福を、死者には哀悼の意を表するように、祖国のために戦う人には敬意を表する。まずはここからリハビリしていこうではないか。戦後日本が「理想」としてきた戦い方を、少数者を捨て石にすることなく、全うするためにこそ。

付記

この小論は以下の拙稿が元になっている。

「守るべき「祖国」薄れる日本」『毎日新聞』二〇二二年四月一五日。

「祖国を忘れた戦後日本」『時事評論石川』八一八号、二〇二二年六月二〇日。

「「祖国」を守る想像力必要」『読売新聞』二〇二三年二月五日。

「主権を守る「祖国の物語」」『産経新聞』二〇二三年四月五日。

特集2

戦争・平和・軍事に関する態度についての社会意識調査の必要性

野上 元
（早稲田大学）

ロシアのウクライナへの侵攻を機に、「戦争と社会」についての探究を進める戦争社会学研究が問いかけられた課題の一つに、「戦争に際した日本社会の意識の変化を把握すること」がある。これまで言説・言論分析や表象分析によって、「アジア・太平洋戦争」の集合的記憶やその通時的変遷の探究に向けられてきたその蓄積を、現代の戦争・軍事をめぐる社会意識の検討に生かせるのではないかということである。言説・言論分析や表象分析だけでなく、計量的な社会意識調査を広く行い、同時に、インタビュー調査をはじめとしたさまざまな質的社会調査を施すことが可能なはずである。

だが、なぜそのような研究が必要なのか。つまり、どのような問題意識によって意識調査を行うのかが重要である。

日本社会における戦争に対する想像力において、これまでの戦争と違ってウクライナ侵攻が特徴的なのは、「攻め込まれた側」の視点を強く感じさせるという点だ。かつて「殺される側の論理」（本多勝一）という言葉が伝えようとしていた通り、戦後日本社会が戦争を見るにあたっては、例えば日本軍に攻め込まれた中国の人々の側、アメリカ軍に介入されたベトナムの人々の側に視点を置くことも可能だったはずだが、いつしかそれは薄れている。少々露悪的に例えて言えば、その後の戦争において日本社会はいつも「暴走するアメリカを諫める立場」にわが身を置こうとしてきたのではないか。反戦平和をめぐる良心を、それで満足させていた部分はないだろうか。(さらに書いてしまうと、本土決戦を「狂気」と断ずる観点は強くあり、それはそれで当然のことなのかもしれないが、同時に考えてしまうのは、中国やベトナムの人たちと同じように、膨大な犠牲を出しつつ侵略者であるナチス・ドイツと戦ったソ連の人々のこと、そのソ連と戦ったフィンランドの人々、ソ連やアメリカに攻め込まれたアフガニスタンの人々のことである。その抵抗も「狂気」なのだろうか。分からなくなる。)

それに対し、ウクライナ侵攻に対して日本の社会は、珍しく(?)「攻め込まれた側」の視点を持ったように見える。その初期には、日常生活が無残に破壊される様子や成人男子の出国禁止、徴兵された父や夫と離れての国外脱出などがウクライナ側から盛んに報じられた。もちろん、どのような意味で、そして本当に人々がそうした視点を持ったのかについてはよく考えなければならないだろう。

すでに別のところに書いた通り[1]、「攻め込まれた戦争」には従来の反戦平和主義の前提や、それに基づく立場の取り方が通用しないのではないか。というのも、これまでの平和主義においては、「こちらが戦争をしかけない」「攻め込まない」ということにしていれば戦争は起こらないとしていたからだ。それこそが、アジア・太平洋戦争の伝える最大で最良の教訓だった。そして一九九〇年代や二〇〇〇年代に起こった戦争についても、その精神に基づき、我が国の関与の度合いをどのように設定するか/歯止めをかけるかを(最終的にそれが望ましいものになったかは別にして)あらかじめ話し合うことができた。自分たちには、この戦争の正邪を見極め、その判断ののちに戦争に参入をするかを決めることができる、と。

歴史をみれば、戦争との関わりは、いつもこうした条件にあるわけではない。助けとなるかもしれないのは、「当事者性」という概念である。社会学で重要視されているこの言葉は、関与の度合いを自らコントロールできないような状況に縛り付けられた人々を捉えるために必要とされる。主体性の全面的な剥奪を経験しながら、そのなかでせめて可能な選択を模索し、自らと周囲の力で納得や回復、抵抗あるいは折り合いを創り出してゆく過程を描き出すために、この言葉が必要とされる。受苦的経験や障害、社会的排除や差別などの問題を扱う際に、特によく使われる概念である。

その用法とはかなり異なるかもしれないが、今回の事態で問われているのは、たんなる人々の反戦平和をめぐる意識ではなく、戦争に対する人々の当事者性のありようなのではないか。こうした種類の戦争に対し、社会意識は大いに困惑し動揺しているのであれば、「戦争と社会」研究の重要なテーマの一つとして、それを探る必要がある。つまり、ナショナリズムや反戦平和意識における個人の存在と社会・国家の関連づけなどについて、特にその（否定にせよ肯定にせよ）強度や深度を測る必要があるということだろう。

では、それはどのように進められるべきか。

現在のところ、社会意識の調査においては二つの焦点があるように思われる。

一つには、階層を含む様々な属性を超えて漠然と広がっている「困惑」についてである。これまた別のところで指摘した通り、国際比較において日本の人々は「戦争が起こった時に、国のために戦うか」という問いに「はい」と答えることが少ない。「いいえ」も多いが、「はい」の少なさほど際立っていない一方で、特徴的なのは、「わからない」の多さだ。これはウクライナ侵攻以前から明らかになっている日本の社会意識の特徴である。

これに基づき、自分でも二〇二二年二月下旬のウクライナ侵攻を挟んでインターネット調査（二月と三月の二回）を行ってみた。ウクライナ侵攻に際し、侵攻前から持つ「はい／いいえ／わからない」の態度がそれぞれ維持された場合も当然あったが、これらのあいだでの遷移もあった。「わからない」から「いいえ」への遷移が一番顕著だったが、もちろんその他、遷移には様々なパターンがある。より詳細な分析を施し、さらなる反復調査によって遷移を追跡することで、その意味を探る必要があるだろう。(2)

上記の論文の概要やそれに基づく問いかけを新聞記事・インターネット記事にしてもらった。(3) これに対するSNSの反応を見ていたが、そこでは「結局、戦うかどうかはもう少し具体的にどういう状況になっているかを示してくれないと答えようがない」（大意）という意見が多かった。確かにそうかもしれない。だが、先に挙げた国際調査でなされる質問は、各国で同一のものである。それでこの結果が出ているのだ。逆に言えば、「具体的に状況を示してくれないとわからない」というのであれば、他国に比較し日本では、人々自身の認識において戦争をめぐる問いの状況が具体的でない、ということなのかもしれない。では、人々における「状況の想定」にウクライナ侵攻はどのような影響を与えたのか／与えていないのかを広く調べることが切り口になるだろう。

広さだけでなく深さも必要である。つまり、そうした社会意識を広く調べる一方で、一定の深さや強度、構造を持った意識や認識、思考も探る必要があるだろう。もちろんウクライナ侵攻を機にした知識人たちの論考を言説分析・言論分析してもよいはずだ。それは論点整理になるはずだろう。

そのもう一つの焦点は、軍事や戦争に少なからぬ関心を払うグループ「高関心層」である。私はこちらもターゲットとしたい。彼らは市民的討議を進めるうえでも、周囲に影響を与える、言論の重要な結節点であることが予想される。その析出の方法やその重要性の指摘は吉田純編『現代日本のミリタリー・カルチャー』(4)に詳しい。こうした人々の思考をさらに深堀する作業が求められているのではないか。

戦争社会学にとって、究極の社会現象としての戦争それ自体の探究と、そうした戦争に対する認識や記憶の探究とは、手を携えてゆくべき両輪だ。過去の戦争だけでなく、現代の戦争にも目を向けることが重要であるのならば、同時に、(事態のただ中にあるというのであればいっそう追いにくいものでありながらも)同時代の戦争に対する人々の認識や思考を捉えることが求められている。私たちは、後世の人からすれば手の届かない「戦時中」にいるのだ。その責務を果たしたいとも願う。

注

(1) 野上元「戦争研究の新しい規準」『学術の動向』二七巻一二号、二〇二二年。

(2) 野上元「わからない(DK)という無責任、それとも希望?」『思想』一一一七号、二〇二二年。

(3) 野上元「国のために戦うか「わからない」日本人 誠実か無責任か」(聞き手:鈴木英生)『毎日新聞』(オンライン)二〇二二年八月二六日、(最終アクセス:二〇二三年二月七日、https://mainichi.jp/articles/20220824/k00/00m/040/128000c)。

(4) 吉田純編/ミリタリー・カルチャー研究会『現代日本のミリタリー・カルチャー』青弓社、二〇二〇年。

※本研究はJSPS科研費JP23H00887の助成を受けたものです。

特集2

今、戦争社会学が「パブリック」に開かれるとき

柳原伸洋（東京女子大学）

──ウクライナ問題は戦争社会学に何を問いかけるのか。これが本特集のテーマだ。この問いに取り組む前に確認しておきたいのは、現在進行形の事態に対し、学問は「常に遅れる」性質をもつということ。これはやむをえないし、無理矢理にキャッチアップせずともよいだろう。とはいえ、二〇二二年二月二四日のロシアによるウクライナ侵攻は日本社会でも多くの耳目を集め、今でも大きな関心が寄せられている。これは、「戦争」を考える本研究会に少なからぬ影響を及ぼしていることもまた確かである。ここで生じてきたことは、研究と公共（パブリック）との間の緊張である。この観点から、戦争社会学研究（戦争研究）とパブリックとの関係について、二〇二二年の状況を概観し、二三年の展望のようなものを記してみたい。

一、二〇二二年、戦争社会学が現代社会に訴えかけたもの

戦争社会学研究とパブリックとの関係について考える前に、二〇二二年に「戦争社会学」は現代社会にどのように応じていたのか、それを紹介したい。ここでは、戦争社会学研究会に馴染み深い研究者のメディア発言を紐解いてみよう。まずは検索ワードを、「戦争」「社会学」「ウクライナ」として検

索した。しかし、それでは記事にヒットせず、最終的には「研究者の個人名」と「ウクライナ」で検索せざるをえなかった。なお、本会の会員全員のメディア発言の調査はしておらず網羅的な引用ではない。この点は注意されたい。

また、概して言えることは、テレビ・新聞などのメディアやインターネットで、ロシア・ウクライナについて「戦争」研究者が多く発言はしたが、メディア側の時間的な「埋め草」だった印象は拭えない。今までもそうだったというご意見もあるだろうが、ロシア・ウクライナについて時間をかけた議論を展開していた日本メディアは、そう多くはない。ただし、新聞にかぎれば特集を組むことで継続性を保とうと努めていた。以下の引用記事も、その特集記事内のものが多い。

では、「戦争社会学」に携わる人びとは、二〇二二年に「戦争」をテーマとした記事——それらは不可避にウクライナ戦争に触れる傾向がある——のなかで、どのようにパブリックに向けて語りかけたのだろうか。

当然と言うべきか、八月の戦争報道では「ウクライナ」に触れられることが多かった。その中からいくつかの発言を見ていこう。朝日新聞デジタルの連載記事「揺らぐ平和のかたち」の第三回において、福間良明は「侵攻の現実と突然の逆風　「平和が大切」だけで終わらせないために」という記事内でコメントし、それを記者が次のようにまとめている。

「戦争には普通の人が平然と暴力を振るったり、誰かを見捨てたりする複雑な病理がある。体験者はそれらを書いたり語ったりしてきたが、社会は掘り下げて考察することを避けてきたのではないか」と話す。だから、ウクライナ侵攻で戦争に対する不安が実際に高まると「戦場への想像力が働かずに軍事力に頼ろうとして、非戦を願う言葉が一層受け止めにくくなる」とみる。(1)

ここで福間は、「戦争体験」の掘り下げの浅さを指摘する。これは、戦争社会学のみならず日本の戦争記憶の変遷や「平和」をめぐる歴史研究で数多く指摘されている点である。研究者のレベルでは知られていることを、一般向けに語ったパブリックな実践だと捉えられるだろう。

次に、山本昭宏が『毎日新聞』に寄稿した「「正義か悪か」の二者択一でない現実　戦争文学が描く人の営み」では、戦争文学は、「「そこで人間はどのように生きたのか」という具体的なレベルへと読者を連れて行く」と述べ、「戦争」と社会とを接続する試みを行った。[2] これもまた、研究者が自身の研究を援用し、戦争文学を戦争への想像力に接続させようとした試みの一つである。

戦争社会学研究会でも昨今、盛んに取り組まれている「兵士」や「戦うこと」に焦点を当てたコメントも散見された。ここでは、「市民が戦う」ことの意味について、議論を喚起しようという意図の下での発言が見られた。野上元は、『毎日新聞』の「論点　戦争と平和　あなたは戦えますか」内で「『市民が戦う』議論の場を」と題した記事内でインタビューに答えている。[3]「戦争が起きた場合、国のためにすすんで戦うか？」という質問内容に対して、「わからない」と答える率が日本において高いことを指摘し、「日本は『市民が戦う』ことについて民主的な議論の経験が乏しい」と答えている。これは、野上が『思想』の二〇二二年五月号に掲載した論文「わからない（DK）という無責任、それとも希望？」[4]を一般向けに敷衍して語っているものである。

これまで触れてきた八月の戦争報道に先立って、二〇二二年四月には「兵士」や「戦うこと」に着目して、井上義和が『毎日新聞』の「論点　現代の戦争と平和」内の「守るべき『祖国』薄れる日本」で発言をしている。ウクライナでの抗戦を駆動させている「祖国」という言葉に着目し、その「復権」について触れる。これもまた、戦争に関する研究に従事するからこその論点の提示であり、ここからパブリックな議論の拡がりが望まれるし、同時に研究上でも検討されるべきテーマであろう。

このような専門家の指摘は、日本の新聞紙としては「まとめやすい」提言として採用される。しかし、ここから一歩踏み込むためには、研究の潮流（先行研究）や考える素材（資料）を提供しつつ、公衆における思考を促す必要がある。そこまでには至っていないのが実情であろう。日本のメディア特性でもあり、徐々に変化してほしい気はするが、一旦「やむを得ない」と受け止めつつ、私たち研究者は戦争研究を「パブリック」にどのように伝えていけるのだろうか。

二、パブリックに開くために

これまで二〇二二年の「ウクライナ戦争」発言についてまとめてみたが、次に戦争社会学をパブリックに開くための提言のようなものを述べて本稿を閉じようと思う。これも八月の戦争関連記事のひとつだが、石原俊が『朝日新聞』のインタビュー記事「戦争への感度、鈍っていた日本　歴史めぐる論文集5巻が完結、編集委員・石原俊さんに聞く」において、ウクライナ戦争について言及している。[5]

> 総力戦、冷戦の時代から「新しい戦争」へ、という一直線の流れではとらえにくい戦争が起きている。民間軍事組織や民兵、情報戦など「新しい戦争」の側面も見られる一方で、男性の総動員や数百万人規模で発生しているウクライナ国内外への難民・避難民などは第二次大戦を想起させる。現代の戦争であると同時に、あらゆる戦争の形式が渦を巻くように一気に表出した「近代戦史の博物館」だと言える。

まさに「この一直線の流れではとらえにくい戦争」としてのウクライナ戦争に対し、先に紹介した研究者たちも日本の状況を踏まえつつ応えようとしていたといえよう。この点について、戦争社会学研究会でも討議を重ね、さらにパブリックに語りかけていく必要がある。このような問題意識から、二〇二二年度の第二回・戦争社会学研究会例会（一二月開催）では、「ウクライナ戦争」も含めて、若手の研究者との談話会「現代的課題と戦争社会学研究——ウクライナ・基地問題など」が開催された。[6]ここでは、各自がウクライナ戦争をどのように考えているかが直の声で語られた。これらは記事となり公に向けて発信されるものではないが、この蓄積が、今後の戦争社会学研究とパブリックとの関係の礎となる。そう、確信している。

また、筆者は、二〇二二年三月以降、高校生・大学生向けのレクチャーを一〇回以上行ってきた。具体的には、「戦争」の特性とそれを理解するための素材を、高校生・大学生に提示し、彼女ら・彼ら自身が戦争についての考えるヒントを提供するために講義を重ねてきた。なお、歴史学では「パブリック・ヒストリー」という試みが重ねられている。[7]加えて、歴史博物館や「日本史・世界史」などの教科も存在している。対して、戦争社会学研究においてはこのような既存の施設・制度が存在するわけではない。よって、本研究会においても、研究者サークル内だけに留まらないレクチャーや研究会を、高校生・大学生、そしてメディア関係者も巻き込んで展開していく必要があるのではないだろうか。

注

（1）小川崇、渡辺洋介「連載「ゆらぐ平和のかたち」第三回 侵攻の現実と突然の逆風　「平和が大切」だけで終わらせないために」『朝日新聞デジタル』二〇二二年八月一四日、（最終アクセス：二〇二二年一二月三一日、https://digital.asahi.com/articles/ASQ8F5175Q82UTIL010.html）。

（2）山本昭宏「連載「戦うって何」「正義か悪か」の二者択一でない現実　戦争文学が描く人の営み」『毎日新聞サイト』二〇二二年八月一九日、（最終アクセス：二〇二二年一二月三一日、https://mainichi.jp/articles/20220818/k00/00m/040/152000c）。

（3）鈴木英生（聞き手）「論点　戦争と平和　あなたは戦えますか」『毎日新聞サイト　特集：ウクライナ侵攻』二〇二二年八月二四日、（最終アクセス：二〇二二年一二月三一日、https://mainichi.jp/articles/20220824/ddm/004/070/015000c）。

（4）野上元「わからない（DK）という無責任、それとも希望？」『思想』一一七七号（二〇二二年五月号）、五――一六頁。

（5）大内悟史「戦争への感度、鈍っていた日本　歴史めぐる論文集5巻が完結、編集委員・石原俊さんに聞く」『読書好日』二〇二二年八月六日（元記事は『朝日新聞』二〇二二年八月三日掲載、最終アクセス：二〇二三年一月五日、https://book.asahi.com/article/14687242）。

（6）戦争社会学研究会第二回例会「現代的課題と戦争社会学研究――ウクライナ・基地問題など」（最終アクセス：二〇二三年一月五日、https://scholars-net.com/ssw/archives/1144）。

（7）菅豊・北條勝貴編『パブリック・ヒストリー入門――開かれた歴史学への挑戦』勉誠出版、二〇一九年。

特集3

『シリーズ 戦争と社会』から考える

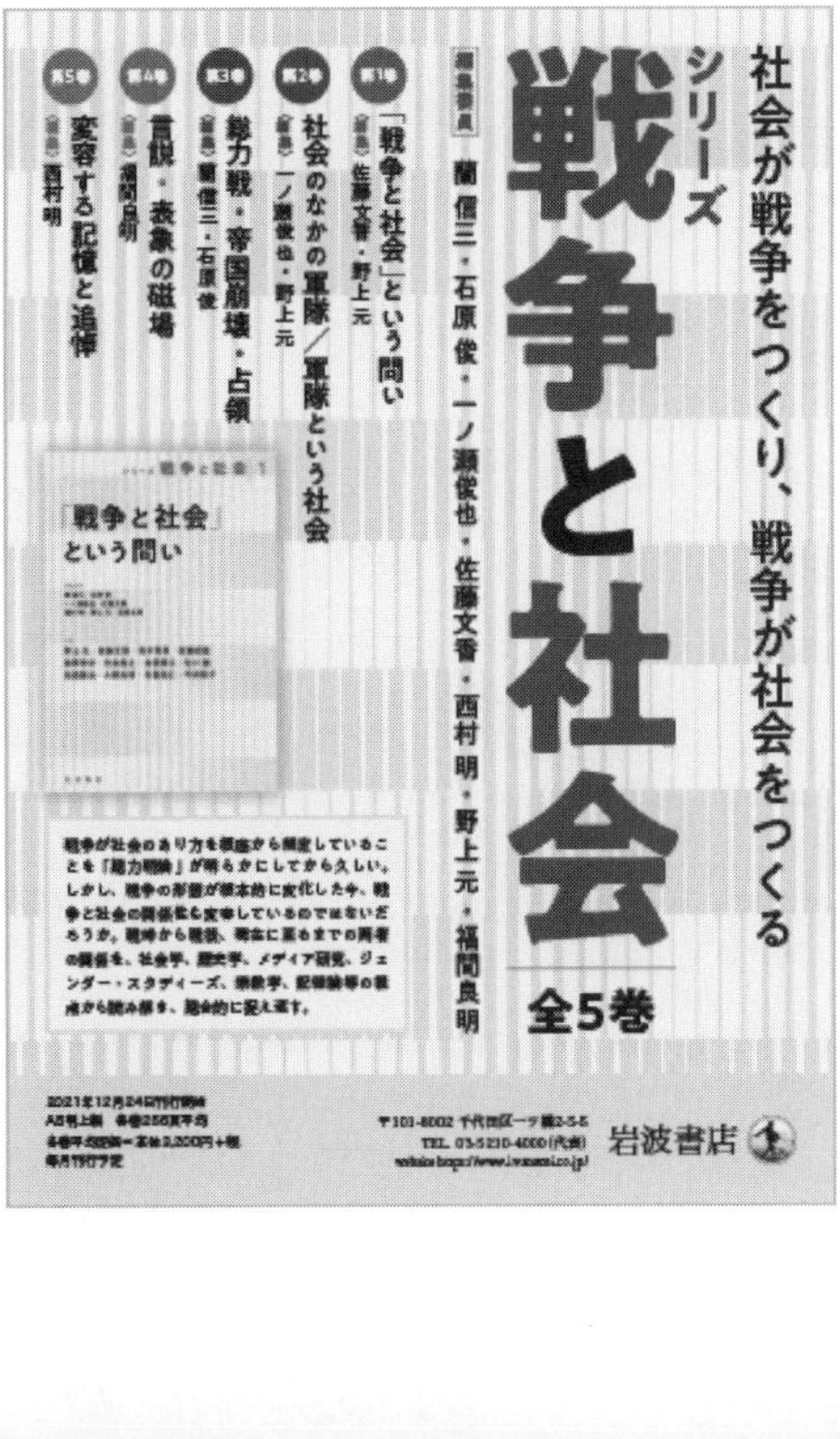

〈特集3〉では、二〇二二年四月に全5巻が完結した『シリーズ 戦争と社会』（岩波書店）について、歴史学・社会学の視点から批評しつつ、今後の戦争研究の可能性や課題を展望する。

『シリーズ 戦争と社会』を振り返って

企画者の一人として

野上 元（早稲田大学）

企画の経緯

メールボックスを探してみると、この企画に関する最初のメールは、蘭信三さんからのものだった。日付は、二〇一五年一二月二六日で、このとき私は在外研究でアメリカにいた。内容は、「戦争研究のフロンティア」のような三冊程度のシリーズを岩波書店の編集者に掛け合ってみないかという主旨で、さらに、じつは二四日に福間良明さんらと話し合いを持った、帰国後にこの話し合いに加わって欲しい、ということも書いてあった。そのころ蘭さんが『岩波講座 日本歴史第21巻 資料論』所収の「オーラルヒストリーの展開と課題」（二〇一五年）や、その後に共編で作られた『戦争と性暴力の比較史へ向けて』（二〇一八年）の仕事で岩波と連絡が密だったことを知っていたから、その実現可能性はかなり高そうに思われた。またその経緯には、岡田林太郎さん（現・みずき書林社長）の力もあって実現した『戦争社会学の構想』（勉誠出版、二〇一三年）のインパクトがあったらしい。蘭さんの牽引力によって、私たちは動き始めた。

フォルダを探すと、二〇一六年三月末の会合に臨み、私も三冊からなる企画書案を作っていた。「総力戦」「戦争の記憶」「現在・未来の戦争」の三本柱をテーマとした三巻構成で、日本の戦争研究を拘束してきた「総力戦」の理論的枠み（戦争のとらえ方）を、記憶に着目することや歴史的・比較社会論的な相対化を踏まえることで、現在と未来の戦争を考えるための枠組みに組みなおす、というものだ。これは最終的にかたちになったものにも生かされたアイディアだと思う。

ただ一方で、この企画書における私は、記憶研究の〈現在〉への問いかけの厚みに気づいていなかった。かたちとしての盛衰を超え現在に至る「帝国」の政治性を見据えた記憶研究（↓第3巻）や私たちにつきまとう慰霊・追悼の戦後史・現代史をめぐる記憶研究（↓第5巻）、体験・記憶と不可分な「戦後」をめぐる言論史や表象史への注目（↓第4巻）を私の企画書は十分には含めていなかった。不勉強を恥じるほかない。何回か繰り返された会合のなかで私の案は却下されたのだが、私の企画書は、これはこれで完結しているようだから、いつか単著にしたらいいのでは、とどなたかに言われたような記憶がある。

佐藤文香さんに編者に加わってもらうようにお願いするということも、会合を繰り返すなかで決まった。蘭さんと私とで一橋大の佐藤研究室にお願いに伺った。二人して、佐藤さんの存在が「絶対に」必要であることを一生懸命に説明した。ただ、非常に不遜な話なのだが、それでいて同時に、佐藤さんには「ジェンダー巻を独立させて欲しくない。性暴力巻も作られないと思う」という注文も伝えた。このシリーズのテーマが戦争という暴力（と社会・日常の関係）であるのなら、性暴力の問題を一つの巻に閉じ込めてはいけない、という考えを説明したのだった。佐藤さんからは、「ではこれを読んでみて。」と、プリンタで印刷された論文をお土産でもらった記憶がある。

こうしてメンバーに佐藤さんが加わり、分量も全5巻構成のシリーズへと膨らみ、二〇一七年の末ごろまでには企画の大きな枠が固まってきた。

ただし、具体的な執筆者のお名前を仮に挙げつつ、その方にお願いしたい仮のタイトルや概要案をつけて各巻の構成に収めてゆくのは大変な調整作業だった。ここからかなり時間がかかったように記憶している。自分の知らないお名前が執筆者候補として他の編者から挙げられるのを聞いたときには、その方が研究されている内容を勉強しなければならない。また5巻構成とはいえ、分量も限られているので、その点でも調整があった。例えば、そのテーマであれば、別のテーマと合わせて少し視角をずらしてこう論じることもできるのではないか、などといったことである。企画を詰める段階の岩波での会議はいつも予定時刻を過ぎて続いた。最終的に、正式な執筆依頼を出したのは二〇一九年一一月頃で、それをもとに執筆者会議を二〇二〇年二月に行った。原稿の締め切りは二〇二一年春〜夏。

社会（というより世界）がコロナ禍に見舞われたのは、ちょうどその執筆者会議が一段落したあとだった。この状況は、特にフィールドワークを予定していた人には深刻だったはずだ。国会図書館でも抽選による利用者制限がなされた。執筆内容を大きく変更する論考が続出することも予想されたが、結局そういう人はほとんどいなかった。

そしてもうひとつ。なによりも、私を含め編者・執筆者たちは、シリーズの刊行途中の二〇二二年二月にロシアのウクライナ侵攻が起こることを知るよしもなかった。コロナ禍とウクライナ侵攻（を知るよしもなかったこと）をめぐる歴史性は、このシリーズにはっきりと刻まれていることだろう。

シリーズの狙い

今回のシリーズ単体の狙いを知りたいのであれば、各巻に共通して冒頭にある「刊行にあたって」、および各巻それぞれの「総説」を通読してほしい。むしろここで伝えたいのは、「シリーズのシリーズ」という意識、つまり「次の」シリーズへのつなぎのなかで考えておかなければならない「狙い」のほうである。

具体的にどのような枠組みによるものになるにせよ、「戦争と社会」に関連した人文社会科学の学際的なシリーズの試みは、今回が最後ではないはずだ。もちろん、その企画者がこの小文の読者のなかにいるかどうかも分からないけれども、この場を借りて伝えておきたいことがある。

大小様々な異同もありつつ、今回の『シリーズ 戦争と社会』は、同じ岩波書店による『岩波講座 アジア・太平洋戦争』の試みを受け継ごうとするものだった。これは、日本社会が忘れてはならない／忘れ得ない「アジア・太平洋戦争」について、歴史学を中心としながらも、かなり学際的に企画されたシリーズである。そこでは、対決ではなく協働を目指すべき歴史研究の両輪である「歴史記述」と「歴史認識」とが響き合っていた。そこには、現在との対話を忘れた歴史研究は無意味なものである、というメッセージが込められていたように思う。

そして『シリーズ 戦争と社会』は、『講座』後の日本社会の「戦争」をめぐる状況の変化のなかで、「アジア・太平洋戦争」にこだわりつつ、さらに新しい戦争をめぐる状況にも触れようとしたものである。それは、「戦争と社会」についての研究を「歴史記述」と「歴史認識」の対話だけでなく、現代の社会や文化的課題、つまり現代の人文社会科学的な課題のなかで考える必要性だ。戦争をめぐる社会科学と歴史学・人文学の協働が、一層求められている状況である。

そして、どのようなかたちになるにせよ、さらにこの「次」のシリーズが、二〇二〇年代初頭の数年の状況が生み出す可視・不可視の変化を踏まえたものになることは確実だろう。その時には、「戦争と社会」というテーマは(「軍事と社会」も含め)、その大きなテーマ性において現在と過去と未来をつなぎ、今以上に、社会や人間のありよう、人々の自由や平等、幸福や不幸を考える際の焦点になっているのではないかと思われる。

学際性や立場を超えることをめぐって

とはいえ、「戦争と社会」は重要すぎるテーマなので、みな一生懸命に考え、何かを訴えようとする。それゆえに、それぞれの価値観も含めた議論が過熱してしまい、論点・争点の単純化や他人の研究への不当な攻撃なども起こってしまう。これにはいつでも気を付けていたい。誠実な研究が野蛮な言い方で批判されているのを見ると心が痛む。また高度に精緻化した研究は、学際的な研究への参加や、分野や方法における越境を難しくしがちである。本当は響きあっているのに、分野が違うだけで目に入らない、あるいはすれ違っている研究同士を見ることもよくある。

ただ、そうでありながら、拠って立つ価値や前提の異なる様々な立場を含めた研究・議論を集めることや、学際的に探究を進めることが必要とされるのも、このテーマだからこそのことであろう。「戦争」は立場の違いを超えて英知を結集するべき研究対象のはずである。

では、どうすればよいのだろうか。

ひとつには、戦争を「あってはならないもの」から「現にある／あったもの／ありうるもの」へと変えることだった。『戦争社会学研究』創刊号(「『戦争社会学』が開く扉」二〇一七年)で述べたことだ。この視点を選択するときには、「軍事的合理性」が存在することにも分析上の配慮を行き渡らせてしまう可能性がある。そうすると戦争が「起こってしまう」理由や、軍隊が社会で重要な役割を果たしていることも説明しようとするので、その分、絶対的な反戦・平和への希求は弱くなってしまうかもしれない。ただし、反戦・平和を望みつつも、それ自体も社会現象としてみる視点を得られれば、例えば軍事的な事物を娯楽として享受する文化（ポピュラーカルチャーとしてのミリタリー・カルチャー）の探究など、戦争や軍事を絶対悪とする立場とは異なる知見が得られるのではないだろうか。

広く研究を集めるという意味では、福間さんと編んだ『戦争社会学ブックガイド』（創元社、二〇一二年）の経験も自分としては重要だった。たくさんの人で作る「ブックガイド」の作業は、それ自体（大変だが）楽しいものだったし、個人的にも様々な研究領域の存在に触れる機会だったと思う。とはいえ、今から見るとこの本では多くの重要な研究が落ちているし、その後に刊行された研究も重要なはずである。

さらに個人的な研究史を振り返ってみれば、若いころに学際的な研究会（例えば当時東京外国語大学にいた山之内靖さんの「総力戦」研究会や同大で行われていたクリティカル・セオリーの研究会、様々な場所で様々なメンバーによって開かれていたライフヒストリー調査やカルチュラル・スタディーズ系の研究会）に自ら求めて出ていたのは、自分の研究を位置づける場所を一生懸命探していたからだったと思う。そこにはいつでも開かれた議論の空間があった。そうしたことは、幅広い範囲の視点の存在を知り、大量の読書を自らに課すことにつながる。そして何よりも、研究の仲間を得ることができる。

『ブックガイド』を編み、『構想』を練り、そして『シリーズ』になるときにはいつでも仲間の存在が重要だった。戦争社会学研究会が、一人で飛び込んできてくれる新しい仲間を大事にする研究会であり続けてほしいと願う。

特集3

あらたな〝危機〟のなかで読む、『戦争と社会』

成田龍一
（日本女子大学名誉教授）

前提そのものが崩れてしまっているからですね」

（『青春と読書』二〇二二年一二月）

シリーズ『戦争と社会』（全5巻、岩波書店、二〇二一〜二二年）を、ウクライナ侵攻という大きな転換に立ち合いながら読むことになるが、「考える前提」となる、ここに至るまでの整理と確認がいかになされているか。この点が、ひとつの検証・検討事項となろう。当面の入り口を「アジア・太平洋戦争」とし、論点を開示してみよう。

〇、

東日本大震災（原発事故）のあと、コロナ禍がまだ過ぎ去ろうとしないなか、二〇二二年二月二四日に、ロシア軍がウクライナに侵攻するという事態が起こった。戦争のあらたな露出をめぐって、二人の社会学者がやり取りをしている。

大澤真幸　「それ（ウクライナ侵攻―註）は確かに起きている。しかしなぜロシアがウクライナに戦争を仕掛けるのか、本当のところはよく分からない（中略）その背景にある法則や理論が分からないからです」

橋爪大三郎　「なるほど。確かに分かりにくい。考える

一、『シリーズ 戦争と社会』前史

歴史学の勉強を始めたころ、戦争研究の文献として提示されたひとつに、日本国際政治学会・太平洋戦争原因研究部編『太平洋戦争への道』（全八巻、朝日新聞社、一九六二〜六三年）があった。シリーズの形態をとる戦争研究としては、画期をなす作品である。「開戦外交史」との副題のもと、満洲事変―日中戦争―三国同盟・日ソ中立条約―南方進出―日米開戦との過程をたどるが、多くの「史実」が資料の裏付けをもって提供される点に特徴があった。別巻として刊行された「資料編」は演習でも使用した記憶がある。

しかし『太平洋戦争への道』は、官僚・軍部・政党による外交に限定した考察であり、「史実」を後追いするため、「帝国主義・日本」とその侵略としての太平洋戦争が描かれていない。すでに、侵略戦争であり、ファシズムと自由主義との対抗という観点から、歴史学研究会編『太平洋戦争史』（全五冊、東洋経済新報社、一九五三〜五四年）シリーズが出されていた。そして、歴史学研究会とそこに集う歴史家たちは、このあとも『太平洋戦争史』（全六巻、一九七四年）、『十五年戦争史』（全四巻、青木書店、一九八八〜八九年、今井清一・藤原彰編）など、批判的な「アジア・太平洋戦争」の歴史像を提供しつづけていく。歴史学の領域では、戦争といったときに、もっぱら「アジア・太平洋戦争」を指し、そこから経験を学び取るという姿勢に充ちていた。

だが、これらは「史実」を追い、戦争の「実相」をあきらかにすることに力点があり、考察という以上に「アジア・太平洋戦争」の資料に基づく再構成という問題意識を有していた。読者層として、まだ戦争経験者が多数を占め、その経験の継承が社会的な課題とされている時期のシリーズ群である。

これに対し、戦争経験――「アジア・太平洋戦争」を歴史化するとの問題意識で編まれたのが、『岩波講座 アジア・太平洋戦争』（全八巻、二〇〇五〜〇六年、のち、二〇一五年に補巻も刊行）であった。

編集委員を「戦後」生まれとし、「アジア・太平洋戦争」を、（上記の実証的考察による）研究蓄積をもとにしながら、（一九九〇年代半ばに提起された）総力戦論の論点を加味し、分析的な考察をおこなうことが図られる（編集委員は、倉沢愛子・杉原達・テッサ・モーリス－スズキ、油井大三郎、吉田裕、成田。執筆者は多彩であるが、編集委員はみな歴史家である）。

ちなみに、総力戦論とは、経済史家・山之内靖が領導し、戦時の社会システムの現代的な変化に着目し、総動員体制をテコとするあらたな段階の出現を主張する議論である（山之内『総力戦体制』ちくま学芸文庫、二〇一五年）。したがって、歴史学研究会の提唱する「アジア・太平洋戦争」の歴史像とは、戦時・戦後の連続／断絶をはじめ、いくつもの局面で齟齬を有していたが、『岩波講座 アジア・太平洋戦争』は双方の議論を融合する構えとなった。

あらためて、『岩波講座 アジア・太平洋戦争』は、①「大日本帝国」の帝国主義的性格を解明し、②「戦後」の過程をも検証の対象とし、さらに、③戦争像としても「戦後」における考察をふまえ、その解明のために、④学際的に編集することを図ったということになる。シリーズの構成は、「なぜ、いまアジア・太平洋戦争か」「戦争の政治学」「動員・抵抗・翼賛」「帝国の戦争経験」「戦場の諸相」「日常生活の中の総力戦」「支配と暴力」「二〇世紀の中のアジア・太平洋戦争」とされる。初巻と最終巻を、通時的かつ大局的な観点からの総論・暫定的なまとめの巻とし、そのあいだを「アジア・太平洋戦争」から導き出される問題系で構成されている（のち、先述のように『記憶と認識の中のアジア・太平洋戦争』が加えられる。「戦争論」と「戦後論」」、「戦争を伝える、戦争を受け継ぐ」「終わらない戦争」「和解は可能か」という構成を持つ）。

「アジア・太平洋戦争」をモデルとし、「戦後」社会のなかで共有された戦争像――総力戦像を提示したといい得る。

二、『シリーズ 戦争と社会』の試み

『シリーズ 戦争と社会』（全5巻、岩波書店、二〇二一〜二二年）は、こうした試みから、その先を図るべく発刊した。編集委員は、蘭信三・石原俊・一ノ瀬俊也・佐藤文香・西村明・野上元・福間良明と世代的には、さらに若返る（一九五四年と六九年生まれのほかは、一九七〇年代生まれが五人）。学際化もさらに進行し、編集委員自体が、歴史社会学、軍事史、ジェンダー史、宗教学と多彩である。したがって、シリーズの構成も「「戦争と社会」という問い」「社会のなかの軍隊／軍隊という社会」「総力戦・帝国崩壊・占領」「言説・表象の磁場」「変容する記憶と追悼」とされる。課題別に構造化され、そこでの問題系によって論点がさらに展開される。

まずは、総論にあたる、第一巻『「戦争と社会」という問い』で、問題が開示される。二つの総論的な文章が、収められている。A各巻共通で、編集委員「『シリーズ 戦争と社会』刊行にあたって」、およびB野上元・佐藤文香「総説「戦争と社会」、「軍事と社会」をめぐる問い」である。

Aは、導入として「戦争と新型コロナの類比」に触れ、「戦争と社会」という方法＝対象の設定が論じられる。これまでも、社会に着目する戦争像の提供は多いが「「日常」や「継承」の「欲望」」にとどまっていたのに対し、このシリーズでは「社会」の「史的背景や暴力を生み出した組織病理」に目を向け、「戦争の暴力を産んだ社会構造」との把握を強調する。

たしかに、従来は「戦争の（もとでの）社会」への言及であり、社会に言及する総力戦論も、「社会システム」という把握であった。「戦争と社会」として、双方を「と」で接合し、方法化している点に特徴がある。

Bでは、①「戦争」を「少なくともその片方の当事者を国家とし、軍隊を用いて行われる紛争解決の一手段」と定義したうえで、②「新しい戦争」を「ハイブリッド戦争」―「暴力の新しい形態たる現代の戦争」とする。このとき、冷戦体制の歴史的位相―（核兵器にもとづく国際秩序）を規定し、その延長上の「新しい戦争」をいう。「総力戦」―「冷戦」―「新しい戦争」という見取り図が提示されることとなる（第三巻のC石原俊・蘭信三「総説　総力戦・帝国崩壊・占領」では、より具体的に説明される）。

Bの特徴は、なによりも、「近代」の射程での理論的な検討問題提起をおこなう点にある。

社会に浸透する戦争の根深さから目をそらすことなく、社会が戦争を生み、戦争が社会を生む、その循環にメスをいれることを求められている。

との提言が、第1巻を貫いている。

（1）「わたしたちの社会には戦争に関連する表現があふれている」ことを入口に、（2）戦争と「普遍的価値」――「人権・市民権」（「自由」）、「破壊と貧困」（「豊かさへの希求」）、「平等という価値」の関係を再考察する。すなわち（3）「戦争や軍事」を「自分たちと地続きのもの」として捉え、戦争がつねに「社会のなかにある」とする。「近代社会」に根ざすものとして「戦争」（暴力）が把握され、「ポスト・モダン」（野上元）のなかで探られるといえよう。この点は、第二巻の一ノ瀬俊也・野上元「総説　軍隊と社会／軍隊という社会」での「市民の兵士化」という指摘が、「後発近代」の特徴にとどまらぬ論点ともなることを示唆する。

加えて、第5巻　西村明「総説　戦争を記憶し、戦争死者を追悼する社会とそのゆくえ」は、「社会」が戦争を「記憶する」「、戦死者を「追悼する」と、主語を社会に動詞形で把握し、「動態的関係」を追求することもBと相関している。

他方、Cでは「総力戦体制とその帰結としての帝国崩壊」をいい、とくに北東アジアを（総力戦から冷戦への）移行の台風の目」として把握し、「東アジア冷戦体制論」を展開する。「冷戦状況」にポストコロニアル状況の重層をみる。総力戦体制と冷戦体制が「串刺し」にされ、「新しい戦争」があらたに位置付けられる。第四巻　福間良明「総説　「体験」「記憶」を生み出す磁場」も、冷戦体制が「加害」「植民地主義」への問責を抑え込んできたが、いまや「「加害」と「顕彰」の二項対立」の現状をいう。「「語り」の社会的磁場」の変容を見据えた議論を展開する。

このことは、シリーズでは、二重の時間で戦争が考察されることを意味しよう。（Bに示される）「近代」の時間と、（Cに代表される）総力戦から現在までを焦点化した時間である（このほかに、人類史の時間での論稿もあるが、Bの位相が考察される）。「戦争と社会」が、「近代」に一貫するものとして問題化されるとともに、総力戦以降の現象として把握される。

三つの論点が浮上する。第一は、BとCとの連関である。より具体的には、「総力戦」―「冷戦」―「新しい戦争」とする見取り図で、三者の連関にかかわる。「新しい戦争」は「近代」の究極の形態なのであろうか、それとも「「近代」後」に踏み込んでしまっているのであろうか。

第二は、「新しい戦争」にかかわる時間である。冷戦体制崩壊から、すでに三〇年の時間がたち、一九九〇年に端を発し、翌年戦闘となった湾岸戦争から、いま直面しているウクライナ侵攻まで、多様な形態の戦争が展開された。このかん継続している「内戦」の概念も大きく変わって来ている。どこかに、切れ目を入れることが必要なのではなかろうか。

このことは、第三に、あらためて冷戦体制とは何であったのかという問いと相関しよう。Cは、そのことに正面から向き合うが、（総力戦後として）「帝国の崩壊」の事態が前面に出され、冷戦体制の社会の固有の論理が見えにくい。冷戦体制下の社会は、「帝国の遺産」を用いつつ、あらたな矛盾を作り出し、あらたな論理を持ち出していよう。

三、三つの対象＝方法――「戦争」「社会」「分析方法」

『戦争と社会』では、P「戦争」（表象とメディア・認識・戦争そのものの変化）――Q「社会」（暴力―軍隊・自由と秩序の問題化・不均衡と格差）――R「分析方法」（関係性の変化・事態の変化）という三つの問題系が意識化されている。PQRのそれぞれが、それぞれに変化し、相互の関係性も変化することを自覚的に追及し、総合化を試みる。三つの要因を同時に変化のなかで把握し、相互関連のなかで戦争像を描くという営みであり、「アジア・太平洋戦争」の次元から離陸する。冷戦体制―「新しい戦争」という状況認識での戦争像の提供だが、PとQについてはすでに論究して来たので、Rについて付言しておきたい。

Rは、「アジア・太平洋戦争」モデル――「アジア・太平洋戦争」から導き出された戦争分析の方法と認識を転換することが意図されている。対象として「アジア・太平洋戦争」を棄却した、ということではない。「実相」を資料によって示し、経験主義的な認識に基づくという戦争像からの離陸である。このことは、「戦後日本」の社会の相対化であり、「戦後歴史学」の方法の転回とも相関する（ただ、反面、それぞれのディシプリンから「新しい状況」―「新しい戦争」に接近する分だけ戦争が抽象化し、方法のための戦争と逆転している論稿も見られることも、あわせ指摘しておきたい）。

この転回の射程は、「戦後」の時間であるとともに、「戦後」が自明としていた「近代」にまで及んでいる。現在の歴史学研究の潮流である、グローバルヒストリー研究は、現在の「「戦争」をめぐる概念体系」は、慣習法と条約を「法源」とし、もっとも基盤的な条約法として、国連憲章による国際法をベースとしているとする（山下範久「一四―一九世紀におけるパワーポリティックス」」『岩波講座 世界歴史』第11巻、岩波書店、二〇二二年）。山下は、さらにその国際法が、「近世以降のヨーロッパ国際法の発展の延長線上」に「理解」されていることをいい、「近世以降のヨーロッパ」を軸とする思考が問われていると主張する。

いまひとつ。近刊の、高橋源一郎『ぼくらの戦争なんだぜ』（朝日新書、二〇二二年）は、歴史教科書が露呈する「国家の声」を「大きなことば」――記憶とし、「小さなことば」――記憶によって切り取る営みを、「アジア・太平洋戦争」下の詩や小説を解読することにより遂行する。「彼らの戦争」として書かれている詩・小説を、「ぼくらの戦争」としてあらためて把握する営みで、この緊張感のもとで、〈いま〉の状況を照らしだす（この点については、成田「高橋源一郎『ぼくらの戦争なんだぜ』、あるいは「危機」の認識と語り方をめぐって」

『UP』［二〇二三年二月］を参照されたい）。

高橋の営みは、（シリーズが共有する）戦争社会学でいえば、戦争を積分する営みと微分化する記述の分節化ということができる。戦争社会学の語りは「大きなことば」で社会構造に向き合うことに特徴がある。（第4巻が磁場とする）「言説・表象」、（第5巻が主題―対象とする）「記憶と追悼」も、その次元そのものを分析の対象としている。積分の営みそのものを方法―対象としている。これに対し高橋は、対象を微分化する記述をおこない、戦争を「ことば」の単位で考察する。微分化によって、感情の領域――背景にある「人間」に接近するのである。

このように考えるとき、ジェンダー分析が、積分／微分の力学を方法化しているように思われる。『戦争と社会』におけるジェンダー分析の論稿（第1巻　佐藤文香「戦争と暴力」）は「戦時性暴力と軍事化されたジェンダー秩序」の副題のもと、「暴力連続体」としての戦争を理論的・具体的に解析した。戦争の根源に「暴力」を見出し、戦時性暴力を正面から対象とする。同時に、ジェンダーは原因として、そして、結果として、常にこの循環構造の根幹に位置してきた。

と方法的分析の要として、ジェンダーを意味づける。ジェンダーは、戦争の目的を作り出し、暴力を可能とし、軍事主義を正当化するとした。こうした考察によって、「戦争とは、異なる手段をもってする日常の政治の延長線上にある」と論じ、「暴力連続体」として社会―戦争をとらえる。戦争を考察し記述する対象―方法としてのジェンダーであり、構造的かつ個別的な把握――積分と微分が同時に遂行―記述されることとなった。個人の次元と集団の次元での問題系が、社会と国家の構造的な問題と重ね合わせて認識―分析され、叙述されている。あえて「問い」のかたちで言い換えれば、かかるジェンダー分析を、それぞれの論稿がどのように引き受け、自らの考察としていくのか、ということになる。

かくして『シリーズ 戦争と社会』は、「戦争と社会」の考察に向かい、あらたな対象＝方法とこれまでの認識＝叙述の再検証と一体化しているということができる。

特集3

「戦争社会学」から「戦争と社会」へ

上野千鶴子
（東京大学名誉教授）

岩波シリーズ『戦争と社会』の第1巻が複数の編者から送られてきた。その後5巻まで続くと予告があったので、献本してくださった編者に宛てて「次巻以降もいただけると期待してよいのでしょうか？」とおそるおそる訊ねたら、「もちろんです」と返事が返ってきて、やったね、と思ったのが甘かった。最後にシリーズ全体の書評論文を書け、という要請がついてきたからだ。全5巻、A5判ハードカヴァー、各巻それぞれ二五〇頁前後、それを全巻通読して書評論文を書けというのは無理難題のうちに入る。何事もタダほど高いものはない。

『戦争と社会』というタイトルどおり、本書は社会学からの戦争研究に対する挑戦である。編者七名中、社会学五名、歴史学一名、宗教学一名。編者七名に加えて共著者五一名、総勢五八名の専攻分野を試しに集計してみた(1)。多い順に、社会学が二五名、歴史学二一名、文化人類学四名、宗教学二名、国際関係論二名、法学一名、文学一名、他にジャーナリスト二名。社会学のなかには歴史社会学や軍事社会学が含まれる。歴史学には近現代史、思想史、軍事史が含まれ、文化人類学には地域研究が、国際関係論には外交研究が含まれている。アカデミアに属さないジャーナリストには映像ドキュメンタリー作家がいる。つまり社会学主導だが、きわめて学際的なのだ。

これだけ浩瀚なシリーズのうち、各巻の個別の論文に立ち入る余裕も紙幅もないので、本論ではこの画期的な学際プロジェクトの持つ研究史上の意義と効果を論じたい。

はじめにこのシリーズが登場するまでの前史を見てみよう。

このグループの人々はかねてから「戦争社会学」を名乗って着々と準備を進めてきた。二〇一二年刊の『戦争社会学ブックガイド——現代世界を読み解く132冊(2)』はそのための地ならしだったとわかる。計四四人におよぶ執筆陣の多くは、本シリーズの共著者とかぶっている。

翌二〇一三年には同じグループのひとびとが『戦争社会学の構想——制度・体験・メディア(3)』を刊行した。共著者は一八名。その後本シリーズの刊行を準備してその成果を世に問うに至ったのであろう。

その過程で何が変わったか？「戦争社会学」から「社会学」が脱けて、「戦争と社会」になった。小さいようだが大きな変化である。

編集委員が連名で書いた冒頭の「刊行にあたって」は、こうマニフェストする。

いわゆる軍事史・軍事組織史に力点を置いた研究と、戦争・軍事にかかわる社会経済史・政治史・文化史に力点を置いた研究との「分業」体制、やや強い言葉でいえば「分断」は、いまだ解消されたとはいえない。戦争と社会の相互作用、戦争と社会の関係性そのものを、正面から理論的・実証的に問い直す作業は、総じて課題として残されたままだった。本シリーズは、この研究上の空白地帯に挑もうとするものである。（viii-ix頁）

一見謙虚に聞こえるこの「研究上の空白地帯」は小さくない。

それ以前、二〇〇五〜六年には『岩波講座 アジア・太平洋戦争』全8巻が刊行された。このときの執筆者の中心は歴史学者であった。編者等がいう戦争研究の「学際性」はこのときにすでに顕在化していたが、それは彼らによれば「歴史的事実関係をめぐる実証の追究と、社会問題としての記憶や歴史認識のありようを問う問題意識とが融合を果た」すことで、「従来の「戦争をめぐる知」のありようを塗り替えようとする」（viii頁）ものだった。本シリーズはたんに「空白地帯」を埋めようとするものでもなく、戦争研究の「学際化」を図ろうとするものでもない。謙虚な見かけのもとで彼らが大胆に提起しようとしているのは、戦争研究のパラダイムシフトだと見た。

そのパラダイムシフトとは何か？

「戦争と社会」というシリーズ名が何より如実にその目指すところを示している。連辞符社会学のもとでは、戦争社会学は社会学の一下位分野にすぎない。だが「社会学」というディシプリンに与えられた名称をかなぐり捨てたとき、彼らは戦争という広大な研究対象に、おもうさま社会学的なアプローチをする自由を手に入れるという逆説に恵まれた。というのも戦争はこれまで非常時であり、特権的な研究対象として扱われてきた。戦争研究者は、非常時に特別な関心を抱く特別な人々だった。だがコロナ禍でわたしたちが思い知ったのも、非常時は平時の延長にあり、平時を用意し組織化するということだ。戦争という非常時に始まりがあり、終わりがあるというのは、従来型の戦争観にとらわれた思いこみにすぎない。戦争はある日知らないうちに始まっており、外交上の終結のあともいつまでも終わらない。日常のなかに戦争があり、戦争のなかに日常がある。だとしたら、平時の社会についで知ることは戦争の謎を解くことにつながり、戦争の秘密を暴くことは平時の社会の闇を照らしだしてくれることだろう。それなら社会学者の出番である。編者のいう「戦争とは社会の出力が最大化したとき」という表現は、あたかもゴムで作った仮面がギューンと伸びることで異貌を示すように、また平時には隠されていて見えなかった貌をも見せてくれることを示唆する。異貌と見えるが両者は同じ社会のべつな貌にほかならない。

この戦争研究のパラダイムシフトには、歴史学の「言語論的転回（記憶論的転回）」がふかく関わっている。構築主義は社会学と切っても切れないが、実証史学、とりわけ日本近代史は長らく構築主義の歴史観を拒んできた。ために無用の論争も招いてきたが[4]、「歴史的事実関係をめぐる実証の追究」に加えて、「記憶」という研究の沃野が開けると、そこに表象、語り、証言、継承、トラウマ、感情記憶など、これまでの歴史家が予期しなかった対象群があらわれた。その点で戦争研究の特異性や特権性が薄れると共に、多分野の研究者が参入する余地が拡がった。歴史学のなかにオーラルヒストリーが参入したことも、その効果の一つだろう。

本書のもう一つの特徴は研究者の世代交替である。一九四三年生まれの最年長者から九一年生まれの最年少者まで半世紀の世代差をまたいで、平均年齢は四七・九歳。共著者の過半数を七〇年代生まれが占めている。[5] 団塊世代が復員兵の子どもたちだとしたら、その孫たち、団塊ジュニアの世代から以降、もはや体験者の証言を直接耳にしたこともない、戦無派の世代である。戦後孫世代ともいうべき彼らにとって、戦争は最初から記憶や語りや遺跡として目の前に登場した。それらはすでに言語や表象によって「伝えられたもの」だった。この世代のひとびとが記憶の表象や継承に関心を向けたのは当然だろう。それだけではない、『なぜ戦争体験を継承するのか――ポスト体験世代の歴史実践』[6]にも示されるように、生存者の証言を聞くことにぎりぎり間に合った最後の世代として、この世代が使命感を持っていることもまた、たしかなのだ。トラウマ的な体験は、「解凍」するのに時間がかかる。子世代が耳を傾けようとしなかった体験を、孫世代はこだわりなく聞きに行く。体験者も妻や子にはついに語らなかった記憶を、重い口を開いて孫世代には語る。世代間の距離だけでなく、高齢化も関係しているだろう。五〇代、六〇代では「解凍」しなかった記憶の封印を、八〇代、九〇代の高齢になって解くひともいる。長寿社会の効果であろう。

編者に佐藤文香が加わることによって、戦争研究にジェンダー視点がもちこまれたことも特徴の一つであろう。共著者中の女性割合はおよそ四分の一、[7] 画期的な変化といえよう。戦争という特権的に男性的な対象に対して、その男性性そのものを問うことが必要であり、可能になっただけでなく、女性の共犯性や戦争に随伴する性暴力もまた問題化されるようになった。二〇一八年には本書の執筆者の一部とジェンダー研究者が共同して『戦争と性暴力の比較史へ向けて』[8]を刊行している。

全5巻を順次概観していこう。

1巻『「戦争と社会」という問い』はシリーズ全体の基調を述べる。そして戦争が社会に埋め込まれていること、政治や社会のみならず経済や技術も戦争と密接な関係のもとにあることを示す。そして社会の変貌にしたがって戦争も変化することを。そこでは従来の戦争の定義もルールも通用しない、グローバル時代の「前線なき戦争」に直面していることを示す。

2巻『社会の中の軍隊／軍隊の中の社会』のI部は「旧日本軍」、II部は「自衛隊」研究である。自衛隊は軍隊ではない、自衛隊が持っているのは軍事力でなく実力だ、というエクスキューズはここではかなぐり捨てられている。アジアで中国に次いで二位の軍事力を持つ自衛隊を「軍隊ではない」

ということはもはや誰にもできない。そして日本は軍事力強化へとあからさまに舵を切ったところだ。

軍隊は暴力組織だが、軍隊内暴力もある。二巻総論は「兵営で生じる抑圧や不当な暴力、欲求不満は、暴力管理の失敗どころか実は暴力の巧妙な管理技術である」(六頁)というが、もしこれが当たっているとすれば軍隊内のいじめやセクシュアルハラスメントは構造的随伴物であって解決できないことになろう。

3巻『総力戦・帝国崩壊・占領』は敗戦後のアフターマスを追いかける。ポツダム宣言受諾で戦争は終わったわけではない。膨大な在外日本人や復員兵の引き揚げがそれに続き、占領地と植民地の賠償問題がそれに伴う。侵略が国境を侵す行為である以上、国家の領域に閉じているわけにはいかない。とりわけスティグマ的な記憶として「忘れたい過去」である占領期研究が進んできた。占領体験はジェンダー化され、性化(sexualize)される。「保護ゆすり屋」という卓抜な概念を紹介した佐藤文香が指摘するように(1巻、五一~五三頁)、「自分たちの女」を守り切れなかった男たちは、その恥を被害者である女性に転嫁して、共同体から放逐するのだ。

欲をいえば、アフターマスに欠かせない戦犯法廷、戦後補償、軍人恩給、傷痍軍人の処遇と社会保障、原爆被災者や空襲被害者への補償などにも踏みこんでほしかった。最近になって日本軍による連合軍捕虜の処遇をめぐる研究書が立て続けに刊行されているが[9]、これもまた「忘れられた問題」である。

4巻『言説・表象の磁場』と5巻『変容する記憶と追悼』は、歴史学の「記憶論的転回」の影響を直接に受けている。記憶のなかにも忘れたい記憶があり、わけても加害の記憶、翼賛の記憶は忘れたい記憶に属するだろう。佐藤卓己の「国民参加のファシスト的公共性」は、ナチズムについてのアメリカ人記者、ミルトン・マイヤーを引いて「外部からの攻撃や内部からの転覆によってではなく、ナチズムは歓呼の声に迎えられて登場してきたのである」という指摘を、「この文章の「ナチズム」を「軍国主義」に、「ドイツ人」を「日本人」に入れ替えても通用するのではないか」(四巻三二頁)という。

記憶は体験のレポートではない。したがって想起される文脈によって変容する。この記憶の可塑的な性格が、歴史家をして記憶をあてにならない二級の資料と見なすことを許してきた。だがあらゆる歴史が「選択的な記憶と忘却の集合」だと考えれば、時を経て生き延びた歴史的な記憶は、あまたの変容を経て、わたしたちに手渡されたものだ。だからこそ記憶は何度でも書き換えられ、再解釈される。決定版歴史書が書かれたら、それで終わりということにはならない。「記憶の戦争」や「歴史戦」もその一つだろう。グローバリゼーションの記憶の政治学では、遠隔地ナショナリズムや犠牲者記憶の連帯も起きる。林志弦の『犠牲者意識ナショナリズム』(10)のようにグローバルな記憶の共同体の交渉や葛藤を縦横に描きだす論考も登場した。歴史家は歴史の法廷の特権的な裁定者ではない。わたしたちは「歴史戦」の戦場にすでに立たされており、そこから撤退することはできないのだ。

本書が論じる「戦争と社会」研究は、こうしてみるとまだ緒に就いたばかり、と言ってもよい。気になることを二点、コメントしておこう。

第一は、本シリーズを従来の戦争研究者である歴史家がどう読むだろうかということである。本書の共著者の多くは「歴史社会学」を名乗っているが、歴史学と歴史社会学の間には微妙な距離と断絶がある。一次史料至上主義の実証史学者にとっては、多くの「歴史社会学」は「二流の歴史学」の別名にすぎない。だが本書に登場する多くの「社会学的」研究は、社会学が自家薬籠中のものとしてきた統計学や言説分析、インタビューなどじゅうぶんな実証性をそなえている。社会学者は使えるツールならなんであれ、ためらうことなく使ってあらゆる分野へ越境していくが、同じことは歴史学者にも要求されるはずだ。「学際研究」の行き着く先は、インターディシプリナリーではなくトランスディシプリナリー、すなわちディシプリンの壁を壊すことに帰結するだろう。

第二は、まだまだ学際的なアプローチの多様性が足りない、という欲の深い注文である。たとえば一瞥したところ共著者のなかに、文学者が少ないし、心理学者もいない。経済学者もほしい。技術史を専攻する工学者がいてもよい。医学者や疫学研究者の参加ものぞまれる。「非常時の社会」を対象とする戦争研究はパンデミックや災害の研究にも応用が可能になるはずだ。

それにしても、二〇二一～二年にかけて本書が刊行されたことの歴史的偶然、いやこうなっては必然だろうか、を思わないわけにいかない。本書の共著者の誰が二〇二二年二月にロシアのウクライナ侵攻が起きると想像しただろうか。ポスト冷戦の時代に「熱い戦争」が勃発し、目の前で人々が死んでゆく。ロシア兵は理由もわからず前線に立たされ、ウクライナ市民の憎悪の的になる。戦術核兵器の使用が現実的になる可能性に背筋が凍る。二〇世紀という人類史上最大の犠牲者を生んだ「戦争の世紀」が終わったあと、二度と見たくない／見ないですむはずの戦場の景色をリアルタイムで目の前に見てしまう時代に、戦争研究がまだまだ必要なことを認めるのは哀しいことだが、事実にはちがいない。

注

（1）各巻末の著者紹介から集計した。

（2）野上元・福間良明編『戦争社会学ブックガイド――現代世界を読み解く132冊』創元社、二〇一二年。

（3）福間良明・野上元・蘭信三・石原俊編『戦争社会学の構想――制度・体験・メディア』勉誠出版、二〇一三年。

（4）「慰安婦」問題をめぐる上野千鶴子『ナショナリズムとジェンダー』（青土社、一九九八年）の構築主義的な歴史観は、実証史家から激烈な批判を受けた。

（5）こちらも著者紹介から集計したが、生年の記載のない著者が五名あった。うち四名は女性。

（6）蘭信三・小倉康嗣・今野日出晴編『なぜ戦争体験を継承するのか――ポスト体験時代の歴史実践』みずき書林、二〇二一年。

（7）氏名から判断した。

（8）上野千鶴子・蘭信三・平井和子編『戦争と性暴力の比較史へ向けて』岩波書店、二〇一八年。

（9）中尾知代『戦争トラウマ記憶のオーラルヒストリー――第二次大戦連合軍元捕虜とその家族』日本評論社、二〇二二年。Kovner, Sarah, 2020, Prisoners of the Empire: Inside Japanese POW Camps, Harvard University Press.（＝白川貴子訳『帝国の虜囚――日本軍捕虜収容所の現実』みすず書房、二〇二二年）。

（10）林志弦（澤田克己訳）『犠牲者意識ナショナリズム――国境を超える「記憶」の戦争』東洋経済新報社、二〇二二年。

特集3

「戦争と社会」と「戦争と平和」の狭間

『シリーズ 戦争と社会』の書評に代えて

西原和久
（名古屋大学名誉教授・成城大学名誉教授）

「戦争と平和」のトルストイは、『人生論』で人間存在の基盤における自他関係の重要性を論じた。だが、「戦争と社会」という論題では、論点の多様性もあり、何が重要かを論じ切るのは難しい。どの視角から、何を問うべきか、工夫が必要だ。『シリーズ 戦争と社会』全5巻（以下「本シリーズ」と略記）は、アジア太平洋戦争を中心とし、さらに日本（沖縄や旧植民地を含む）に光を当てて論じる意欲作である。各巻のタイトルは、「1「戦争と社会」という問い」、「2 社会のなかの軍隊／軍隊という社会」、「3 総力戦・帝国崩壊・占領」、「4 言説・表象の磁場」、「5 変容する記憶と追憶」、である。

ここでタイトルを掲げたのは、総論を含めて五〇本の論稿と一五本のコラムを含む本シリーズの編集委員たちの工夫と熱い思いを、そこに読み取ることができるからだ。編集委員全員の署名入りの、各巻共通で冒頭に掲げてある「『シリーズ 戦争と社会』刊行にあたって」では、このシリーズの刊行意図が明確に示される。それは、二〇〇五〜〇六年に刊行の『岩波講座 アジア・太平洋戦争』（以下『講座』と略記）全8巻の成果と限界を踏まえるものだ。その主な成果は、この『講座』の一〇〇本を超える論考が、東アジア地域を視野に収め、それまでの「戦争をめぐる知」を塗り替え、その背後にある植民地主義やジェンダーなどをめぐるポリティクスの析出を試みた点にある。

しかし、限界もあった。それは、「戦争と社会の関係性そのものを、正面から理論的・実証的に問い直す作業は、総じて課題として残されたままだった」という点だ（各巻：ix頁）。そこで、本シリーズは「この研究上の空白地帯に挑もう」と試みる（同頁）。ただし、問いの焦点はさらに絞られ、これまでの議論では十分でなかった「紛争を解決する手段としての暴力を自明視し、ある種の「正しさ」すらも付与した社会的背景」を問い、「指導者から庶民に至る暴力の担い手たちの思考や社会的背景に内在的に迫る」という目標を立てる（各巻：xi頁）。

そこで、こうした挑戦や問いや目標が、このシリーズ全体を通してどのように議論され、かつその議論が上首尾になされたかも検討される必要がある。そしてもし不十分な点があれば、それは何かを述べておくことも今後のために必要だろう。これらが、この書評風のエッセイの課題となる。

まず、ぜひとも触れておきたい点がある。それは第3巻の総説の中に現れた興味深い指摘である。筆者の関心からみて、ここには非常に重要な指摘が多々ある。とりわけ、総力戦とその後の帝国崩壊に伴う人の移動を一つの核にして、「総力戦と冷戦を串刺しにして捉えよう」（第3巻：一頁）とするのは意欲的な試みだ。しかもその試みを的確な先行研究の要約を踏まえつつ、「日本の学会は植民地主義の文脈で引揚などを考える作業を永らく閑却してきた」（同：一一頁）という問題意識から――性暴力問題も含めて――論じる試みも重要だ。そして、「環・間太平洋世界……の「アメリカ帝国」は、日本帝国を乗っ取って形成された」という視角と、「東アジアの冷戦体制下の構造的暴力に対する抵抗運動を、一国史に閉じ込めず、相互連動する「反システム運動」」（同：一七頁）として捉える視角とも連動させようとする点も刺激的である。さらにいえば、いわば返す刀で「日本が、……旧植民地（外地）からの移動を含む労働移民を遮断し、国内農山漁村からの人口移動によって高度成長を進めた結果、日本本土住民の間では、同時代に旧帝国勢力圏で進行中であったポストコロニアル状況や脱植民地化への苦闘に対して、無知・無感覚が醸成された」（同：一五～一六頁）とする重要な認識も示された。こうした一連の指摘は、歴史社会学を中心とする本シリーズの中心にくるべき論点だ。

この点と、上述の「戦争と社会の関係性」を「理論的・実証的に問い直す作業」という課題および「暴力の担い手たちの思考や社会的背景に内在的に迫る」という目標を重ねながら、全巻を見ていくと、本シリーズ論稿群に関する複数の特徴が際立ってくる。ここでは、筆者の関心から四つだけ挙げてみたい。

まず特徴の第一は、戦争と日本社会との関係に対する現在という時点からみた人々の活動の描写である。対象となるのは、沖縄や広島、あるいは本土の空襲関係および占領軍から、日本遺族会や戦後補償問題や追悼問題などだ。論点は多岐にわたるが、いわば日常生活者の視点から戦争への社会的反応が読み取れる展開となっている。第二は、アジア太平洋地域の人々に言及する論稿の多さである。コラムも含め対象地域は、満洲、朝鮮半島、済州島、山西省、台湾、マニラ、マーシャル諸島、ミクロネシア、パプアニューギニア、シドニーにまで及ぶ。それらの地域を題材に、戦史ではなく「戦争と社会」との関係を問う試みは意欲的で興味深い。第三は、第2巻で展開された自衛隊の問題である。この問題に、反戦運動という視点だけでなく、防衛大学校、男性自衛官などの視点からも迫ったのは、同じ巻の軍事エリートや徴兵制、廃兵、あるいは第1巻の学徒兵の問題との関連もあって、これまた興味深いものとなっている。特徴の第四は、米軍保養地などを論じた新しい切り口、何回か登場する精神医学的観点、戦記物等の出版に関するものなども、占領軍の兵士を含めた「庶民」をはじめとする「暴力の担い手たちの思考や社会的背景に内在的に迫る」成果を示した点だ。総じて、これらの特徴は、「戦時性暴力と軍事化されたジェンダー秩序」という副題をもつ第1巻の「戦争と暴力」の著者が最後に示したように、「戦争とは、異なる手段をもってする日常の政治の延長線上にある」（第1巻：六一頁、傍点省略）とする視点と響き合う。

もちろん、以上の特徴とも関係するが、一見すると全体の意図との関係が見えにくいと思われる「ファシスト公共性」や「国家に抗する戦争」の議論のような、外国社会の研究事例でキラリと光る考察も所々にちりばめられている点も興味深い。筆者としては、本シリーズ全巻を読通して教えられる点や刺激を得た点が数多かったことを明言しておきたい。

だが他方で、読了後に何か物足りなさ感じたのも、また事実である。それは何か。後半はこの点を論じてみたい。端的にいって、それは本シリーズ『戦争と社会』の基本概念に関するものだとまず述べておこう。もちろん、単なる概念上の問題ではない。「戦争と社会」に関する基本概念をどこまで未来形で深められたのかという点である。視角を変えていえば、「戦争と社会の関係性」を「理論的・実証的に問い直す作業」と「暴力の担い手たちの思考や社会的背景に内在的に迫る」こととが、今後の展開へと開かれた形でなされたのかという問いだ。筆者は、本シリーズの問題意識や課題設定等に大いに関心を惹かれ、興味深く読み続けた。だが残念ながら、筆者の一部の期待は必ずしも満たされなかった。どこにその「満たされなさ」があるのか。

それはつまるところ、「戦争の原因論」と「平和の構築論」の議論への展望が見えにくいからだ、とあえて「挑発的」に述べておこう。他領域を巻き込んでも、歴史社会学的なアプローチはこれらの議論には馴染まないのか。あるいは、歴史社会学（ないし戦争社会学）は「社会学」としてどれだけの射程をもつものなのか、と問うてもよい。というのも、①戦争と社会を語る以上は、まずその背後に、なぜ戦争は起こるのかという大問題（戦争の原因論）が控えているし、②戦争と社会を論じた後では、戦争のない社会をいかにして実現するのかという大きな問い（平和の構築論）が当然ながら生じてくるからだ。では、そうした少なくとも二つの難問に挑むためには、どうすればよいのか。もちろんここでは、批判が目的ではなく、建設的な議論をしたいと思う。

まず「戦争の原因論」であるが、これも極めて難しい問題で簡単に答えが出るようなものでないのは十分に承知している。そのためにこそ、歴史社会学的な検討が必要な点も十分に理解している。しかし、そうした検討が進む中で、なぜ戦争が起こるのかを、戦争一般でなく、少なくともアジア太平洋戦争——さらに朝鮮戦争／ベトナム戦争あるいはイラク戦争など——の事例を通して論及する問いはあってもよいのではないか。もちろん、ファシズムの時代、冷戦時代、ポスト冷戦時代と時代の社会的背景は異なる。しかしそこに政治経済的な覇権を争う国家間の暴力があったのは明らかで、その原因も丁寧に論じる議論が必要ではないか。

いまここで、それらを筆者が論じるのは紙幅的・能力的に無理だが、次の点は示し得る。それは、自由競争のもとでの自らの利潤追求と経済成長を旨とする「資本主義」という社会構成と、民族主義も煽って自国中心主義で国家第一主義を旨とする「国家主義」という社会構成とが抱える近現代のふたつの問題圏である、と。グローバル資本主義の展開の下で、グローバルサウス問題をはじめとする世界的な格差が問題となって久しい現在、あるいは環境問題といった新たな視野も含めて「脱成長」を説いたり、既存の専制的な共産主義国家とは異なる「コミュニズム」を説いたりするような議論が少なからず出てきている中で、戦争と資本主義との関係が問われる時期に来ている。そして同様に、もはや事実上はグローバルな相互依存体制が確立されつつある世界社会において、国家中心的な発想それ自体を問い直すような議論が出てきている中で、国家のあり方自体も問われる。筆者はさらにこうした議論の根底にある近代以後の自我中心の「主体主義」や信仰にも似た「科学主義」の問題も指摘したいのだが、それは紙幅が許さない。

そこで、あくまでも例示であるが、『講座』第8巻『20世紀の中のアジア・太平洋戦争』において、帝国概念に自由や民主主義を唱えつつ帝国的活動を実践していた「非公式帝国」という概念を加えて論じる半澤朝彦の議論などは、原因論につながる視点だ。経済決定論的な帝国主義論をこえる議論で、資本主義と国家主義の絡み合いを読み解く一つの示唆になる。いずれにせよ、「戦争の原因論」の探究への示唆がもっと本シリーズにあったらと感じた。筆者としては、帝国的であるかは別として、領土・国民・主権の三要素からなる一九／二〇世紀的な「国家」概念自体をも問い直す段階に現在きていると考えており、しかもその際には「戦争と社会」という際の「社会」概念自体も問い直されるべきだと考えている。「社会」は、国家内の（市民）社会に限定できる時代ではなく、それこそ国際移動の時代にはトランスナショナルな社会にまで拡大される必要がある。

筆者が近年、「移民・沖縄・国家」という副題をもつ『トランスナショナリズム論序説』という本で自他関係を基盤に脱国家への方向を論じ、さらに概説的だが「アジア太平洋の越境者をめぐるトランスナショナル社会学」という副題をもつ『現代国際社会学のフロンティア』という本や「国際社会学と歴史社会学の思想的交差」という副題をもつ『グローカル化する社会と意識のイノベーション』という本を書いたのは、未来に向けた知の解体構築の呼びかけでもあった。

そして、そうした「未来志向の歴史社会学」にとって、戦争との関係でぜひとも問われなければならないのは、「平和」の問題である。「戦争と社会」あるいは「戦争社会学」の研究成果の上で、現在そして未来に向けて展開されなければならないのは、いかにして平和を実現するのかという問いに焦点化した「平和社会学」ではないだろうか。筆者たちが二〇二二年一月に「平和社会学研究会」を立ち上げたのは、そうした思いからであった。その歩みは覚束ないままだが、戦争に関する研究から多くのことを学ぶことは必須だ。特に上述『講座』第8巻の酒井直樹の「「可能性」としての平和憲法」は非常に示唆的である。戦後日本がもち得た「普遍主義的」な平和理念を可能性として未来に読み込もうとしている姿勢は「平和社会学」にとって重要な視点となり得る。こうした議論との架橋が本シリーズで見えにくかったのは筆者にとっては残念であった。もちろん、本シリーズ第1巻の「平和構築と軍事」(副題省略)など、示唆に富んだ論稿も存在する。しかし、核廃絶問題への対応を含めた「平和の構築論」、あるいは平和憲法検討から見えてくる「平和の構築論」などは、日本の「戦争と社会」の経験研究の中から論じるべき事柄ではなかったか。その意味で、「戦争と社会」と「戦争と平和」の狭間を架橋する議論が今後とも望まれるのである。

とはいえ、以上のような筆者の想いを記すことができたのも、本シリーズ刊行のお蔭である。それゆえ、出発点は確保された。後半で記した私見は、これからの展開の課題に過ぎない。本シリーズの多様な論脈を無視した的外れなコメントだと怖れつつ、しかし、そうした今後の研究の展開を予感させ、意欲させるべく、本シリーズは大いに価値をもつシリーズであった、と最後に述べておきたい。

特集3

歴史学から戦争社会学を見る

吉田 裕
（東京大空襲・戦災資料センター館長）

はじめに

戦争社会学という研究領域を初めて認識したのは、高橋三郎の先駆的研究を別にすれば、河野仁『〈玉砕〉の軍隊、〈生還〉の軍隊』（講談社、二〇〇一年）を読んだ時のことだと思う（ただし、河野は「軍事社会学」という用語を使っている）。日米の比較を織り込んだ「戦闘の社会学」の分析の斬新さに驚かされた記憶がある。それから二十数年たち、戦争社会学は長足の進歩をとげた。その現段階での集大成が、『シリーズ戦争と社会』である。しかし、評者としての私に期待されているのは、歴史学の立場から何か「もの申せ」ということだと思われるので、ここでは到達点の確認よりは今後の課題を中心にして、自由に論じさせていただきたい。

「新しい戦争」論の登場

近年、ロボット兵器を駆使した無人化された戦争、情報空間での戦争を中心にした「ハイブリッド戦争」などの登場によって、戦争における直接の武力行使の占める比重は低下し、第二次世界大戦型の戦争は時代遅れになったという議論が盛んである。これに伴い平和教育でも、第二次世界大戦の戦争体験を基盤にした教育は、現実の戦争にそぐわないという主張も現れている。例えば竹内久顕編著『平和教育を問い直す』（法律文化社、二〇一一年）は、現代の戦争は、市民同士が殺し合う「内戦」と、攻撃する側と攻撃される側との間に戦力や軍事テクノロジーの面で圧倒的な格差がある「非対称戦争」とに「二極化」したため、「過去の戦争と今日の戦争にズレが生じている」とする。その上で、「過去の戦争を学習したあとに出てくる「戦争は二度としてはいけないと思います」という感想は、このズレをふまえないままだと、現実への展望をもちえない空虚な言葉に終わってしまう」と指摘している。

「過去の戦争」の研究者としては、こうした議論に正直心理的な抵抗感もあるが、正面から受け止めなければならない問題提起であることは確かだろう。ただし、アジア・太平洋戦争の場合でも、一九四四年八月のマリアナ諸島陥落以降の戦争（「絶望的抗戦期」の戦争）は、日米の圧倒的な戦力格差の結果、非対称性の際立った戦争となった。日中戦争以降の全戦没者（民間人を含む）は三一〇万人だが、そのうち一九四四年以降の戦没者は推定で二八一万人、全体の戦没者の九一％である（吉田裕『日本軍兵士』中公新書、二〇一七年）。また、民間人戦没者のほとんどは、絶望的抗戦期の一方的な戦闘の犠牲者である。

ウクライナ戦争の現実

ところが、ロシアのウクライナ侵略戦争は予期せぬ展開をみせている。この戦争は、最新の軍事技術を駆使しつつも、戦争の形態としては、第二次世界大戦型の血みどろの地上戦となっている。ウクライナでの戦争が、第二次世界大戦のような「古典的」な戦争になったことを、一貫して強調しているのは小泉悠である。小泉は、「今回の戦争の様相は非常に古典的である。つまり、大量の兵士と火力を投入し、互いの軍事力を撃滅することで政治的意志の強要を目指す戦争」であるとしながら、「戦争はある様態からまた別の様態に変遷していくのではなく、むしろ戦争という営みに際して」、革新的な軍事テクノロジーの発達によって、「選択可能なオプションが増加しているというふうに考えるべきだ」と指摘している（小泉「ウクライナ戦争が古典的な戦争になった3つの理由」、『地経学ブリーフィング』第一二二号、二〇二二年九月一二日付）。戦争社会学は、腰の重い歴史学などと違って、早くから「新しい戦争」の展開に注目してきた。蘭信三ほか『シリーズ 戦争と社会』刊行にあたって」は、現代の戦争の新たな展開に注意を促しているし、『シリーズ 戦争と社会1』の第Ⅱ部は「冷戦から「新しい戦争」へ」である。ウクライナ戦争の現実も踏まえて、「新しい戦争」をどのようにとらえたらいいのか、それが私たちの問題意識や方法論に何を投げかけてくるのか、さらに議論を深めていく必要がある。

歴史学と戦争社会学

もう一つは、歴史学と戦争社会学との間の架橋という問題である。私の専攻する日本近代軍事史の分野では、一九九〇年代に大きな転換があった。この頃から民衆史・社会史・地域史の側から、戦争や軍隊をとらえ直そうとする研究が急速に進展する。鹿野政直『兵士であること』(朝日新聞社、二〇〇五年)が、「それは、国家が戦争したという視点から一人ひとりが戦場へゆかされ、またいったという視点への移動であった。その意味では、極言すれば軍事史は、国家史の主題から民衆史の主題へと移りつつある」と指摘しているように、研究の進展は、戦史研究などの狭義の軍事史から広義の軍事史への転換を意味した。そして、その担い手は戦後生まれの若い研究者たちだった。しかし、当時の若手研究者が歳を重ねる一方で、現在、大学院の博士課程で日本近代史を研究する学生の数は急速に減りつつある。また、「脱歴史時代」の急速な進展の中で、歴史学の存在意義自体が厳しく問われているという深刻な問題もある(南塚信吾ほか『歴史はなぜ必要か』岩波書店、二〇二二年)。これと対照的に、戦争社会学の分野では、『シリーズ 戦争と社会』や『戦争社会学研究』の執筆者で見る限りでの印象ではあるが、若手の研究者の活躍が目立つ(もっとも若手執筆者の多さは、戦争社会学が学際性の獲得に成功したことの反映かもしれないが)。

この小論を書いている二〇二二年は、「戦後七七年」である。敗戦の年、一九四五年の七七年前は一八六八(明治元)年である。つまり、二〇二三年からは、日本が近代国家としての離陸を始め敗戦に至るまでの時代の長さより、戦後史の方が長くなるわけである。そのこともあって、私は戦争の時代の実証的研究だけでなく、その戦争の時代に戦後の日本社会がどのように向き合ってきたのか、あるいは向き合ってこなかったのか、という問題に取り組むことの重要性を強調してきたつもりである。そこには、戦後史にまで歩を進めて初めて、戦争社会学などの隣接する人文・社会科学との連携が可能になるとの判断もあった。しかし、戦争に関する実証的研究と戦後史に関する研究を統合して進めるのはなかなか難しい。研究者一人一人にとっても、両者を統合するのにはかなりの研究歴を必要とするし、若手研究者の減少によって、研究の継承がうまくいっていないということもあるかもしれない。また、歴史学の研究者は、一般的には方法論の吟味や理論化・類型化に対する関心が低いので、現代社会の分析は不得手である。他方で戦争社会学の分野で研究の進展が著しいのは、やはり「記憶」研究であり、戦争の歴史に対する実証的研究に取り込もうとする人は多くはないだろう。歴史学と戦争社会学の研究者が、それぞれの独自性を生かしながら、戦前から戦後へ、戦後から戦前に越境していくことが、どうしたら可能になるのだろうか。この点をもっと掘り下げて考える必要がある。

『戦争と社会的不平等』のインパクト

その点で、大きなインパクトを感じたのは、戦後のデータから兵役の不平等性を明らかにした渡邊勉『戦争と社会的不平等――アジア・太平洋戦争の計量歴史社会学』(ミネルヴァ書房、二〇二〇年)である。渡邊が座談会「計量歴史社会学からみる戦争」(『戦争社会学研究5』、二〇二一年)の中で、「今回不平等をテーマとした一番大きな理由は、戦争が平等化をつくりだすという従来の知見に対する違和感でした」と語っているように、「総力戦体制」論なども意識しつつ、社会学から歴史学に問題を投げかけようとしていることがわかる。

歴史学の側にも、「犠牲の不平等」に関する藤原彰の先駆的分析がある(『天皇制と軍隊』青木書店、一九七八年)。藤原は、米軍の上陸はなかったが補給を絶たれて飢餓状態に陥ったメレヨン島の事例を分析し、戦死者(大部分は戦病死=餓死)の階級別割合を検討し、階級が上がるに従って戦死率が低下していくことを明らかにした。その背景には食糧の中央管理が徹底し、食糧が上に厚く下に薄く配分されている現実があった。この「犠牲の不平等」については今後本格的な分析が必要である。また、渡邊の問題提起を受け止めるならば、学歴や職業などによる兵役上の不平等がなぜ生じるのかを、歴史学は明らかにする必要があるだろう。そして、そうした分析を積み重ねるならば、歴史学と戦争社会学も含めた社会学との間の協業が可能になるのではないか。

「政治」への向き合い方

もう一つの問題として、「政治」への向き合い方という問題がある。私は戦争社会学に対して、現代政治や戦後政治史との関連のつけ方が禁欲的で抑制的だという印象を持つ。近年、歴史認識の問題で、日本と近隣諸国との間で歴史認識をめぐる対立が激化している。また、一九八〇年代以降、かつての戦争の加害性・侵略性に対する認識が国民の中でもかなりの深まりをみせたものの、二一世紀に入る頃から認識の後退が見られる。そうした中で、ジャーナリズムの世界（特に新聞とテレビ）でも、意見が大きく分かれる問題について言及を避ける傾向、争点を曖昧にして結論を先延ばしにする傾向が強まっている。研究者の世界も、こうした傾向と無縁ではないと思う。蘭信三ほか編『なぜ戦争体験を継承するのか』（みずき書林、二〇二一年）は、戦争体験の継承に関する極めて重要な研究成果であり、私もこの本から多くのことを学んだが、不満も感じる。例えば平和博物館の運営や展示は、いやおうなしに「歴史修正主義」の問題と関係してくると思うが、「歴史修正主義」の問題に関する論及は少ない。

もっとも、現代政治や戦後政治史との向き合い方については慎重な姿勢を維持するというのは、戦争社会学の戦略的判断かもしれない。野上元「戦争社会学が開いた扉」（『戦争社会学研究4』、二〇二〇年）は、「「戦争社会学とは何か」という問いかけ」に対して定義づけというような形で直ちに応答せず、「開かれたまま」にしておいたことが、研究の発展につながったとした上で、「ここで「社会学」の含意じたいは、当面「価値自由」と「学際性」で十分だったということなのだろう。前者は価値中立という意味ではなく、自分の指向性の反省的な把握」だと指摘している。そして、この「価値自由」の結果として、野上が別の論考、「「戦争社会学」が開く扉」（『戦争社会学1』、二〇一七年）で書いているように、戦争社会学は「一方で、（少なくとも平和学ほどには）平和構築に明示的にコミットしていない」という状況が生まれるのだろう。この点では「平和構築」という文脈で、戦争体験の継承にこだわる歴史学との間にずれが生じている。

特に私の場合、精緻な研究史整理に基づいて自分の研究課題を設定するというよりは、戦争責任や歴史認識問題など、現実の日本社会が提起してくる様々な問題の中から研究課題を設定するという性癖が強い。そのため、これまでの研究史に余りとらわれない分だけフットワークが軽くなり、戦前の歴史と戦後史の間を比較的自由に行き来することになる。その反面、現代的課題という価値観が優先されるため、問題意識が異なる研究者との協業の可能性は、実証面をのぞいて、狭められるということにもなろう。

世代間のずれ

以上、述べてきたような研究分野によるずれは、世代間のずれであるかもしれない。私には、無残な死を遂げた人たちに代わって戦争の残虐さ・不条理さを告発する、あるいは生き残った人々に寄り添い「風化」に抗いながら、悲惨な体験を歴史家として記録に残す、という思いが強い。この思いはなぜか加齢とともにますます強くなる。こうした思い入れは、より若い世代の場合は希薄だろう。例えば、今野日出晴「「戦争体験」、トラウマ、そして、平和博物館の「亡霊」」(前掲『なぜ戦争体験を継承するのか』)は、旧日本軍の軍服を身に着けてサバイバルゲームを楽しむ若者たちの中に、「旧日本軍の『軍服』という歴史性とそこに宿る『戦争体験』とを剥ぎ取り、あくまでも趣味のひとつとして、むきだしのモノ(商品)として、自らの欲望のなかで、消費し尽くすという態度」を鋭く読み取る。この今野の指摘に対して、清水亮「歴史実践の越境性」(『戦争社会学研究6』、二〇二二年)は、「個人の趣味が、戦争体験の継承と呼びうるものに帰結していくプロセス」が実際に存在するとして、批判をくわえている。私は今野と問題意識を完全に共有しているが、私たちの世代の強い思い入れが、戦争体験継承の多様なプロセスを見る眼を狭める可能性には自覚的でありたいと思う。私が清水の論考に着目するのは、私自身の中に暴力に対する激しい怒りとともに、清水の言う「媒介・媒介者とともに、「歴史する」ことそれ自体のプロセス」に「楽しさ」を感じる一面があるからだろう。

遺書の持つ歴史性・政治性

最後に、井上義和『未来の戦死に向き合うためのノート』(創元社、二〇一九年)が提起した「特攻による活入れ」に関して、一言だけコメントしたい。特攻隊員の遺書という史料群は、「残されたもの」というだけでなく、「集められたもの」という性格を持つ。二〇二二年八月二八日放送の「クローズアップ現代＋」は、海上自衛隊第一術科学校が特攻隊員の多数の遺書を保管していること、敗戦後に近江一郎という人物が「特務機関の一員」と名乗って遺族をまわり特攻隊員の遺書を回収していたことを報じた。私の調査では、昭和館には旧海軍関係者が寄贈した、厚生省引揚援護局整理第二課『近江一郎氏訪問未済の特攻戦死者名簿』(一九五四年六月)が所蔵されている。整理第二課は旧海軍関係の部局であり、遺書の回収に旧海軍関係者が組織的に関与していたことがわかる。また、最近、インターネットを中心に流布されていた回天特攻隊員の遺書が戦後の創作であることが判明したが、創作した人物は第一術科学校内にある教育参考館の初代館長である（大森貴弘『特攻回天「遺書」の謎を追う』展転社、二〇二一年）。特攻隊員を賛美することによって、作戦を実施した海軍関係者の免責を図る意図があったのではないかと思われる。ちなみに、生き残りの特攻隊員である沓名坂男は海上自衛隊鹿屋航空基地史料館の展示の中に、自分が書いた自筆の遺書を「発見」している（沓名『特攻とは』非売品、一九九二年）。遺書という史料それ自体に関する実証的研究が今後求められている。

以上、文章が「回顧」的、「自分史」的色合いを帯びてしまったことをお許しいただきたい。

投稿論文

「先輩」慰霊の形成と展開

広島市における原爆関連慰霊行事の通時的分析

渡壁　晃
（関西学院大学大学院）

はじめに

本稿の目的は、原爆死者慰霊の「当事者」として第一に考えられる遺族・生存者が減少するなかで、被爆地広島における親密圏での慰霊行事がどのように受け継がれてきたのかを明らかにすることである。原爆死者慰霊研究では、遺族・生存者が慰霊の「当事者」としてみなされ、彼らがいなくなると、彼らがつくっていた集団は解体され、国家などのより抽象的な主体によって慰霊が行われるようになるのではないかと指摘されている。(1) このような先行研究の知見にもとづくと、慰霊行事を行う主体が解散していくことで慰霊行事数は減少すると考えられるが、以下にみるように、実際には慰霊行事数は増加傾向にあると推測される。ここには、遺族・生存者ではない「一般の人びと」を慰霊の「当事者」にするなんらかのロジックやメカニズムが働いていることが予測される。本稿では、慰霊行事の参加者数や参加者の発言の分析を通してそのロジックやメカニズムに迫りたい。

第二次世界大戦後の国際社会では、核軍縮と核拡散が問題となってきた。二〇二一年一月に核兵器禁止条約が発効するなど、核軍縮は少しずつ前進しているようにはみえるが、依然として核の脅威は全世界を覆っている。つまり、核兵器廃絶は現代の重要な政治課題のひとつといえるが、その議論のなかで参照されてきたのが、被爆地／者の体験である。被爆体験と密接に関係する被爆地広島における慰霊実践は核兵器廃絶に関する国際的な議論の原点にあると考えられる点で重要である。たとえば、全市的慰霊行事である平和記念式典が毎年外国のマスメディアによって報道されることは国際的な文脈における慰霊行事の重要性を示している。(2) 慰霊行事を担ってきた遺族・生存者の数が年々減少するなかで、それを継承できるかどうかは行事の実施主体の枠を超えて国際的な文脈でも重要性をもつといえよう。

本稿ではまず、広島市における慰霊行事数の通時的変化をみる。そして、慰霊行事の参加者数や参加者の発言をもとに行事内容を分析する。行事数や参加者数といった量的指標を活用する手法は社会学の原爆関連の研究ではほとんどなされてこなかった。その理由として、社会学の原爆関連の研究では、原爆体験者を原爆の「当事者」とみなし、彼らの語りや手記などをもとに原爆体験に迫ることが主な目的であったことがある。そこでは、原爆の「当事者」の個別具体的な体験が丁寧に描かれ、被爆体験の苦しみ、複雑さ、一般化不可能性といったものを明らかにすることに成功している。一方で、本稿では、語りなどの分析によって「個人」の意味世界に迫るという手法ではなく、行事数や参加者数によって慰霊行事を数量的に把握したい。個々人が慰霊行事に参加する動機を深く理解することよりも、多くの慰霊行事においてどの層の人がどのようなロジックやメカニズムで参加しているのかという共通性を理解したいからである。その際、四節の冒頭に示す「遺族」「生存者」「後輩」という死者との関係性を表す概念を補助線に分析を行う。また、本稿では、原爆の「当事者」に含まれる存在として(原爆死者)慰霊の「当事者」を位置づける。そして、慰霊の「当事者」とは、原爆の「当事者」のなかでも、死者を死者一般としてとらえるのではなく、何らかの縁で死者個々人とつながり、親密圏での慰霊行事に参加する人と定義する。(3) 先行研究のように遺族・生存者のみを慰霊の「当事者」とみなすのではなく、このような慰霊の「当事者」の定義を行うことで親密圏での慰霊行事が継承される過程を明らかにできると考えた。

一、先行研究

戦争死者慰霊の研究

本研究は、西村明が「軍人・軍属など戦闘により亡くなった広い意味での戦死者（戦病死者も含む）に加え、空襲・沖縄戦・原爆等により亡くなった非戦闘員である戦災死者を含めた、戦争により亡くなった死者全般を指す」[4]ものとして定義した戦争死者の慰霊に関する研究群に位置づけられる。

　西村によると、日本において慰霊が学問的な議論の対象となった出発点には、一九六〇年代から浮上してきた靖国神社の国家護持をめぐる政治的・司法的論争があったという[5]。そのような背景をもつこの研究群では、個人（ミクロレベル）と国家（マクロレベル）に注目されてきた一方で[6]、慰霊行事を担ってきたと考えられる中間集団（メゾレベル）は注目されてこなかった。しかし、近年の戦争死者の慰霊に関する研究では地域社会という中間集団に注目する研究が行われている[7]。それらの研究は、戦争死者慰霊における中間集団（地域社会）の重要性を示すことでそれまでの研究をアップデートすることに成功しているが、軍隊の基地が地域社会と密接な関係にあったというような、戦時中に構築された関係をもとに地域社会が戦争死者慰霊に参加していることを指摘するものであり、戦時中に死者と関係のなかった層の人が戦争死者慰霊に参加することは想定されていない。本稿では、中間集団のなかでも学校と企業などの職域集団に注目することで、戦後時間が経つと、戦時中に死者と関係のなかった層の人までもが戦争死者慰霊に参加するようになる現象を明らかにしたい。中間集団のなかでもそれらに注目するのは、学校・企業等は、存続するかぎり新たなメンバーが半永久的に加入し続けるという特徴をもつ集団だからである[8]。戦後、時間の経過とともに人口に占める遺族・生存者の割合が減少しつつある。そのなかで、遺族・生存者を中心とした集団は解体されていく傾向にあることから、新たなメンバーが加入し続けることで存続する学校・職域集団の原爆死者慰霊は相対的に重要になっていくだろう。このような現代社会において、従来の研究ではとらえられなかった、戦争死者慰霊の世代交代という現象を学校・職域集団の慰霊行事を事例にとらえることには意義があると考えた。

原爆の記憶研究と当事者性

　戦後、誰が原爆死者慰霊の「当事者」となったのかを検討するうえで、社会学の原爆の記憶研究における当事者性についての議論に注目したい。この議論が、原爆関連慰霊行事をとらえるうえでの重要な視座を与えてくれると考えるからである。

原爆の記憶研究においては、体験を理解することを目的とする聞き取り調査による研究が行われてきた。そこでは、体験者（＝当事者）／非体験者（＝非当事者）という枠組みは自明のものとされてきた。[9]一方で、すべての人をそれぞれ固有の当事者性をもつ原爆の「当事者」としてとらえたのが深谷直弘の研究である。深谷の研究の注目すべき点は、体験／非体験を問題にせず、すべての人を原爆の「当事者」ととらえたことにある。これにより深谷は、体験者から非体験者への伝達といった記憶の継承だけでなく、長崎の都市空間で暮らし、遠縁に被爆者がいるなどの社会環境にある若者（非被爆者）や被爆者ではあるが鮮明な被爆の記憶をもつわけではない人といった従来の体験者／非体験者の区分にはうまく収まりきらないさまざまな層の人が現代の記憶の継承過程において重要な位置を占めつつあることを明らかにした。そして、原爆の記憶の継承活動においては、当事者性の濃淡をもった人たちがさまざまな社会的条件から継承する主体となり、活動を実践し、その結果、社会のなかに記憶が残されていくという側面があることを指摘している。[10]

深谷による原爆の「当事者」についての議論が示唆するのは、現代の原爆死者慰霊では、慰霊の担い手として第一に考えられる遺族・生存者にとどまらず、より広い範囲の層の人が原爆死者慰霊の「当事者」としてかかわっているのではないかということである。従来の原爆死者慰霊研究においては、遺族・生存者が慰霊の「当事者」であるという前提があったが、[11]すべての人を「当事者」ととらえる深谷の視座を援用することで、遺族・生存者の数が減少する現代における原爆死者慰霊のすがたをとらえることができると考える。

二、データと方法

本稿では、まず一〇年ごとの原爆忌前後に行われてきた原爆関連慰霊行事の量的変化を明らかにする。『中国新聞』に掲載された原爆忌前後の広島における原爆関連行事を網羅的に記述したものとして渡壁晃の研究がある。この研究は、行事を「ヒロシマを想起する実践のうち、公的な要素をもち、特定の期間に開催される催し」[12]と定義し、八月一日から八月一五日までに発行された『中国新聞』に掲載されたすべての行事を記載している。[13]渡壁が記述した原爆関連行事のうち、慰霊行事を取り出し、数を数えた。[14]その際、実施主体別に職域、学校、宗教、被爆者団体、原水禁運動の組織、その他、不明の七カテゴリに分類した。

そして、すべての年代で一定の割合を占めていた学校・職域集団による慰霊行事について、渡壁が参照した『中国新聞』の記事にあたり、どのような人が慰霊行事に参加していたのかを分析した。[15]また、参加者の属性や発言をもとに参加者と死者の関係を推論した。本稿は、渡壁の一連の論文にもとづいて議論を行う点で渡壁論文の「二次分析」といえる。

以上のような手順で分析を行う本稿は、広島の地方紙である『中国新聞』の情報をもとに議論を進めていく。ここで、なぜ新聞記事を用いるのかということと、なぜ『中国新聞』一紙を集中的に分析するのかということについて説明したい。

まず、なぜ新聞記事を用いるのかを説明する。たとえば、現在の慰霊行事の状況を調べるには、参与観察などの方法を用いることが得られる情報量の点で有効であるように思われる。また、一つあるいは少数の団体の慰霊行事の通時的変化を分析するのであれば、年史など、その団体が発行している資料を参照したり、運営にかかわる人物にインタビューをする方法が詳しい情報を得られるという点で有効であるように思われる。しかし、本稿は、広島市の慰霊行事のなかで共通して起こっている現象に関心がある。遺族・生存者の高齢化により世代交代の必要性が高まるなかで、新たに慰霊行事を担うようになったのはどのような属性の人か、そして彼らが慰霊行事に参加するロジックやメカニズムについて広島社会で共通する現象が起こっている可能性を考える。このような関心にもとづいて分析するうえでは、新聞記事を用いるメリットは大きい。その理由は三点ある。一点目は、新聞は出来事としての行事の情報を幅広く集めるのに適していることである。中野康人が指摘するように、新聞にはさまざまな出来事を伝える客観的事実報道の記事と主観的な評価や意見を前面に押し出した社説や投稿欄などの記事がある。[16]本稿は、前者の記事に注目したい。二点目は、新聞記事は長期の蓄積があり、過去に遡って情報を集めるのに適していることである。三点目は、年史などの資料を残していない団体の慰霊行事であっても対象にできることである。これは、新聞記事でしかアクセスできない行事の存在を示唆しており、広島市における慰霊行事の状況を広く把握するには重要である。

もちろん、中野が指摘するように、新聞記事が示すのは新聞社の報道傾向や記事を執筆した記者の主観など、さまざまなフィルターを通ったうえで表現された社会的事実である。[17]そのため、新聞記事を網羅的に調べあげたとしても、実際に行われたすべての行事を知ることはできないだろう。報道されやすい／されにくい行事も存在するかもしれない。「フィルター」の一例としては、「集団の持つ社会的影響力の有無」があげられる。たとえば、本稿で扱う年代のうち、一九六五年だけに広島市原水協の慰霊行事が取り上げられている。一九六五年の原水禁運動の諸行事は近年のものよりも圧倒的に多くの人を集めていたという点で社会的影響力の大きいものであった。しかし、原水禁運動の分裂が長期化するにつれて原水禁運動の社会的影響力は相対的に小さくなっていった。かりに現在、原水禁運動の組織による慰霊行事が行われたとしても、それが一九六五年と同じように新聞に取り上げられることはないように思われる。実際に一九七五年以降も原水禁運動の組織による慰霊行事が行われたかという事実の確認は本稿の射程を超えるので行わないが、「集団の持つ社会的影響力の有無」という「フィルター」を通った結果、一九六五年のみに広島市原水協の慰霊行事が取り上げられた可能性は十分に考えられる。

しかし、このような限界を踏まえたうえでも本稿が関心をもつ、広島市の慰霊行事で共通して起こった現象を明らかにするには先に述べたメリットは見逃せないものであり、新聞記事の通時的分析を行う方法が最善であると思われる。

つぎに、『中国新聞』一紙を集中的に分析する理由を説明する。まず、『中国新聞』は広島の地方紙であり、戦後一貫して原爆関連の報道に力を入れてきたことがある。原爆関連の報道をもとにした書籍も複数出版されており[18]、原爆関連の報道で新聞協会賞を複数回受賞している[19]。このような特徴をもつ『中国新聞』は、数ある新聞のなかで広島の原爆慰霊行事に関する情報が最も多く掲載されると考えられる。つまり、全国紙の地方版などに掲載される行事は『中国新聞』にも掲載されるため、『中国新聞』一紙を集中的に分析することで十分な情報を得られるのではないかということである。

そして、発行部数の多さがある。『中国新聞』は、一九五五年には二〇万四一九二部、一九六五年には二七万二九二七部、一九七五年には四五万二九一一部、一九八五年には六二万一七五一部、一九九四年には七〇万二五七二部発行され、一九八二年には広島県内普及率が六〇％を突破した[20]。また、二〇二二年一〇月一五日現在の発行部数は五一万三四九九部で、広島県内普及率は三五・一五％である[21]。他紙や新聞全体と比べても『中国新聞』の存在感は大きい。一九七五年時点の広島での『中国新聞』の発行部数は、全国紙の一つである『読売新聞』（広島県内で一二万三八九五部発行）[22]を大きく上回っていた。また、二〇二〇年時点の広島県の日刊紙の朝刊発行部数は八一万四〇五八部[23]だったことから、現在も『中国新聞』は広島で大きなシェアを占めていることが予測される。このように広島で圧倒的な発行部数、シェアをもつ『中国新聞』を分析することで広島の慰霊行事の状況を幅広く収集できると考えた。

三、慰霊行事数の通時的変化

広島市における原爆関連慰霊行事の数の通時的変化は**表1**のとおりである。「計」の列をみると、広島市における慰霊行事数は一九九五年に若干減少するものの、一九五五年の一〇から二〇一五年の三八まで一貫して増加傾向にある。一九五五年の慰霊行事数に対して二〇一五年の慰霊行事数は四倍近い数にまで増加している。

「計」の列の分析から慰霊行事数が増加してきたことが明らかになったが、これが実数の変化なのか、新聞の報道傾向に起因するものなのかという疑問がある。そこで、年代別の慰霊碑の建立数を確認する。なぜなら、慰霊行事の多くは慰霊碑の前で行われるため、慰霊碑の数が増加していれば、慰霊行事の実数も増加していると推測できると考えたからである。

広島市のウェブサイトに掲載されていた「原爆関連の慰霊碑等の概要」をもとに、年代別の慰霊碑等の建立数をみると、一九四五年～五五年が三九、一九五六年～六五年が五三、一九六六年～七五年が四八、一九七六年～八五年が三〇、一九八六年～九五年が一七、一九九六年～二〇〇五年が一〇、二〇〇六年～二〇一五年が五と[24]、慰霊碑等の建立数は減少傾向にあるが、戦後初期から近年まで一定数の慰霊碑が建立され続けてきたことがわかる。このことから、新聞記事にみられた慰霊行事数の増加は実数を反映していると考えられる。

つぎに、「職域」と「学校」の列に注目する。「職域」は、一九五五年に三であったが、二〇一五年には一二にまで増えている。また、一九九五年に一四となり、ピークを迎えている。これは、戦後・被爆五〇年を機に慰霊行事を行った企業や団体が多かったことを示している[25]。「学校」は、一九五五年に一であったのが、二〇一五年には八にまで増加している。

表2には、年代別、実施主体別に慰霊行事の報道の有無をまとめている。報道があった場合、〇をつけた。同じ実施主

表1　広島市における原爆関連慰霊行事の数の通時的変化

年	職域	学校	宗教	被爆者団体	原水禁運動	その他	不明	計	学校＋職域
1955	3	1	2	0	0	2	2	10	4
1965	6	0	3	1	2	4	4	20	6
1975	8	5	0	1	0	4	4	22	13
1985	9	7	1	1	0	3	11	32	16
1995	14	2	4	0	0	4	5	29	16
2005	8	8	2	1	0	7	10	36	16
2015	12	8	1	1	0	6	10	38	20

出典：注（13）で示した渡壁の研究をもとに筆者作成

体が複数行事を行った場合は数字で行事数を記入した。また、同じ集団の慰霊行事でも時間がたつにつれて主催者が変わることがある。たとえば、広島市立第一高女の慰霊行事の主催者は旧広島市女原爆遺族会から広島市立高等女学校同窓会、舟入・市女同窓会へと変わっているが、いずれも広島市立第一高女という学校の枠で行われる慰霊行事なので、このようなケースでは連続性があるとみなした。実際には行事が行われたが報道されなかったという場合もあると考えられるが、それぞれの行事がどれほど続いてきたのかを把握するには、これは十分なデータであると考える。

表2からわかるのは、職域では二五主体の行事のうち一四主体の行事が[26]、学校では一〇主体の行事のうち八主体もの行事が二時点以上で開催されたことである。二時点以上で開催された行事をみていくと、数十年にわたって開催されているものも少なくない。時間がたつにつれて同じ参加者が行事を開催し続けることは困難になることから、それらの行事のなかで世代交代が行われてきたと考えるのが自然ではないか。

以上の分析からつぎのことが指摘できる。まず、慰霊の「当事者」として第一に考えられる遺族・生存者が高齢化してきたにもかかわらず、慰霊行事の数が増加してきたと推測

表2　学校・職域集団の慰霊行事の報道の有無（年代別・実施主体別）

カテゴリ	実施主体	1955年	1965年	1975年	1985年	1995年	2005年	2015年
職域	電信電話事業関係（含全電通）	○		○	○	○	○	○
	郵政関係（含中国郵政局）	○		○	○	○	○	○
	元広島師団司令部	○						
	県職員		○	○	○	○		○
	広島市医師会		○		○	○	○	○
	法曹関係者		○			○		
	日本損害保険協会		○					○
	広島国税局		○					
	農業7団体		○					
	広島市公務員			○	○		○	○
	国鉄関係			○	○		○	○
	広島銀行			○		○		
	日本銀行広島支店			○				
	広島市木材同業組合			○				
	中国四国土木出張所（含国土交通省）				○	○	○	○
	広島郵便局				○		○	○
	広島市水道局				○			○
	中国新聞社					○	○	
	日本赤十字社（含広島赤十字・原爆病院）					○		○
	販売会社クマヒラ					○		
	熊平製作所					○		
	中国電力					○		
	建設会社砂原組					○		
	広島ガス					○		
	新聞労働者							○
学校	広島市商（含広島商業高校）	○			○		○	○
	広島市立第一高女			2	2	○	○	○
	広島大学			○	○	○	○	○
	旧制広島市立中学校			○			○	○
	広島女学院大学			○				
	県立第二中				○		○	○
	広島女高師・広島女高師付属山中高女・第二県女				○			○
	第一県女				○		○	○
	旧広島高等師範学校附属中						○	○
	翠町中学校						○	

出典：注（13）で示した渡壁の研究をもとに筆者作成

できる。そのなかで「職域」「学校」による慰霊行事の増加が目立った（**表1**）。さらに、「職域」「学校」の慰霊行事において世代交代が行われたことが示唆された（**表2**）。次節では、これらの慰霊行事の参加者の通時的変化（＝世代交代）を検討したい。

四、学校・職域集団による慰霊行事の参加者の通時的変化

本節では、参加者の変化を分析するために「遺族」、「生存者」、「後輩」という死者との関係性についての概念を設定する。「遺族」は、死者と血縁関係にある者と定義する。ここには、親や子、孫などが含まれる。「生存者」は被爆当時に死者と同じ集団に属していた者と定義する。ここには、同僚、同級生などが含まれる。彼らの多くは被爆者だと考えられるが、必ずしも被爆者というわけではない。たとえば、被爆当日に学校を休んだために被爆を免れた、などのケースであっても、死者の同級生であれば「生存者」という位置づけになる。「後輩」は死者と同じ集団に属する、死者よりも若年の者と定義する。本稿では、死者は生前所属していた学校や職域集団に所属し続けると考える。なぜなら、学校の歴史を語るときに彼らは「被爆死した先輩」として想起されたり、同級生が慰霊碑を建立するなど、死後も集団の一員とみなされつづけるからである。「後輩」には、現役生徒や現役社員などが含まれる。

以上のように三つの概念を設定したが、これらの概念は相互排他的なものではない。被爆死した祖父母と同じ学校に通っていれば、その人は「遺族」かつ「後輩」であるし、被爆死した人の同僚で、彼より年下であれば「生存者」かつ「後輩」である。以下の分析で検討したいのは、「その当時の慰霊行事においてどの関係が前景化したのか」ということである。

遺族による慰霊行事――一九五五年・一九六五年

一九五五年には、四つの慰霊行事が行われた。電信電話事業関係の慰霊行事には勅電電公社副総裁、小野九州電通局長、鈴木電通中央本部委員長ら部内外の名士約一〇〇人、関係遺家族約四〇〇人が参加して行われた。そして、郵政関係の慰霊式には約四〇〇人の遺家族が参列し、山本郵政局長、峰谷逓信病院長ら関係代表とともにしめやかに犠牲者の冥福が祈

られた[27]。さらに、元広島師団司令部の慰霊祭については、新聞記事のなかで元職員、関係遺族の参列を呼びかけていた[28]。広島県商の追弔会も関係遺族が多数参列して行われることが報道されている[29]。

このように、すべての慰霊行事の報道で遺族（一部の報道で生存者）に言及されており、実際に彼らが多数参列した。つまり、一九五五年には遺族と生存者が中心的な参加者だったのである。

一九六五年には、国税関係、農業団体などによる六つの慰霊行事が行われた。八月三日には、国税関係職員を弔う慰霊碑の除幕式と二〇年忌の法要が広島市上流川町の合同庁舎裏庭で行われた。法要には、九州や愛媛、東京などからやってきた遺族や山下広島国税局長、局員、税務署員ら約一五〇人が参列した。同じ日に行われた県下の農業七団体が広島市の農協ビル講堂で行った県農業会原爆物故者二〇周年追悼法要会には、遺族、一般参列者約一五〇人が参加した[30]。そして、八月六日の加古町旧県庁舎跡の慰霊碑前での四〇年度県職員原爆犠牲者慰霊式についての記事では「遺族や当時の職員の方は参拝してください」と呼びかけていた[31]。

このように、この時期の慰霊行事の中心的な参加者は遺族や被爆当時の職員などの生存者であった。この時期には、死者の親世代を含めて多数遺族がおり、生存者も多く存在していた。彼らは人口全体に対して一定の割合を占めていたことと、彼らがそれほど高齢化していなかったことから慰霊行事に参加する人が多かったのだと考えられる。

「後輩」の登場──一九七五年・一九八五年

一九七五年にも、それまでと同様に遺族・生存者が中心的な参加者である慰霊行事が行われている。八月六日には、旧制広島市立中学校の被爆死した級友の同級生が三〇年ぶりに建立した慰霊碑の除幕式と慰霊祭が広島市小網町の天満川河岸緑地で行われた。式には、広島をはじめ、東京、新潟などから遺族や同窓会員ら約三〇〇人が参加した。この行事では、遺族代表三名が慰霊碑の除幕をし、読経の続くなか、参列者がひとりひとり焼香した。同じ日には、広島女学院大学キャンパスの慰霊碑前で同大学の前身である広島女学院専門学院、同高等女学院の職員、学生、生徒の犠牲者の慰霊祭が行われた。慰霊祭には、遺族ら関係者一〇〇人が参列し、慰霊祭の後に遺族約六〇人が懇談し、亡きわが子の思い出に涙を新たにした[32]。

『中国新聞』の一九七五年八月七日朝刊一三面には他にもいくつかの慰霊行事の情報が掲載されていた。見出しをみると、「涙にむせぶ老父母」「級友しのんで念願の碑除幕」と書かれている。また、その新聞記事に掲載された写真のキャプションには、「被爆三十年で慰霊碑が完成した旧制広島市立中学校の慰霊祭に参列し、わが子の名前を探す遺族たち」と書かれている。このことからも、一九七五年時点での慰霊行事の中心的な参加者は遺族・生存者であることがわかる。

一方で、一九七五年には、新たな層の参加者が参入するようになる。八月五日には、広島市役所前庭の慰霊碑前で遺族や現職の職員ら二〇〇人が参列して広島市原爆死没公務員追悼式が行われた。この行事では、荒木市長が「あの日から三十年。広島市は先輩たちの犠牲の上に、近代的な都市としてよみがえった。今後、世界平和の推進に努力することを誓う」と追悼の言葉を述べた。[33]

この行事には、それまで学校・職域集団による慰霊行事の中心的な参加者であった遺族に加えて現職の職員が参加している。そして、現職の市長である荒木市長は「先輩たちの犠牲」ということばで被爆死した当時の職員を想起している。「先輩たち」という表現は、自らが「後輩」として慰霊行事に参列していることを示しているという点で、それまでの参加者に多く見られた遺族や同僚という関係性とは異なる。[34] このように、遺族・生存者が中心でありつつも、「後輩」の存在が前景化してきたのが一九七五年の慰霊行事の特徴である。[35]

一九八五年には、「後輩」の参加が学校による慰霊行事でもみられるようになる。八月四日には、広島市立広島商業高校の原爆死没者追善法要が行われた。この行事では、遺族や卒業生、生徒代表ら約一〇〇人が参列した。全員が焼香した後、山田校長が「戦争の記憶を継承させるのは生き残った者の務め。生徒にわが校の被爆体験を伝えることで、平和の尊さを教えていきたい」とあいさつした。[36]

校長が「生徒にわが校の被爆体験を伝える」と述べたことからは、教育を通して原爆のことを教える必要があると認識していることがわかる。そのような教育活動の一環として「後輩」である生徒代表が慰霊行事に参加することになったのだろう。この背景には、宇吹暁が示したような一九六〇年代末に始まり、とくに一九七〇年代後半から一九八〇年代にかけて盛り上がりをみせた平和教育の広がりがあった。[37] この時期、『原爆犠牲ヒロシマの碑』碑前祭」をはじめ、平和教育と慰霊行事を結びつける試みが行われていた。[38]

遺族から「後輩」へ――一九九五年・二〇〇五年・二〇一五年

一九九五年には、学校・職域集団による慰霊行事において「後輩」が重要な位置を占めるようになっていく。『中国新聞』の一九九五年八月六日朝刊九面には、企業による慰霊行事についての記事が掲載された。この記事からは、それまでとは異なる慰霊行事のあり方がみえてくる。一九七五年の慰霊行事を説明するときに示した新聞記事は「涙にむせぶ老父母」「級友しのんで念願の碑除幕」という見出しで慰霊行事を報じていた。これは、慰霊行事の中心的な参加者が遺族や生存者であることを示していた。一方で、この新聞記事では「先輩悼み決意新た」という見出しで慰霊行事を報じている。これは、「先輩を悼」む「後輩」が慰霊行事の中心的な参加者であることを示しているのではないか。ここで、「後輩」が中心的な参加者となったことを実際の慰霊行事の参加者の属性と発言をみることで確認したい。

八月五日には、建設会社の砂原組が被爆当時本社のあった現在の福屋別館に最も近い超覚寺で原爆死没者法要を開いた。この行事は、一九六〇年代後半以来の久しぶりの法要で、兼友義之社長はじめ役員や二人の遺族を含む四二人が出席した。兼友社長は「先輩社員の多くの犠牲と努力で、現在の礎が築かれた。その労苦をしのびつつ、社の発展を願う」とあいさつした。[39] この行事の四二人の参加者のうち、遺族は二人だけであった。このことから、参加者の数という点では「後輩」がこの行事の中心的な参加者であったといえる。

この時期、遺族・生存者の高齢化がそれまで以上に指摘され、「継承」が差し迫った問題として認識されていた。[40] そのなかで、慰霊行事に参加してきた遺族や生存者はこのことをどのように考えていたのであろうか。『中国新聞』の一九九五年八月七日朝刊一九面には、広島市立高女（現舟入高校）の遺族会長の真田安夫の話が掲載されている。「昨年の五十回忌で区切りを付けたつもりだった」真田は「この日を迎えると、じっとしておれない。やっぱり生きとる限り参ります」と参列した遺族や同窓生、舟入高校の生徒ら約三〇〇人を前にあいさつした。その一方で、「五十年を経ても、原爆で子を奪われた寂しい思いは変わらない。だが、慰霊行事は若い人にバトンタッチしようと思う」とも述べた。[41]

遺族・生存者が高齢化していくなかで、彼らにとっても「後輩」は慰霊行事の継承を託す存在として見出されていたことがわかる。

一九九五年と同じように、二〇〇五年にも「後輩」が参加する慰霊行事が行われている。八月四日には、広島市南区の翠町中学校で被爆死した前身の旧第三国民学校の生徒、教職員を悼む慰霊祭が行われた。慰霊祭には、全校生徒七〇九人と遺族や保護者たち約五〇人が集まった。慰霊祭を主催した生徒会の田村まり委員長が「悲しい過去を学び、次世代につなぐことが二十一世紀の被爆地に生きる私たちの務め」と決意を述べた。(42)

この行事の参加者数をみると「後輩」が「遺族」の数を大幅に上回っていたことと、この行事の主催者は遺族会でも同窓会でもなく、「後輩」である現役生徒からなる生徒会であったことから、この行事の中心的な参加者は「後輩」である現役生徒であったといえる。

二〇一五年も同様の傾向がみられる。八月六日には、旧制広島市立中学校原爆死没職員生徒慰霊祭が天満川沿いの慰霊碑前で行われた。この行事には、遺族や旧制中の流れをくむ基町高校の生徒たち約四五〇人が参加した。この行事に参加した基町高校二年の高岡真央は「後輩として原爆の恐ろしさを伝えていく」と話したという。(43)同じ日には、山中高女の慰霊祭も行われた。この行事では、山中高女の流れをくむ広島大学付属福山高校二年の小松原彩乃が「先輩方の犠牲を繰り返さない」という追悼の辞を読んだ。(44)

「先輩－後輩」という関係で死者を想起することは職域集団による慰霊行事でも行われた。八月六日には、日本損害保険協会中国支部「友愛の碑」慰霊祭が平和大通り緑地帯にある碑の前で行われた。この行事には、損害保険会社などの社員約三〇〇人が集まった。日本損害保険協会中国支部事務局長の吉田徹は「七十年前に犠牲になった同業の先輩に思いをはせ、戦争のない世界への思いを強めた」と話したという。(45)

以上のことから、この時期には、遺族・生存者の高齢化とともに、「後輩」の慰霊行事への参加が増加していき、それと同時に「後輩」が慰霊行事に参加する論理として「先輩－後輩」という関係で死者を想起する現象が広くみられるようになったことが読み取れる。

五、「後輩」が参加する慰霊行事において「二・五人称」の関係が持つ意味

前節では、学校・職域集団による慰霊行事の参加者の変化を検討した。その結果、戦後初期には遺族・生存者が中心的な参加者であったが、時間の経過とともに死者の「後輩」の

参加が目立つようになり、遺族・生存者の高齢化とともに死者の「後輩」が中心的な位置を占めるようになるという世代交代が起こったことが明らかになった。死者の孫やひ孫といった血縁を持つ「遺族」ではなく、死者と同じ集団に属しているという関係にある「後輩」が慰霊行事の中心的な参加者となったのである。ここで重要なのは、各企業、各学校にはそれぞれのもつ歴史など固有性があるにもかかわらず、「先輩－後輩」という論理で慰霊行事に「後輩」が参加するという現象が共通してみられたことである。ここでは、なぜそのような現象が広くみられるようになったのかを「生者－死者」の関係という点から議論したい(46)。

西村は「生者－死者」の関係をとらえるにあたって、二人称、三人称という概念を導入している。二人称とは私的関係個別的関係性にもとづくもので、三人称とは私的関係を超えた公共的・公開的（public）なもので無縁死没者や原爆死者一般への態度にみられるものだという(47)。これらの概念を補助線に慰霊行事における「先輩－後輩」の関係性をとらえたい。

「後輩」は死者とどのような関係でつながっているのであろうか。戦後初期に中心的な参加者であった遺族・生存者はかつて死者と顔の見える関係にあった。つまり、二人称の関係にもとづいて死者を想起しているのである。「後輩」はかつて死者と顔の見える関係ではなかったという点で「後輩」と死者の関係は遺族・生存者と死者の関係とは異なる。

では、三人称の関係にもとづいて「後輩」は死者を想起するのだろうか。西村は三人称という関係性にもとづいて死者を想起している事例として全市的慰霊行事をあげている。「後輩」と死者との関係は、同じ学校・職域集団の一員であるというつながりをもっている点で全市的慰霊行事にみられる原爆死者一般との関係とも異なる。それは、前節でみた「後輩」の参加者による「後輩として原爆の恐ろしさを伝えていく」「先輩方の犠牲を繰り返さない」といった語りに表れている。ここでは、死者を「死者一般」としてとらえるのではなく、「同じ集団に属する先輩」としてとらえていることがわかる(48)。

以上から導かれるのは、「後輩」は戦後新しく参入したメンバーであるため、死者と顔の見える関係ではないが、死者と同じ集団に属している存在であるということである。いわば、私的関係を示す二人称の関係と、原爆死者一般を想起する三人称の関係の間にある、二・五人称の関係(49)で「後輩」は「先輩」である死者を想起していると考えられる。つまり、

「先輩－後輩」というロジックにもとづく二・五人称の関係は、互いに顔の知らない生者と死者が同じ集団に属しているという縁によってつながって人間関係を構築することで「後輩」が慰霊の「当事者」になることを可能にする。そのことは、従来の戦争死者慰霊研究で検討されてきた「個人－国家」関係とは異なる私的関係に準ずる関係にもとづいて、これまで遺族・生存者によって行われてきた親密圏での慰霊を継承する可能性を切り開いたのである。

町内会などの地縁組織や寺院教会の信者組織など、中間集団とよばれる集団は多く存在するが、なぜ学校・職域集団において、二・五人称の関係にもとづく親密圏での慰霊実践が成り立つのかを考察したい。学校は一般的に量的にも質的にも生活の多くの部分を占める学校生活を過ごす場であり、職域集団も同様に量的にも質的にも生活（あるいは人生）の多くの部分を占める職業生活を過ごす場である。このような場における経験はその人の人生にとって大きな意味を持つだろう。そこで構築された人間関係はその人にとって日常生活のレベルで重要な意味をもつと考えるのが自然である。それは相手が死者であっても同様だろう。そのような学校生活／職業生活のなかで得られた縁によって「当事者」として慰霊を行うことは、死者の被爆体験を「自分と関係のある出来事」と考える契機を与えていると考えられる。これこそが、親密圏での慰霊行事の継承を可能にするメカニズムではないか(50)。

本稿の社会学的意義は、従来原爆死者慰霊の「当事者」として想定されてきた遺族や生存者とは異なる層の人（とくに新しい世代）が、「先輩－後輩」というロジックによって死者とつながり、「当事者」として慰霊行事に参加することで、親密圏での原爆死者慰霊が継承されつつあるという現象が被爆地広島で共通してみられることを示したことにある。直野章子は、時の流れとともに家族や学校という死者が属していた集団は解体し、それらの集合的記憶も消え去ることになるため、原爆死者追悼もより抽象的な社会の集合的記憶や国家の論理に吸収されていく可能性が高いと指摘した(51)。たしかに、遺族・生存者の記憶は解体されていくのだろう。しかし、本稿が示すように、遺族・生存者の数が減少していくなかでも、慰霊行事の数は増加傾向にあると推測できた。そして、学校・職域集団による慰霊行事においては、「後輩」は原爆死者一般としてではなく、同じ集団に属する「先輩－後輩」という関係で死者を想起するようになった。これは、直野のいう「より抽象的な社会」よりも具体的な学校・職域集団という準拠集団の枠によって慰霊を行うということである。このことは、直接死者のことを知る遺族・生存者がいない時代が訪れたとしても、学校・職域集団によって、「より抽象的な社会」の集合的な記憶や国家の論理とは異なる親密圏での原爆死者慰霊が存在し続けることを示唆している。

さいごに、残された課題について述べたい。本稿は、広島における原爆関連慰霊行事に共通する傾向を示すことに重点を置いたため、慰霊行事のなかで参加者が何を考えているのかということには十分に踏み込めなかった。注で示したインタビュー結果は近年の学校集団による慰霊行事において「先輩－後輩」という関係が重要になっているという本稿の主張を補強するものであったが、一人の聞き取りデータの一般化には慎重になるべきであるため、今後、現地調査やインタビューをさらに積み重ねていきたい。そのことによって、「後輩」の参加者が語った「先輩たちの犠牲」などのことばと慰霊行事の継承の関係がみえてくると考える。

注

(1) 直野章子「戦死者追悼と集合的記憶の間——原爆死した動員学徒を事例として」(『理論と動態（七）』、社会理論・動態研究所、二〇一四年、二～一九頁)。

(2) 反核運動の高まりとの関連など、平和記念式典が報道される背景にはさまざまなものが想定される。しかしここでみておきたいのは、これまで社会状況が変化してきたにもかかわらず、長年平和記念式典が外国メディアによって報道されてきたということである。

(3) これは、後述のすべての人を原爆の「当事者」とみなす深谷直弘の視点から着想を得た。

(4) 西村明『戦後日本と戦争死者慰霊——シズメとフルイのダイナミズム』(有志舎、二〇〇六年、三頁)。

(5) 西村明「今後の研究のために——『慰霊の系譜』と『慰霊研究の系譜』から」(村上興匡・西村明編『慰霊の系譜——死者を記憶する共同体』、森話社、二〇一三年、二七二～二八二頁)。

(6) ミクロレベルの戦争死者の慰霊を論じたものとして、たとえば籠谷次郎『近代日本における教育と国家の思想』(阿吽社、一九九四年)、一ノ瀬俊也『故郷はなぜ兵士を殺したか』(角川学芸出版、二〇一〇年)がある。マクロレベルの戦争死者の慰霊を論じたものとして、たとえば村上重良『慰霊と招魂』(岩波書店、一九七四年)、川村邦光編『戦死者のゆくえ——語りと表象から』(青弓社、二〇〇三年)がある。この整理は西村前掲書を参考にした。

(7) たとえば、孝本貢「現代日本における戦死者慰霊祭祀——特攻隊戦死者の事例」(圭室文雄編『日本人の宗教と庶民信仰』、吉川弘文館、二〇〇六年、四六四～四八一頁)、清水亮「『予科練』戦友会の社会学——戦争の記憶のかたち」(新曜社、二〇二二年）がある。

（8）もちろんすべての学校・企業が存続してきたわけではないだろう。長崎の事例であるが、学校の統合による影響を検討したものとして四條知恵「長崎市の公立高等学校における原爆の記憶の形成——県立瓊浦中学校（県立長崎西高等学校）の事例から」（『社会分析（三八）』、日本社会分析学会、二〇一一年、一五五〜一七二頁）がある。

（9）たとえば、八木良広「被爆者の現実をいかに認識するか？——体験者と非体験者の間の境界線をめぐって」（浜日出夫編『戦後日本における市民意識の形成——戦争体験の世代間継承』、慶應義塾大学出版会、二〇〇八年、一五九〜一八六頁）がある。

（10）深谷直弘『原爆の記憶を継承する実践——長崎の被爆遺構保存と平和活動の社会学的考察』（新曜社、二〇一八年）。

（11）直野、前掲論文。

（12）渡壁晃「広島における原爆関連行事の通時的変化（一）」（『関西学院大学社会学部紀要（一三六）』、二〇二一年、八七頁）。

（13）渡壁、前掲論文、渡壁晃「広島における原爆関連行事の通時的変化（二）」（『関西学院大学社会学部紀要（一三七）』、二〇二一年、一一三〜一三二頁）、渡壁晃「広島における原爆関連行事の通時的変化（三）」（『関西学院大学社会学部紀要（一三八）』、二〇二二年、一一三〜一三三頁）。

（14）本稿での慰霊行事とは、慰霊祭、慰霊式、法要、追弔会、追悼式、追悼行事、供養行事、慰霊の集い、礼拝、祈念祭、碑前祭のことである。

（15）本稿では行事名や主催者等が略称等であっても原則新聞記事の表記のまま記述した。

（16）中野康人「社会調査データとしての新聞記事の可能性——読者投稿欄の計量テキスト分析試論」（『関西学院大学先端社会研究所紀要（一）』、二〇〇九年、七一〜八四頁）。

（17）中野、前掲論文。

（18）たとえば、中国新聞社編『証言は消えない——広島の記録Ｉ』（未来社、一九六六年）、中国新聞社報道センターヒロシマ平和メディアセンター『ヒロシマの空白——被爆七十五年』（中国新聞社、二〇二一年）がある。

（19）中国新聞社「受賞歴」（中国新聞社コーポレートサイト、https://chugoku-np.com/company/award/、二〇二三年一月二八日アクセス）。

（20）中国新聞社史編さん室編『中国新聞百年史資料編・年表』（中国新聞社、一九九四年、二三八〜二三九頁）。これらは各年五月五日時点の朝刊の発行部数である。一九五五年から一〇年ごとの値とこの資料の最新の値（一九九四年）を記載した。

（21）中国新聞社「発行部数｜中国新聞広告のご案内」（中国新聞ホームページ、http://www.ad-chugoku.com/circulation/、二〇二二年一一月一八日アクセス）。

（22）読売新聞１００年史編集委員会編『読売新聞百年史　別冊資料・年表』（読売新聞社、一九七六年、一五二頁）。これは、一九七五年一一月一日の発行部数である。

（23）一般社団法人　日本新聞協会編『日本新聞年鑑二〇二二』（一般社団法人　日本新聞協会、二〇二一年、四一二頁）。

（24）広島市「原爆関係の慰霊碑等の概要」（広島市ホームページ、https://www.city.hiroshima.lg.jp/site/atomicbomb-peace/9947.

html、二〇二二年一一月一一日アクセス）。ここに掲載された慰霊碑の情報をまとめたファイルは中区については二〇一六年三月に、その他の区については二〇一五年二月に広島市平和推進課が作成したものである。ここには詩碑など、慰霊碑以外の情報も含まれていたが、分析が恣意的になることを防ぐため、それらも含めて分析した。また、ファイルには戦前に建立された「被爆した墓石」の情報も含まれていたが、本文中では戦後に建立されたものについて記載した。

(25) 表2をみると、一九九五年に初めて報道された七主体の行事のうち、五主体はそれ以降行事が報道されていない。このことから、一九九五年から二〇〇五年にかけて「職域」の行事数が減少したのは、戦後・被爆五〇年を機に慰霊行事を行った職域集団の一定数がその後行事を行わなかったからであるといえるだろう。

(26) 一回きりの行事が多く行われたと考えられる一九九五年にはじめて報道された行事を除くと、一八主体の行事のうち、一二主体もの行事が複数回行われている。

(27)『中国新聞』一九五五年八月六日、夕刊、三面。

(28)『中国新聞』一九五五年八月四日、朝刊、八面。

(29)『中国新聞』一九五五年八月五日、朝刊、八面。

(30)『中国新聞』一九六五年八月四日、朝刊、六面。

(31)『中国新聞』一九六五年八月五日、夕刊、四面。

(32)『中国新聞』一九七五年八月七日、朝刊、一三面。

(33)『中国新聞』一九七五年八月六日、朝刊、一七面。

(34) 荒木市長は被爆者であるが、被爆当時は三菱造船所に勤務していたので本稿での「生存者」にはあてはまらない（荒木武『ヒロシマを世界へ』（ぎょうせい、一九八六年、ページ番号なし））。重要なのは、荒木が「被爆者」としてではなく、「後輩」として参加していることである。

(35) これは、それまで現職の職員が慰霊行事に参加していなかったことを示すものではない。たとえば、前述の一九六五年の国税関係の慰霊行事には税務署員が参加している。しかし、当時「先輩‐後輩」というロジックは前景化していなかった。現職の職員が「先輩‐後輩」というロジックで慰霊行事に参加するという現象は一九七五年に新たにみられるようになった。

(36)『中国新聞』一九八五年八月五日、朝刊、一二面。

(37) 宇吹暁『ヒロシマ戦後史――被爆体験はどう受けとめられてきたか』（岩波書店、二〇一四年、二六八～二六九頁）。

(38)「原爆犠牲ヒロシマの碑」は広島県高校生平和ゼミナールの原爆がわら発掘運動がきっかけとなり建立されたものである。この行事には広島市内の小中学生・高校生のほか県外からも高校生が参列した（『中国新聞』一九八五年八月五日、夕刊、三面）。この行事自体は「学校」によるものではないが、平和教育と慰霊行事のつながりを象徴的に示す事例といえる。

(39)『中国新聞』一九九五年八月六日、朝刊、九面。

(40)『中国新聞』一九九五年八月七日、朝刊、一面。

(41)『中国新聞』一九九五年八月七日、朝刊、一九面。

(42)『中国新聞』二〇〇五年八月五日、朝刊、二八面。

(43)『中国新聞』二〇一五年八月七日、朝刊、二九面。

(44)『中国新聞』二〇一五年八月七日、朝刊、三三面。

(45)『中国新聞』二〇一五年八月七日、朝刊、二九面。日本損害保険協会中国支部は業界団体であるため、個々の企業とは性質が異なる部分もあるだろう。しかし、ここで重要なのは、その集団内で仕事上の人間関係を構築するかということである。その点では業界団体と企業は類似しているといえよう。

(46)「先輩－後輩」関係の特徴をとらえるために、複数の属性を持つ場合を除いて考える。

(47) 西村、前掲書、八九～九〇頁。

(48) 筆者は二〇二二年八月六日に広島市中区小町「追憶之碑」で行われた広島県立広島第一高等女学校原爆犠牲者追悼式に参加した。そこには第一県女の流れをくむ広島皆実高等学校の生徒が参加していた。式典後には担当教員の紹介で、追悼式で「誓いの言葉」を述べた生徒会長A（仮名、二年生）にインタビューすることができた。Aへのインタビューからは、まず、「広島皆実高校が第一県女の一応後輩的な立ち位置にあたるので参加」したことがわかった。式典中の「誓いの言葉」では「広島第一高等女学校の先輩方が、被爆し命を落とし、生き残った先輩方も生きていくことが辛い日々を送ってこられた事を知」ったことで原爆の被害を「一般的で他人事」の出来事ではなく「とても身近」なものに感じたと述べた。そして、「誓いの言葉」で「先輩」ということばを用いたことについて尋ねると、第一県女出身の死者、被爆者との関係は「先輩－後輩」としてとらえており、一般の死者、被爆者とは異なる存在であると語った。

(49)「二・五人称」は専門家と当事者の双方の立場を併せ持つ視点を表すことばとして一部において用いられることがある。たとえば、柳田邦男「医療と『二・五人称の視点』」（『日本臨床外科学会雑誌（六五）』、二〇〇四年、一八五頁）がある。

(50) 前述のインタビューで、Aは「先輩に被爆した方がいることで、後輩の私たちが、こう、今を生きている私たちが、ちゃんと学校生活を楽しく送って先輩方の送れなかった学校生活を一生懸命することが使命なんじゃないかなって考えるようになっ」たと述べた。このことから、原爆について考えたり（たとえば、追悼式における死者追悼）、原爆と日常生活を結びつけるうえで、「先輩－後輩」という人間関係が重要であることがわかる。

(51) 直野、前掲論文。

投稿論文

「ナショナルなもの」としての戦艦

戦艦建造事業を通じたナショナル・アイデンティティ構築過程の分析

塚原真梨佳
（立命館大学大学院）

はじめに

陸奥と長門は日本の誇り（1）

これは、児童雑誌『少年倶楽部』一九三〇年新年号付録のいろはカルタの読み札である。本稿では、このような戦艦という軍事技術の所産を「ナショナルなもの」とみなし、それを通じて普遍的な国家像あるいは国民的主体像を描き出す言説的実践（2）を主題として取り扱う。カルタには「何一つ外国人の智恵も借らず、全く日本の海軍の力で生まれたもの。世界各国も我が陸奥、長門の威力には目をみはってびっくりしている」という解説が付されている。ここでは、戦艦の価値を戦績ではなく、日本海軍の独力で建艦したこと、そして技術的性能に見出していることが分かる。本稿で後に示すように、このような戦艦を自国の科学技術の結晶とみなし、その優秀性に国家の誇りを見出す言説は戦艦の自国建造が開始された明治期から見られるものである。したがって、これらの言説を分析することで、日本が近代国家として軍備を整備していく中で、軍事技術がいかに語られ、ナショナル・アイデンティティの基盤となり得たのかを明らかにできると考える。

本稿の目的は、造艦技術やその所産としての戦艦が「ナショナルなもの」として見出されていく過程を明らかにするとともに、科学技術に依拠したナショナル・アイデンティティの形成過程とその特質を解明することである。

本稿の目的を達することは、近代化とナショナル・アイデンティティの関係を理解することにつながる。なぜなら、日本の近代化は「工業化」を中心的なプロジェクトとして進行したため[3]である。日本の近代化が推進される中で、殖産興業・富国強兵というスローガンが掲げられたが、いずれも科学技術の導入及び産業の工業化が前提とされた。つまり、日本の近代化は様々な面において工業化と不可分であり、科学技術が近代国家としての日本のあり方を規定した側面があるといえる。そしてそれは制度的な国家のあり方や産業の構造だけでなくアイデンティティの次元にも及んだのではないかと推測される。よって本稿では、科学技術に依拠したナショナル・アイデンティティの形成過程と特質を分析することで、日本が近代化の歩みの中でいかにして自らのアイデンティティを形成し得たのか、そしてそれがいかなるものであったのかを示すことができると考える。

研究背景

近代国家としての歩みを開始した時期の日本におけるネーションないしはナショナル・アイデンティティ形成の問題については、様々な角度から分析が行われてきた。ネーション形成をめぐる試みは日清戦争以後で特に顕著であるとされ、国語学[4]や唱歌などの文化方面における試み[5]が諸分野で分析されてきた。科学技術についても同様に、国家像との結びつきが指摘されている。社会学者の吉見俊哉は『博覧会の政治学[6]』において、日本が近代国家として成立していく上で、「帝国」の「産業」のディスプレイ」としての博覧会の役割が重要視され、プロパガンダ装置あるいは民族教化の装置として機能したことを明らかにした。当時の大衆は自国の産業や技術がディスプレイされた博覧会を通じて「欧米列強に比肩する近代国家としての日本像」を内面化していった。すなわち、博覧会の場において「科学技術」は近代国家としての日本像を表象する存在であったといえる。

他方で、科学思想史や技術史などの分野においても、近代日本における科学技術とナショナリズムの関係や帝国の道具としての科学技術について検討が加えられてきた[7]。科学史研究者の山本義隆は、明治以降日本が一貫して「列強主義・大国主義ナショナリズムに突き動かされて、エネルギー革命と科学技術の進歩に支えられた経済成長を追求してきた[8]」とする。この指摘はすなわち、科学技術が国家拡張の手段としてナショナリズムと固く結びついていることを示すものである。ただし、本稿で注目するのは、むしろ手段としての科学技術それ自身が「ナショナルなもの」として見出され、ナショナル・アイデンティティの拠り所として機能していく事態である。山本も、明治日本において科学技術に対し実態以上の過大な期待を寄せる科学技術幻想が見られることを指摘している。それは手段としての有効性に対する絶対的な信頼や過度な期待を示すものだが、これらの合理性を超えた科学技術幻想は、科学技術に対して手段以上の意味を見出していく回路となりうると考えられる。

さらにいえば、そのような科学技術幻想は、軍事の領域においても軍事観・戦争観の形成に一定の影響を及ぼしたと考えられる。歴史学者の一ノ瀬俊也は、戦艦や戦闘機をめぐる言説分析を通じて近現代日本の戦争観・軍事観を実証しているが、分析を通じて、日本社会において戦争が一種の「虚構性」を孕んで受容されていたことを示す(9)。一ノ瀬の言う戦争の虚構性とは、現実や合理性とは異なる次元における戦争に対する理念や理想、精神主義的な思想といったものである。本稿では、このような戦争における虚構を下支えした一要素として科学技術への信奉に注目したい。なぜならば一ノ瀬の例示する戦争における虚構の例には自軍の技術的優秀性を根拠とするものが少なくないからである。例えば、戦艦大和を不沈艦と信じ精神的支柱とみなす思考や、あくまで海戦は艦隊決戦によって決すると信奉する大艦巨砲主義的な信念体系などがそれである。したがって、科学技術、特に軍事技術をめぐるナショナル・アイデンティティの言説的実践を分析することは、科学技術とナショナル・アイデンティティの関係を解明するのみならず日本社会の軍事観・戦争観をみることにもつながるだろう。

本稿では以上の議論を念頭に置きつつ、先行研究が示してきたナショナリズムを動機とした国家の経済成長・拡張を追求する手段という科学技術観とは異なる、科学技術それ自体が国民の共同性や帰属意識の基盤となりうる事態について検討したい。

方法と構成

本稿では、雑誌『海軍 The Navy』(以下『海軍』)を主な史料として用いて分析を行う。『海軍』は、日露戦争終結直後の一九〇六年から一九二一年頃まで月間で刊行されていた軍事雑誌である。[10] 国民に対する海事思想の啓蒙を目的に創刊された本誌の内容は、日本および諸外国の艦艇情報、戦術論、戦艦をはじめとした各兵器に関する技術論、日本海軍に関係する時事情報など多岐にわたる。また、専属の記者だけでなく、経済学者や工学者といった学術界の専門家も執筆を行っている。さらに民間人のみならず元将校などの海軍ＯＢ、現役の海軍士官といった海軍関係の執筆者も多く、ゆえに海軍の公式見解とまでは言えないものの、同誌の言説からは日本海軍に携わる人々が自軍の造艦技術をいかに言語化し評価していたかを一定程度推し量ることができると考えられる。

なお、本稿において『海軍』を分析対象として取り上げる理由はその刊行時期にある。本誌が刊行されていた約一六年間は、自国産戦艦の建艦を開始した年から世界水準の大戦艦である長門・陸奥を建艦した時期までを網羅する期間であり、日本が英米と建艦競争を繰り広げた中心的時期でもある。したがって、本誌の言説の変遷を通時的に整理・分析することで、日本が技術後発国として自国産戦艦の建艦を開始してから世界水準に達するまでの技術発展の過程において、造艦技術がいかに言説化され、戦艦建造を通じたテクノ・ナショナリズムが構想されていたかを明らかにできると考えた。

ただし、『海軍』には史料的限界もある。同誌には読者投稿欄などが存在せず、言説の受容の問題については誌面から分析することはできない。ゆえに、同誌にて主張された戦艦建造技術を拠り所に構想されたナショナル・アイデンティティを当の国民がいかに受け止め、内面化していたかという点については本稿で十分に明らかにすることは難しい。[11] したがって本稿では、あくまで同誌の書き手である海軍関係者が、いかに自軍の造艦技術を言説化し、ナショナル・アイデンティティと結びつけていったのかに焦点を当てて論じていきたい。

本稿の構成は以下の通りである。まず第一章では、日本初の純自国産戦艦である戦艦薩摩をめぐる言説の分析を中心に、技術後発国として造艦技術の開発を開始した日本が、いかに自国産戦艦を評価し国家のアイデンティティと結びつけていったのかを検討する。続く第二章では、第一次世界大戦を契機に国際社会における日本の立ち位置が変化していく中で、戦艦にいかなる意義が見出されていたのか、またなぜそのような意義が語られる必要があったのかを分析する。そして第三章では、一九二〇年代における日本の技術的到達点である長門型戦艦に関する言説を、同時期に起こったワシントン軍縮との関わりも踏まえて分析し、科学技術に依拠したナショナル・アイデンティティの特質について考察する。

一、初の自国産戦艦薩摩と技術後発国としてのアイデンティティ

日露戦争において戦勝の象徴として広く知られることとなった戦艦三笠（以下、三笠）であるが、当時、三笠はメカニズムの面から評価されていたわけではなかった。雑誌『海軍』においても日露戦争の話題は繰り返し取り上げられ、三笠の戦績についても激賞されている。しかし、三笠に対する賛美は日本海海戦において神がかり的な勝利をもたらしたという戦績にのみ集中し、性能やメカニズムについての言及はほとんどなされていない。日露戦役特集号における戦闘詳報は、三笠をはじめとした連合艦隊勝利の要因を「天皇陛下の御稜威の致す所」「歴代神霊の加護に依るもの」としている。[12]すなわち日本海海戦の歴史的勝利は、戦艦という科学技術の力によってもたらされたものではなく、天皇の御陵威や神霊の加護といった自国由来の神話や霊性にその要因が求められたのである。

では、なぜ三笠はメカニズムの側面からほとんど言及されることがなかったのだろうか。その要因として、三笠の出自が挙げられる。三笠は近代海軍整備のため、一八九八年に明治政府がイギリス・ヴェッカース社に発注、イギリス人技術者の手によって建艦された戦艦である。他の主力艦もほとんどが輸入品であり、日露戦争時の連合艦隊の主力はほぼ輸入戦艦によって構成されていた。技術史研究者の中岡哲郎は「日本海海戦の劇的な勝利はナショナリズムを熱狂させたものですが、そこにはちょっぴり日本人のプライドを傷つける要素が含まれていました。それは勝利した日本艦隊の主力は、旗艦三笠を先頭にイギリス製輸入戦艦であったということです」[13]と指摘している。『海軍』誌上においても熱狂したナショナリズムに水を差すような、旗艦三笠はじめとした主力艦の「出自」については全くと言っていいほど無視されている。中岡の指摘するように、外国産の戦艦であった三笠については、その性能を自国の手柄として誇示することができなかったと考えられる。

そのような状況に変化が生じるのは、日露戦争直後に初の自国産戦艦薩摩（以下薩摩）が進水したことを契機とする。薩摩は、一九〇四年の日露戦争開戦時の臨時軍事費の予算成

立によって乙号戦艦として建造計画が実行され、艦体は横須賀海軍工廠、装甲は呉海軍工廠で全て造られた日本初の「純国産」戦艦である。一九〇五年五月一五日に起工し、翌年一一月一五日に進水式を行っている。日本国内では薩摩以前に「筑波」「生駒」の二巡洋艦の国内建艦を果たしているが、戦艦級の主力艦の建艦はこの薩摩が初のこととなる。常備排水量約一万九〇〇〇トンで、建艦当時世界最大の巨艦であった。

初の自国産戦艦である薩摩は、誌上においてもメカニズムの側面から評価されており、造艦技術と自国の優越性が結び付けられて賛美の対象となっている。

日本一というだけでも既に大なる愉快だ、それが世界一というに至っては、愉快の情に千萬たらざるを得ん。(中略)呉では「筑波」「生駒」という二大巡洋艦を建造しあげたが、是まで日本自らの手で戦艦の建造をする事は無かった。それは実に横須賀海軍工廠に於ける此の「薩摩」に初まったのである。第一に着手した戦艦が世界一の巨艦「薩摩」であるとは、我造艦術の進歩も亦誠に急速を極むと言わざるを得ん。(14)

自国の戦艦を「世界一」と絶賛し、造艦技術について言及するのは三笠をはじめとした外国産戦艦についての言説には見られなかった特徴である。このような薩摩に対する「世界一」という修辞には自国の技術力を根拠に他国に対する自国の優越性を誇示しようとする意図が垣間見え、技術力や工業力と国家の威信との結びつきが見られる。

また、職工たちへの言及が見られるのもこれまでになかった特徴として挙げられる。

今日の進水式の成功したのは、是れ皆御稜威に依るのみと結論した。「薩摩」の起工は三十八年の間、係官の奮励苦心は言うばかりも無かったろうが、聞けば職工の精励も尋常では無かったという。さもこそ上下を通じての努力が一致しなければ、斯くの如き大成功を見る事はできなかったのである。(15)

進水式の成功の要因を天皇の御稜威によると評していることは日本海海戦における三笠の評価と同様であるが、一方で実際に建艦にあたった係官や職工たちの奮励も要因の一つであり「上下通じての努力の一致」が薩摩進水式の成功を導いたと結論づけている。つまり、自国民の手によって造り上げられた戦艦である薩摩については、係官や職工の実質的な働きを評価することで、薩摩の進水成功という偉業の価値を示すことができたのである。

しかし、実際の他国との建艦競争の状況的には、薩摩は手放しに「世界一の戦艦」と賞賛できるものであったとは言い難い。というのも薩摩の進水にわずかに先んじてイギリスにおいて当時の最新式戦艦である「ドレッドノート」が就役したためである。ドレッドノートは、一九〇五年一〇月に起工し、一九〇六年二月に進水、同年一二月に就役したイギリス戦艦である。日本海海戦の戦況を反映させ、単一巨砲による武装や蒸気タービン搭載による高速化など従来の設計思想とは全く異なる革新的な設計思想によって開発された戦艦であり、近代戦艦建造史におけるエポック的存在でもある。[16] 薩摩の起工自体は一九〇五年五月とドレッドノートに先んじていたが、イギリスがドレッドノートをわずか一〇カ月あまりで完成させてしまったために、薩摩は進水前に既に旧式艦となってしまったのである。薩摩は確かに排水量こそドレッドノートに勝っていたが、イギリスの革新的な設計思想やそれをわずかな期間で実現する技術力や工業力には到底及ばなかった。

もちろん、薩摩を「世界一」と賞賛していた『海軍』の執筆陣も、ドレッドノートの存在を決して無視していたわけではなかった。ドレッドノート就役後の誌上においてはドレッドノートの偉業を称賛し、その意義を紹介する記事が複数掲載されている。[17] にもかかわらず、当時の『海軍』ではなぜ薩摩を世界一と称し得たのだろうか。

薩摩を「世界一」と賛美する主張においては「後進国」という負のアイデンティティをあえて強調することで自国の優越性を主張する、半ばねじれたロジックが用いられていたことが指摘できる。下記の引用に示すように、当時の誌上ではドレッドノートを建艦したイギリスの偉業を認めつつも実質的な性能や技術力とは異なる面で日本の優越性が主張されていた。

先進海軍国の英国が、巨艦「ドレッドノート」を建造し出して、僅に十一ヶ月の間に進水式を挙行する迄に運んだという事を聞いて、世界は嘆称の眼を見張った。最も後進の我国が、材料の収集に不自由な戦争中に工を起し、僅々十三ヶ月の間に「ドレッドノート」の屯数に増さる事更に千二百屯の大戦艦を建造し、成功したる進水式を挙行した事を見たならば、世間は如何なる評判を之に向って投ずる事であろう。[18]

ここでは、日本が後進国かつ戦時下という不利な状況にあったことが強調され、そのような不利な状況にもかかわらずドレッドノートよりも排水量の多い艦を作り上げたという点に日本の優越性が見出されている。本来であれば、後進国であるという事実は他国に対する優越を根拠とするナショナル・アイデンティティを構築する上では躓きの石となりうるはずである。しかしながら、ここでは日本の技術後発国という立場をあえて強調することで、逆説的に自国の優越性を誇示しているのである。

仮に日本がイギリスと同等の立場であったとするならば、同条件でドレッドノートに劣る戦艦しか作り得なかったということになる。しかし、日本が劣った立場であったとすれば、「イギリスに劣っているにもかかわらず」ドレッドノートに勝るとも劣らない戦艦を造り上げた日本の優秀性が主張できるのである。このように、技術後発国という立場を逆説的に自国の優越性の根拠として用いることで、当時の執筆陣はドレッドノートも正当に評価しながら、薩摩を自国の優れた技術的所産として誇示していた。

しかしド級艦の建艦競争に本格的に立ち遅れるようになると、薩摩を従来の論理で「世界一」と誇示することは難しくなり、その評価が反転してしまう。ドレッドノートの登場により、各国の建艦競争は新たな局面に突入する。革新的な新戦艦の登場は、従来の既存艦を一気に陳腐化させてしまった。それゆえ、これまでの技術的な蓄積が無効化され各国同じスタートラインで競争が仕切りなおされることとなる。日本も一九〇九年に国内初のド級艦として河内型戦艦を起工するが、ド級艦の定義から外れる装備であることを理由に準ド級艦という低評価を受ける。また一九一二年にはイギリスで世界初の超ド級艦オライオン級が竣工しており、建艦競争の舞台はド級艦から超ド級艦へと移り変わりつつあった。[19] このような状況下において、進水当初は「世界一」と称されていた薩摩の評価に変化が見られるようになる。例えば一九一二年七巻九号で、薩摩は以下のように評されている。

その一艦（＝薩摩：引用者補遺）が過渡時代の不具的戦艦であって、今は殆ど論議の価値がないにせよ、吾人は現在「摂津」「河内」の竣工せぬ間は、此国辱的戦艦を唯一の堅艦として頼みにせねばならぬのである。（中略）我「さつま」級二隻は所謂混成武装艦の最後のものであつた、つまり「さつま」は前「ドレッドノート」時代と巨大時代との或る調和を無理に得んがために現れた過渡期の不具者に外ならぬのである。[20]

進水当初は「世界一」と称され、後進国でありながら先進国に勝るとも劣らない偉業を達成したと評価されていたにもかかわらず、一九一二年には「国辱的戦艦」「過渡期の不具者」と正反対の評価が下されている。わずか数年の間に同誌上における評価が反転した理由は、誌面において直接述べられてはいない。だがこの時期に薩摩に対する評価が反転し、後発国をあえて強調してまで自国の優越性を誇示する論理が見られなくなった要因として以下の点が指摘できる。まず、この時期既に建艦競争に本格的に立ち遅れていたこと、そして、ド級艦建艦競争においてはイギリス以外の全ての国がイギリスに対して後発国となったため、後発国であるということが自国の優越性を主張する根拠となり得なかったと推測できる。

ここまで、一九〇〇年代半ばから一九一〇年代前半までの自国産戦艦をめぐる言説の変遷を分析してきた。外国産戦艦は、たとえ戦勝の象徴であってもメカニズムの面から自国の優越性を示す存在として語ることができなかった。しかしながら、自国産の戦艦であれば技術とナショナル・アイデンティティを結びつけて物語ることが可能になっていた。ただし、初の自国産戦艦は必ずしも他国に対して圧倒的に優越する成果ではなかったため、技術後発国であるという自国のディスアドバンテージをあえて強調することで自国の優越性を主張するという逆説の論理によって、造艦技術にナショナルなアイデンティティが見出されていった。しかし、技術開発競争における立場の変化が顕著になるにつれ、そのアイデンティティの確立にも揺らぎが見られるようになっていく。

二、自国産戦艦建艦事業の大義

戦艦建造事業に対する国民の反応

一章では『海軍』執筆陣が、いかに自国産戦艦の優越性を主張しナショナル・アイデンティティと結びつけて語ろうとしてきたかを分析した。では、国民はこれらの試みをどのように見ていたのだろうか。結論から言えば、『海軍』執筆陣の思惑とは裏腹に、国民は他国に優越する新造艦を建艦することにあまり意義を見出していなかったと考えられる。

吾人が日露戦争の当時を夢みて、我に「三笠」あり、「敷島」あり、新艦として「香取」「鹿島」あるに非ずやと云うが如き真に痴人の夢以上にして、かかる見地を有するの人士意想外に多きは一面我国民の海軍に対するの知識乏しきを示すと共に海国として真に恥ずべき事と云わざる可らず。(21)

ここでは薩摩どころかそれ以前の旧式艦を挙げ、日露戦争当時活躍した戦艦を有しているのだから軍備は十分とみなす認識が多くの国民の間で共有されていることが指摘され、同時にそのような認識が「痴人の夢」であると批判されている。この記述からは、国民が既存艦の優秀さを理由に新造艦建造の意義を認めない以上、既存艦の優秀性を称揚するほどに、より国民は新造艦の必要性を認めなくなるというジレンマに陥っていたと推測できる。そのため艦隊整備を推進していた『海軍』の執筆陣は、一章で見たように既存艦を時代遅れの旧式艦として退ける必要があったのではないだろうか。日本の現状を、旧式艦しか保有していない屈辱的な状況とあえて認めることで新造艦の正当性を国民に訴えたのである。(22)

執筆陣は、上記のような国民の認識の原因を海事思想の不足や海軍に対する国民の無理解に求めた。同誌の発刊理由からして「一般国民の之に対する知識思想に至りては、未だに容易に至れりと言うに可らず(23)」として国民の海軍に対する無理解が念頭に置かれている。また、新造艦の意義を理解しない国民が多いことに対しては「我国民の海軍に対するの知識乏しきを示すと共に海国として真に恥づべき事と云わざる可らず(24)」と痛烈に批判した。もちろん、これらはあくまで『海軍』執筆陣から見た国民の反応であり、実際の反応がいかなるものであったか誌面から十全に読み解くことはできない。しかし少なくとも『海軍』執筆陣にとって、当時の国民の反応は理想的なものではなかったことがうかがえる。

『海軍』の執筆陣が、国民の建艦事業への無理解を問題視した一つの要因として、議会における新造艦建艦費獲得の困難さが挙げられる。初期議会以来、海軍はたびたび民党と予算要求で激しく衝突しており、海軍拡張費の獲得に失敗していた。さらに日露戦争以降、日露戦争にかかった戦費による圧迫から欧米との建艦競争に対抗するだけの財政的余力は残されていなかった。そのような厳しい財政下の中で海軍予算の獲得を図るために、海軍は徐々に政治的台頭を果たすようになるが、そこで獲得された予算はほぼ既存艦の維持費に使われており、実質的な新造艦建艦予算の獲得には失敗していたとされる。[25]さらに一九一四年に戦艦及び兵器輸入に関わる汚職事件であるシーメンス事件が発覚すると、海軍の拡張計画は決定的に頓挫することになる。シーメンス事件は内閣国民弾劾大会が開かれ、民衆が議会を包囲する事態にまで発展し、海軍は政党及び国民から厳しい批判に晒された。このことが原因でこの年の海軍予算はまたも不成立となる。

戦艦建造が国家事業である以上、その原資は国民の税金でありその使途には議会及び国民の理解が不可欠であった。この点が私企業の資本によって開発される民生技術とは大きく異なる点である。「今日我国が年々海軍の為に支出する経費は約一億円に達しておる。既に斯くの如く多大なる経費を投じて海軍を備えている以上、海軍は決して海軍の海軍でなく、実に日本の海軍である」[26]という認識が示すとおり、税金によって行われる国家事業であるために、戦艦は海軍の戦艦ではなく国民の戦艦であり、戦艦建造事業も国民国家の問題たりえた。だからこそ『海軍』執筆陣は自国産戦艦建艦の意義を海軍だけの問題ではなく、日本民族の問題[27]、日本国の名誉と地位と威信と利益の問題[28]であると訴えたのである。つまり、議会や国民に理解を求める必要があったがゆえに、国家として技術開発に取り組む大義を言語化する必要があったと言える。

文明の象徴としての戦艦

先に見たように、ド級艦・超ド級艦の建艦競争への立ち遅れから自国産戦艦とナショナル・アイデンティティを結びつけるような言説は誌面において一時後景化していた。しかし、第一次世界大戦前後の時期において戦艦が自国産であることが再び言及されるようになる。第一次世界大戦が勃発すると、日本も同盟国であるイギリスからの要請に応じて地中海等に艦隊派遣を実施した。艦隊派遣は自国産戦艦を諸外国に示す機会ともなった。

しかしこの時期、誌面で意識されていたのは西洋諸国からの自国への蔑視的感情であった。例えば、第一次世界大戦開戦直前の『海軍』に掲載された水野海軍中佐による「海軍平時の任務」という論説では、当時の諸外国からの蔑視の様子が描写されている。

日露戦争後、我帝国は一躍して世界列強の班に伍し、我帝国国民は欧米人に対し一歩も遜る処なきを自信しておる。併し乍ら欧米人の中には我国民を見ること、尚未開人に梢や毛の生えた位にしか思っていないものもある。日本人の強いのは、唯戦争ばかりで、文明の開明に至りては、印度人や波斯人と同程度位に考えている。（中略）英国などに於てさえ、日本人が軍艦を造るなどは、猿が家を建てる位に不思議がっておるものも少なくないと云うことである。[29]（傍線はすべて引用者による）

薩摩完成時から変わらず、日本の自己像は西洋に比肩する帝国というものであったが、水野は同時に西洋から見た蔑視を含んだ日本像についても言及している。このような西洋からの蔑視に異議を申し立て、プライドを回復するためには何らかの手段を通して自国の文明を誇示する必要があった。ゆえに水野も「斯かる人間に対し、（日本の軍艦を：引用者補遺）其目の前に見せ付けてやるのは、独り其の乗組員の快とするばかりではなく、吾国の文明を列国に紹介する効果も、決して少なくないと信ずる」[30]と戦艦の意義を主張している。すなわち、水野とって戦艦は単なる兵器ではなく、自国の文明の高さを示す象徴であったといえる。では、なぜ他ならぬ戦艦こそが自国の文明の象徴として機能すると考えられたのだろうか。もちろんこの頃はようやく海軍の新事業として航空機の開発が開始されたばかりの時期であり、海軍の技術開発の中心が戦艦であったのはいうまでもない。それに加えて本稿では戦艦の「モノ」としての特質に注目したい。戦艦は、造船はもちろん製鋼から機械、化学といった重化学工業技術の複合体であり、かつその建艦には巨額の資金が必要とされる。よって、戦艦はその国の軍事力を誇示するのみならず、科学技術や工業の水準及び経済力を示す指標となった。さらにいえば、鉄道などとは異なり回航を通じて海を隔てた西洋諸国まで実物を持っていって示すことができたというのも戦艦（艦艇）が自国の「文明を紹介する効果」を有すると考えられた要因の一つといえるだろう。以上のような特質から、戦艦はその国の文明を示す象徴として機能したと考えられる。

また、戦艦で自国の文明を示すことは在外日本人の地位を向上させ、外交にも資すると信じられていた。金剛型戦艦三・四番艦の榛名・霧島の完成に際して、『海軍』誌上ではその意義が以下のように述べられている。

起り来るべき外交に於て、他国の侮りを受けず、国民の意を強めて、帝国の主張を実徹するに助勢を得、又訂盟諸国と益々親交を温め、以て貿易漁業、民留民等の保護発達を確実にし、国家の安寧福利を一層増進するを得ればなり。(31)

ここでは戦力の増強のみならず、戦艦の存在が他国からの侮りを退け、外交・貿易の後ろ盾となり在外日本人の保護発達に資することが期待されていることがわかる。また、先の水野の論説においても「海外に在留する同胞の言を聞くに、自国軍艦の来航した時程、愉快に且つ心強く感ずることは外にない。軍艦の碇泊せる間は、道を歩んでも肩身が広い様な気持がする」(32)という在外日本人(33)の声が紹介され、海軍平時の任務として「海外居留民の保護・慰安」があるとアピールされている。つまり、水野にとって戦艦を通じて日本の先進性を誇示することは、当時の日本人蔑視に対抗する一種の手段でもあった。

しかしながら、水野の期待した自国戦艦の「効用」と欧米における排日の実態には些か乖離がある。この時期、『海軍』において在外日本人の保護が言及された要因として、カリフォルニア州議会での排日土地法の成立など、アメリカにおける日本人移民排斥機運が高まっていたことが考えられる。ただし、この時期アメリカにおいて日本人移民の排斥機運が沸騰したのは、現地人の生業や経済的優位性を移民が奪うことに対する不安や嫌悪感など、現地人と移民の経済的摩擦が主要因とされる。(34)であるならば、水野の言うように戦艦を通じて日本の先進性や優秀性を宣伝することは、日本人移民を脅威と感じて排斥する流れに対してはむしろ逆効果であったとさえいえる。したがって、諸外国への自国軍艦の派遣が現実的に排日や日本人蔑視に対する何らかの対抗手段となり得たかは疑わしい。しかし一方で、先の在外日本人の声が示すように、アイデンティティの次元においては自国産戦艦の存在が排斥や蔑視によって毀損されたナショナルなプライドを回復させ、日本人としてのアイデンティティの拠り所となりえた。したがって、現実的な問題解決には寄与しないとしても、自国産戦艦が日本の文明を紹介すると考える人々にとって、自国産戦艦と民族のアイデンティティは深く結びついていたといえる。
以上のように、日露戦争後から第一次大戦前後にかけての自国産建艦事業は、必ずしも国内の理解を得ているとは言い難い状況であったが、対外的な場面では単なる兵器以上の「文明の象徴」としての意味が見出されていた。同時に、海軍関係者にとって自国産戦艦でもって各国を回航することは、先進国からの自国民への蔑視に対する一つの対抗手段でもあった。ゆえに、日本の文明・先進性を示すためには他国に優越する自国産戦艦を建造する必要があるとして、自国産戦艦建造事業の大義が物語られていったのである。

三、技術的到達点としての長門・陸奥の登場とワシントン軍縮

技術開発に立ち遅れていた日本であるが、イギリスから超ド級巡洋戦艦金剛を購入することを通じて技術移転を果たした。金剛の購入によってもたらされた技術資料と技術者養成の成果は、以後の自国建艦に大きく寄与することとなる(35)。以降、超ド級艦の自国建艦が可能となった日本の造艦技術は再び世界水準に追いついたといえる。

一九二〇年には日本海軍の一つの技術的到達点として「長門型戦艦」が登場する。戦艦長門と戦艦陸奥(以下長門、陸奥)は誌上においても大きく取り上げられた。長門型戦艦は建艦当時世界で唯一、一六・一インチ砲を搭載した戦艦で、かつ最大速力二六・五ノットの高速力を誇る戦艦であり、後に長門・陸奥とともに「七大戦艦」と称される英米の戦艦と比しても遜色ない性能を有する艦と評価された。誌上においても、長門の進水に際して「世界の最大権威たる新戦艦長門の顕現を祝福して」と題し「其雄武以て全世界を慴服せしむる(36)」と世界に優越する戦艦であることを誇示している。さらに翌年の陸奥進水時にも「太平洋上最大の権威」と陸奥を称しているが、一方で建艦競争の加熱を警戒し「新戦艦 South Dakota の出顕遠からざる今日、更に是等を倏忽捉批し得可き最鋭大戦艦建造の迅ならん事を切に熱望して止まざる処なり(37)」として、さらなる新造艦建艦の必要を訴えてもいた。このように、世界水準に匹敵ないしは優越しつつあった長門・陸奥の建艦時には、薩摩の時とは異なりもはや後進国という立場には言及されていない。純粋にその性能のみを根拠に優越性が主張されていることが特徴的である。これは、一九二〇年代には後進国という立場を強調しなくとも自国の優越性

を主張できる水準にまで造艦技術が発達したと認識されていたためと考えられる。その一方で、長門型の優位はあくまで一時のものと理解されており、建艦競争においてその座が揺らぐことを警戒していたことが分かる。

しかしながら、結果的にはワシントン軍縮の実現によって、長門型戦艦はその地位を確固たるものとした。ワシントン海軍軍縮条約は、戦争と加熱する建艦競争によって経済的に疲弊した各国が競争に歯止めをかけるために主力艦の建艦を制限する目的で締結された軍備縮小条約である。軍縮の実現により、一〇年の間主力艦建艦が休止され、世界的な海軍休日の時代を迎えることとなった。軍縮条約が一九二一年に締結されたことによって、英米の起工前だった新戦艦建艦計画のほとんどが白紙に戻されることとなった。よって条約締結前に竣工していた長門に加え、ワシントン会議にて保有が認められた陸奥を含めた日本の二艦が、最新式の戦艦としての地位を確立することになるのである(38)。

つまり、政治によって技術競争に歯止めがかけられることによって技術の優越性に依拠するナショナル・アイデンティティも安定的なものになりえたといえる。科学史研究者の中山茂は「科学技術立国論は不安定な基礎の上に立つ。科学技術が競争の産物であるならば、勝者と敗者が必ずいる。一国がいつまでに勝者であり続けることができないのは当然である。（中略）するとさらに彼らを出し抜くために、より高度の科学技術の研究開発に向かわざるを得ない(39)」と、他国との技術開発競争の果てのなさと科学技術立国という科学技術の優越性に基づくナショナリズムの不安定さの関係を指摘している。まさに中山の指摘通り、いつまでも勝者であり続けることができない建艦競争が続く限り、自国産戦艦の優越性を拠り所としたナショナル・アイデンティティの安定はあり得なかっただろう。事実、軍縮が実現されなかった場合アメリカではサウスダコタ級戦艦など最新式戦艦の建艦が予定されていた。したがって長門・陸奥が「世界最大の覇者」であるという自負も、他国に優越する戦艦を造り得た日本というナショナル・アイデンティティも軍縮という外部的要因によって安定的なものとなり得たと考えられる。

ただし一方で、軍縮は海軍拡張及び建艦事業に対する海軍と国民の意識のズレを顕在化させる出来事でもあった。ワシントン会議がアメリカから発議された前後の時期において日本国内でも軍縮に肯定的な世論が巻き起こった。一般国民が軍縮を支持した主な理由として世界的に広まった平和主義的思潮の影響と重い軍費負担に対する忌避感が挙げられる。第二章で見た通り、第一次世界大戦前より巨額の予算を戦艦建造に用いることに対する国民の理解が十分に得られていたとは言い難い状況があった。そのような状況は一九二〇年代においても継続しており軍縮実現を後押ししたことが分かる。歴史社会学者の中嶋晋平は、当時の日本海軍が軍縮会議において対米七割の主張を貫徹できなかった要因として、国民の理解を得ることの失敗を挙げていたことを指摘している(40)。以上のことから、ワシントン軍縮は『海軍』誌上でもたびたび喧伝されていた「巨額の予算をつぎ込んででも自国産戦艦を建造することの意義」が国民に十分理解されていなかったという事実を顕在化させる出来事でもあったといえよう。

しかしながら、重い軍費負担の伴う新造艦の建艦には否定的な国民も、既成艦については一定の親近感を抱いていた側面もあることには留意が必要である。ワシントン会議の最中に「陸奥」の艦名のゆかりの地である青森県では、陸奥の完成に祝意を表する催しが開催されている(41)。ワシントン会議にてその是非が議論されていた陸奥の保有が決定された際には「一同大喜び」であったと報じられており、自分たちの故郷の名を冠した戦艦に対して親近感を抱いていたことがうかがえる。局地的な一事例に過ぎないということには留意が必要ではあるが、重い軍費負担を伴う新造艦の建艦や軍備拡張への反発と既成艦に対する興味関心や親近感といったものは両立していた可能性を指摘できるだろう。すなわち、軍備拡張に伴う増税などの現実的な負担に対しては反発があったとしても、戦艦を自国ないしは地域のアイデンティティとして受容することは可能であったと考えられる。

ここまで一九一〇年代後半からワシントン軍縮条約締結までの長門型戦艦をめぐる言説を分析してきた。技術移転を通じて造艦技術が世界水準に達していたために、長門型戦艦の完成時には、薩摩以来再び自国産戦艦の性能と自国の優越性を結びつける言説が誌面に登場するようになった。その一方で、軍縮という政治的要因によって技術競争が停止されたことで、長門型戦艦の優越性が担保され、本来不安定なものである科学技術を拠り所としたナショナル・アイデンティティも安定的なものとなりえたと考えられる。

おわりに

本稿では、戦艦が「ナショナルなもの」として見出される過程を明らかにしつつ、科学技術に依拠したナショナル・アイデンティティの形成過程と特質を検討してきた。

まず、科学技術の所産としての戦艦が「ナショナルなもの」として見出されていく過程は以下のように整理できる。外国産であった三笠などについては、たとえ輝かしい戦績があったとしても、自国の神話や歴史と結び付けなければ「ナショナルなもの」として語られることがなかった。しかし初の自国産戦艦薩摩の完成時には既に「日本自らの手で建造した世界一の巨艦」という造艦技術の優秀性に依拠した「ナショナルなもの」として戦艦像が見出されていた。さらに建艦事業の意義が語られる際には、海軍は「国民の海軍」であり主力艦建艦は「国民唯一の問題」であるとされており、その意味で建艦事業は国民意識を喚起する「ナショナルなもの」でありえた。そして一九一〇年代半ばには、西洋諸国からの蔑視に対抗するための具体的手段として「ナショナルなもの」である戦艦の意義が強調された。自国の文明の水準を示す「戦艦」を通じて居留民のような領土を共有しない日本人も日本に帰属意識を抱き、人々の共同性が担保されていたのである。

同時に、本稿では「ナショナルなもの」として見出された戦艦や造艦技術を通じた、ナショナル・アイデンティティの構築と変容の過程も明らかとなった。日露戦争後の自国産建艦開始期には、世界最大排水量の戦艦を造り上げたことで「技術後発国でありながら、先進国に肉薄する我々」というアイデンティティが構築された。しかし、この時期には独力での建艦を達成しつつも諸外国との建艦競争に立ち遅れていたために「技術後発国」という立場をあえて強調するというねじれたロジックによって自国の科学技術に依拠するアイデンティティが物語られていった。他方で一九一〇年代半ばになると、先進諸国による日本人に対する差別・蔑視が意識されるようになると、自国の文明の象徴である戦艦を拠り所として「西欧に比肩する文明を有する我々」というアイデンティティが主張されていくようになる。そして、一九二〇年代に入ると日本の造艦技術は世界水準の技術的到達点に達する。ゆえに開発開始期と異なり、技術後発国という立場に言及することなしに自国の技術的優秀性のみで、世界有数の海軍国という自負を抱くことができた。しかしながら、この時期の日本の技術的優位には軍縮による建艦競争の停止も大きく影響しており、常に競争を前提とする科学技術開発に依拠するテクノ・ナショナリズムにおけるナショナル・アイデンティティの不安定さが逆説的に示されたともいえる。

一九三〇年代に入り戦時体制へと移行していく中で、ナショナル・アイデンティティの強化と軍拡競争を勝ち抜くことへの現実的要求が高まっていくことになる。また、満洲をめぐって欧米との関係が悪化すると対外的な危機感が広く国民の間で共有されるようになる。海軍との関連で言えば、このような危機意識は「一九三五、六年危機[42]」として顕在化し、無条約時代における軍備拡張を正当化していくこととなる。さらに、当時「近代戦＝科学戦」という認識が広まっていた[43]ことも併せて、技術開発競争の勝利がもはや海軍だけの問題ではなく国是として重要視されるようになっていく。すなわちテクノ・ナショナリズムの追求がより加熱していったと考えられる。しかし、本稿で明らかにしたように競争を原理とした科学技術開発に基づくナショナル・アイデンティティは常に不安定なものであり、その不安定さはさらに無限の競争を呼び込むことにつながる。対外的不安からナショナル・アイデンティティの強化が求められ、その一環として科学技術開発においてそれが追求されたとすれば、アイデンティティの強化を図るほどに不安定さを内包していったといえよう。以上のことから当時の日本社会が置かれた政治的・社会的状況とテクノ・ナショナリズムの追求は、ある種連鎖的関係にあったのではないかと考えられる。今後の課題として、本稿の知見を踏まえつつこの連関を実証的に解明していきたい。

さらに今後の展望として、本稿で示した明治〜大正期におけるる軍事技術開発に依拠したナショナル・アイデンティティ構築の言説的実践がその後の時代の戦争観・軍事観にいかなる影響を及ぼしたかを検討することも挙げられる。一ノ瀬は『飛行機の戦争』において、戦後、太平洋戦争が「大艦巨砲主義、戦艦の戦争」と記憶され続けてきた要因の一つとして、「日本人にとって数少ない〝世界一〟である戦艦大和・武蔵の存在と、その戦後大衆文化における伝説化・美化[44]」を指摘している。すなわち、戦前より戦艦に対して仮託されてきたファンタジーが戦後にも引き継がれ、現実の歴史を塗り替えたのである。この戦艦大和・武蔵を〝世界一〟とみなす考え方は技術的な優越性を根拠とするものであり、本稿で示してきた明治〜大正期における戦艦を単なる兵器としてではなく、自国の技術・工業的水準や文明度をも示す象徴とみなす言説的実践と地続きであるといえる。

雑誌『海軍』においては、戦艦や造艦技術を通じて「先進国に肉薄する技術後発国」や「文明国」という様々なナショナル・アイデンティティが表象されていた。そこでは、本来戦争遂行の道具に過ぎない戦艦に自国の文明の象徴としての意味までもが見出されるとともに、あくまで特定の目的を達する手段であるはずの科学技術の水準が国民国家全体の主体像を規定する事態が生じていた。すなわち、戦艦ひいては科学技術というものに対して現実や合理性を超えたある種の理想が投影されていたと見ることが出来る。すなわち、本稿で示した戦艦とナショナル・アイデンティティをめぐる言説的実践には、戦後の大和・武蔵の「虚構」につながる知的基盤がすでに胚胎していたことが見出せるだろう。よって、本稿で得られた知見を踏まえつつその後の展開を実証することで、ナショナル・アイデンティティの議論に留まらず、現在まで続く日本の戦争・軍事観のオリジンとその形成過程を示すことができると期待される。

注

（1）「新年号付録　新案物識りかるた」『少年倶楽部』大日本雄辯會講談社、一九三〇年。

（2）本稿では、「ナショナルなもの」を中谷猛の説明に倣い、「文化と歴史を基盤としてある領域内の住民の相互信頼や帰属意識の育成に役立つもの」「言語や宗教、習慣や伝統あるいは公共的な記念建造物のような人々の共同性を担保するもの」として用いている。（中谷猛「ナショナル・アイデンティティとは何か」中谷他編『ナショナル・アイデンティティ論の現在』晃洋書房、二〇〇三年、一二頁）。また、「ナショナル・アイデンティティ」については伊東章子の「普遍的な国民的主体像を描き出す言説的実践・表象」という定義を参照しつつ「自己の帰属する国家がいかなる国家であるかを規定し、そこに属する国民としての主体像を構築していく言説的実践」という意味で用いる（伊東章子「戦後日本社会におけるナショナル・アイデンティティの表象と科学技術」、同上、九四頁）。

（3）特に重工業分野は軍事優先の工業化であり、軍事技術開発は日本の工業化を牽引するプロジェクトでもあった。ゆえに本稿では特に軍事技術開発を重要視する。

（4）長志珠絵『近代日本と国語ナショナリズム』吉川弘文館、一九九八年など。

（5）奥中康人『国家と音楽』春秋社、二〇〇八年など。

（6）吉見俊哉『博覧会の政治学』中公新書、一九九二年。

（7）例えば坂野徹・塚原東吾編著『帝国日本の科学思想史』勁草書房、二〇一八年や金森修編著『明治・大正期の科学思想史』勁草書房、二〇一七年などがある。ただしこれらの先行研究において軍事分野の科学技術開発は議論の辺縁に置かれていることを指摘しておきたい。

（8）山本義隆『近代日本一五〇年』岩波新書、二〇一八年、二頁。

（9）一ノ瀬俊也『戦艦武蔵』中公新書、二〇二〇年、一七頁。

(10) 同誌の出版状況や読者層についての確定的な情報は現時点で判明していないが、読者層については、同誌内に海軍兵学校の入試問題解説や懸賞なども掲載されていることから、海軍志望の学生や一般大衆も読者として想定されていたものと推測できる。

(11) この点については、個人の手記や作文など大衆の視点から書かれた史料、あるいは世論を一定程度反映すると推測される新聞記事の分析などによって解決可能であると考えている。別稿において本稿で得られた知見を活かしつつ新たな史料を用いて検討していきたい。

(12) 「廿八日の一般戦況」『海軍 The Navy』書報社、一九〇六年、一巻三号、一〇頁。

(13) 中岡哲郎『日本近代技術の形成』朝日新聞社、二〇〇六年、四六八頁。

(14) 「薩摩進水式」『海軍 The Navy』書報社、一巻一〇号、一九〇六年、二頁。

(15) 同上。

(16) 「イギリス戦艦史」『世界の艦船』増刊第三〇集一一月号増刊、一九九〇年。

(17) 例えば、二巻一号「ドレッドノートの要素」では数頁にわたって詳細を解説している（「ドレッドノートの要素」『海軍 The Navy』書報社、二巻一号、一九〇七年、一三頁）。

(18) 「戦艦「薩摩」」『海軍』書報社、二巻一号、一九〇七年、六頁

(19) 日本がド級・超ド級時代の建艦競争に立ち遅れた原因としては、日露戦争戦利艦であるロシア戦艦六隻の修復及び編入にリソースが割かれたことや軍司令部が超ド級艦の新規建造よりも装甲巡洋艦の建造を優先したことなどが挙げられる。

(20) 「ドレッドノート（一）」『海軍 The Navy』書報社、七巻九号、一九一二年、一八頁。

(21) 「国防的海軍充実」『海軍 The Navy』書報社、七巻一一号、一九一二年、一～二頁。

(22) 例えば七巻二号「戦艦論」では「我海軍は数年の後に於ては艦隊勢力の主脳たる戦艦は実に微微たるものとなるを以て吾人は甚しく不安の念を生じ今に於て俄然大戦艦建造を計画し之を実施せざれば我国の自衛を全ふする所以にあらざる可しき思惟するなり。」として、危機的状況を喧伝している（「戦艦論」『海軍 The Navy』書報社、七巻二号、一六頁）。

(23) 「發刊の辞」『海軍 The navy』一巻一号、一九〇六年、二頁。

(24) 「国防的海軍充実」（『海軍 The navy』書報社、七巻一一号、一九一二年、一～二頁。

(25) 手嶋泰伸『日本海軍と政治』講談社現代新書、二〇一五年、七九頁。

(26) 「国民海軍思想」『海軍 The navy』書報社、八巻四号、七頁。

(27) 「故に一面之を国資を浪費し、贅沢極まるものに非るなきも、国家を泰山の安きに置き、我国祖衝天の意気を継承して以て世界に闊歩する日本民族の代償としては又之れ廉価なるものと言わざる可らず。」として建艦費の負担は「世界に闊歩する日本民族の代償」であると主張されている（「国防的海軍充実」『海軍 The navy』書報社、八巻四号、七頁）。

(28) 「我国の海軍問題と云えば、大艦隊建設事業である。日本国の名誉と地位と威信と利益を保持するが為め、太平洋上に、

何れの邦国よりも侮蔑を受けない大海事勢力の樹立を意味するので有る、則ち此が為には我国は幾千の主戦艦を建造すべきかが、国民間の唯一の問題とならねばならぬ。」として主力艦の建造は一海軍の問題でなく「国民」の問題であるとされる（「海軍問題と国民」『海軍 The Navy』書報社、六巻二号、二頁）。
（29）「海軍平時の任務」『海軍 The Navy』、九巻四号、一九一四年、三頁。
（30）同上。
（31）「榛名、霧島二艦の建造成りしを祝う」『海軍 The Navy』書報社、一〇巻二号、一九一五年、巻頭。
（32）「海軍平時の任務」『海軍 The Navy』書報社、九巻四号、一九一四年、四頁。
（33）この在外日本人の具体的な居住国は明記されていないが、前段において、筆者が米国や豪州に寄港した際の経験談を語っていることや、本引用箇所の直後に在豪日本人商人の声が紹介されていることから米ないしは豪移民を念頭に置いているものと推測される。
（34）坂口満宏『日本人アメリカ移民史』不二出版、二〇〇一年。
（35）堀元美「日本造艦技術一〇〇年史」福田啓二他『軍艦開発物語 二』光人社NF文庫、二〇〇二年、一九九頁。
（36）「世界の最大権威たる新戦艦長門の顕現を祝福して」『海軍 The Navy』書報社、一四巻一一号、一九一九年、二頁。
（37）「太平洋の覇者 新戦艦陸奥の威力」『海軍 The Navy』書報社、十五巻六号、一九二〇年、一頁。
（38）ただし、日本側が陸奥の保有を主張したために、引き換えにイギリスには二隻の新造艦建造、アメリカには既に起工済の戦艦二隻の建造を認めてしまった。ゆえに長門型戦艦の優位性は相対的に減じてしまったことには留意が必要である。
（39）中山茂「科学技術立国」中村政則他編『戦後改革とその遺産』岩波書店、二〇〇五年、一三五頁。
（40）中嶋晋平『戦前期日本海軍のPR活動と世論』思文閣出版、二〇二一年、二〇九頁。
（41）東京朝日新聞「青鉛筆」一九二一年一二月一六日、朝刊五面。
（42）両軍縮条約が一九三六年末に期限満了となることやソ連の軍事力増強、国連脱退の影響から日本の建艦状況が諸外国に対して最も不利となる予想に起因する対外危機の総称。
（43）例えば、昭和一三年刊行の『新兵器と科学戦』では「今後の戦争は科学戦であって、国民と国民の知能の戦争である」と近代戦の特徴が主張されている（竹内時男『新兵器と科学戦』偕成社、一九一三年、三頁）。
（44）一ノ瀬俊也『飛行機の戦争』講談社現代新書、二〇二一年、三一九頁。

書評論文

清水亮『「予科練」戦友会の社会学』

準エリートの戦後と「記憶の形態」をめぐる問い

（新曜社、二〇二二年）

「記憶」の人的ネットワーク

ここ二〇年ほどの間に、「戦争の記憶」に関する研究は多く積み重ねられてきた。だが、旧軍でのキャリアが、当事者の記憶や戦後の活動にどうつながったのかについては、まとまった研究はさほど多いわけではない。本書は、海軍飛行予科練習生（予科練）の戦友会に焦点を当て、元予科練たちの人的ネットワークがどのように作られ、いかなる広がりを帯びていたのかを丁寧に検証している。

予科練は言うまでもなく、旧日本海軍がパイロット養成のために十代半ばの少年たちに基礎教育と訓練を施した制度であり、一九三〇年に第一期生が入隊している。予科練課程を卒業して飛行訓練課程を経て戦場に赴いた者は約二万四〇〇〇名、戦没者は一万九〇〇〇名にも及ぶ。彼らのなかには、下士官として飛行隊の中核を担った者も多い。一九四四年四月には海軍搭乗員の九割を、予科練出身者が占めていた。

戦後は、陸海軍の解体に伴い、予科練の制度的な根拠が消滅し、予科練出身者は散り散りになった。だが、彼らはＧＨＱ占領が終結した一九五〇年代後半に全国規模の戦友会を組織したばかりではなく、一九六〇年代以降、慰霊碑（予科練之碑）、記念庭園（雄翔園）、記念館（雄翔館）を設けるに至った。これらの建設・整備には、当然ながら莫大な資金が必要になる。それを実現するために、元予科練たちのネットワークはいかに形成されたのか。また、彼らの範囲を超えて、かつての海軍エリート将官や財界関係者、あるいは記念碑等を設置する地元関係者と、いかなるつながりが生み出されたのか。こうした問題関心から、本書は「予科練出身者の戦友会という集団が、他でもなく、このような大規模な記憶の形態（かたち）をつくりだすことを可能にしたプロセスを、戦友会をとりまく社会関係（つながり）から説明」している（二〇頁）。それは、戦争体験や記憶そのものではなく（これらをむろん、無視するわけではなく、視野に入れつつ）、集団の構造や来歴、建設のための資源を分析し、「銅像や鉄筋建築という無機質なモノを生み出した、戦争体験者たちの有機的な社会関係を明らかに」しようとする、野心的な試みである（二一頁）。

「準エリート」への着目

著者が着目するのは、予科練の「準エリート」としてのポジションである。予科練は、基礎学力や体力の面で相当に優秀でなければ入ることができなかっただけに、予科練出身者の自負は大きかった。しかし、彼らは海軍兵学校出身者のようにエリート士官の道を見通せたわけではなく、大多数は下士官どまりだった。下級兵士よりは上位に位置するが、将校クラスの劣位に甘んじなければならない点で、彼らは「準エリート」だった。

同様のことは、予科練の「学歴」についてもあてはまる。海軍兵学校や陸軍士官学校が、旧制専門学校相当とされていたのに対し、予科練の位置づけは不分明だった。ことに、高等小学校卒業後に入隊した乙種は、普通学の科目も一定の割合を占めていた難関の予科練の課程を終えていながら、その学歴が旧制中学相当と認定されるには、戦後二〇年ほどを待たなければならなかった。それでも、大卒・旧制専門学校卒の学歴エリートとは乖離があったわけだが、こうした「エリート」と「末端大衆」のはざまのポジションは、戦後の彼らにさまざまな自負と屈折をもたらした。

そのことは、予科練出身者で構成される数千人規模の全国組織（雄飛会）の結成につながった。人数が多いだけに、旧交のあった者同士の対面的相互行為には限りがあったが、会報というメディアが彼らに「つながり」をもたらした。そこから、銅像や記念庭園、記念館を設立し、予科練出身であることのアイデンティティを確認し合う動きが生み出された。

それは、戦争をめぐるナショナリズムとも、やや異質だった。会報では、しばしば旧軍エリートや学歴エリートへの違和感が綴られていた。予科練出身者たちが戦友会組織のなかで語っていたのは、階級・階層を超越した共同性ではなく、あくまで「準エリート」としての自負であった。

もっとも、多額の資金を要する銅像や記念館の設立を実現するためには、多くの会員の獲得が必要になる。それもあって、戦争末期の入隊のために予科練課程を終えることができず、学歴認定の対象外となった「末期世代」も、予科練戦友会に包摂されることとなった。彼らは卒業こそしていないが、人数は以前の年代に比べて桁違いに多かった。

さらに予科練戦友会は、地域婦人会とも関わりを深めていった。予科練教育を専門に行う土浦航空隊が置かれていたことから、予科練戦友会は茨城県阿見町に記念銅像の設立をめざした。そのためには土地の確保や銅像の維持管理などにおいて、地域住民の協力が不可欠だった。そこから、戦友会は阿見町婦人会とのつながりを持つようになった。

銅像や記念館の設立のうえでは、財界関係者の支援も大きかった。だが、「準エリート」に過ぎない彼らが、なぜ財界要人につながることができたのか。そこには、予科練で軍事技術や普通学の教官を務めた海軍エリート軍人（将官クラス）や帝国大学出身者の存在があった。戦後もエリートとして活躍した彼らを介することで、予科練戦友会は財界人とも深い関係を持つことができたのである。

「アソシエーション」としての戦友会

以上の知見を通して導かれるのは、「アソシエーション」としての戦友会の姿である。著者によれば、従来の戦友会研究では、戦争体験などの共通の属性に基づく「コミュニティ」としての側面に注目されがちだったが、本書は、公的な諸事業を立ち上げ、運営するなど、共同目的を持って活動を行う「アソシエーション」の側面に着目している。いわば、過去志向の戦友会ではなく、「次々に事業を構想し達成を図る未来志向」の戦友会が、鮮明に描き出されている（二〇九頁）。

もう一つ強調されているのは、「戦中派の孤立」の否認である。著者によれば、従来の戦友会研究や戦争体験論史の研究では、前後の世代など体験を共有しない人々に対し、戦中派世代が孤立感を抱いていたという。それに対し、本書は「戦友会が完全に孤立することなく、戦後社会の一部とつながりをつくり活用していった」ことを明らかにしている（二一一頁)。

「アソシエーション」の側面に注目することで、戦中派の人的ネットワークや活動の広がりを析出した本書の知見は、戦争社会学の領域で意義深いものである。戦争体験や戦争の記憶については、かつては遺稿集や手記を読み解きながら、死者や体験者の思考を内在的に掘り下げようとする研究が多く見られた。その後、二〇〇〇年以降になると、カルチュラル・スタディーズのインパクトもあり、記憶の選別のポリティクスへの関心が高まったほか、「戦争の記憶」が作られる社会的な力学についての考察も見られるようになった。本書は、これらを批判的に受け継ぎつつ、当事者の「未来志向」と「つながり」の形成を丁寧に描き出している。

また、予科練という「準エリート」への着目は、「戦時期のキャリアが戦後の記憶をどう駆動するのか」という研究視角につながる。本書を契機に、今後、こうした方面の研究が深められていくことだろう。その意味でも、戦争社会学における画期となる著作の一つであることは間違いない。

「甲乙」の対立をめぐって

とはいえ、本書を読みながら、著者とは異なる関心や疑問も湧いた。まず第一点として、甲種と乙種の対立に絡めた分析を、もう少し読みたいという思いが残った。

中学四年一学期修了相当で入隊した甲種と、高等小学校を卒業して入った乙種との間に、根深い対立が存在したことは、よく知られている。学歴が違うとはいえ、入隊時の年齢は一年ほどしか変わらず、しかしながら、昇進の進度は、乙種に比べて甲種のほうがはるかに早かった。その反目の大きさゆえに、一九四四年には教育の場所を分ける目的で、乙種が土浦航空隊から三重航空隊に転隊する事態も生じている。

むろん、本書でも甲乙種の対立への言及がないわけではないが、そのことによる記憶の軋轢には、記述があまり割かれてはおらず、むしろ、地域婦人会が「皆さん甲も乙も無いでしょうよ」「一つの予科練として大同団結して成しあげなければならないことではありませんか」と両者を調和させたことに力点が置かれている(一三九頁)。

だが、その「調和」がそもそもいかにして成し遂げられたのか。一書にそこまで盛り込むことは、ないものねだりではあるだろうが、そこを掘り下げることで、さらに興味深い記憶の力学が析出されるのではないだろうか。

「準エリート」の「下」

気になったことの二点目は、「準エリート」への視角である。エリートでもなければ末端兵士でもない、アンビバレントなポジションに着目している点は、じつに重要なものであり、評者としても、その指摘に学ぶところは多かった。

だが、「準エリート」は「上」と「下」の間に位置するはずであるにもかかわらず、本書は総じて「上」との対抗関係に重きが置かれているように見える。だが、「下」に対して、「準エリート」はいかなる態度をとっていたのだろうか。海軍下士官による末端水兵への過剰な暴力については、これまでも多くの指摘がなされてきた。予科練出身の「準エリート」たちは、それとは無縁だったのかどうか。そのことが、戦後の彼らの記憶の形成にどう関わっていたのか。

あるいは、こうも考えることができるだろう。一九四三年一二月の学徒出陣で徴兵され、海軍に入隊した海軍飛行予備学生第十四期生は、それ以前とは異なり、末端の海軍二等水兵の身分からスタートしなければならなかった。彼らに対し、海兵団の下士官はたびたび、凄惨な制裁を加えたわけだが、予科練出身の「準エリート」たちは、類する暴力の衝動に駆られることはなかったのか。一定の訓練期間を経て少尉任官が見込まれる下級兵士時代の彼らに、どのような屈折や憎悪を抱いたのか。「準エリート」の「上」との関係性ばかりではなく、「下」とのそれにも注目することで、彼らの記憶（と忘却）を掘り下げることもできるように思うが、いかがなものだろうか。

「孤立」と「連帯」の連続性

本書では、戦友会や戦中派がじつは必ずしも「孤立」していなかった点が強調されているが、これは重要な知見であろう。たしかに、従来の先行研究は、戦中派に閉じた体験に立脚する戦友会のありように着目してきた。評者も、戦争体験をめぐる世代間の軋轢、なかでも、戦中派世代と戦後派世代の対立について言及したことがある。それに対し、本書は前述のように、予科練出身者たちが、地域婦人会や財界関係者と人的ネットワークを築くさまを詳述している。「孤立した戦中派」とは異なる像を提示した点は、本書の学術的な意義の一つである。

ただ評者には、本書が「孤立」と「つながり（連帯）」をやや二項対立的に捉えているようにも感じられた。たしかに、字義的には「孤立」と「つながり（連帯）」は相反するものではあるが、実際には「孤立か連帯か」ではなく「孤立のゆえに連帯を求める」という局面もあったのではないだろうか。予科練出身者にしてみれば、彼らの情念がかつてのエリート軍人はもちろんのこと、戦後の若者にも理解されないという思いを抱いたからこそ、「予科練アイデンティティ」を可視化させるべく、地域婦人会や財界関係者とのつながりを築き、銅像や記念館を設立したのではないだろうか。そう考えると、評者には「孤立」と「連帯」を二項対立的に捉えるより、両者を連続線上に位置づけるほうが説得性を増すように感じられた。

ちなみに、レイテ沖に沈んだ戦艦武蔵に乗り組んでいた渡辺清は、おもに一九六〇年代後半以降、自らの体験を突き詰めた先に「天皇の戦争責任」を多く論じた。渡辺は一方で若い世代の議論への違和感を吐露していたが、渡辺の「天皇の戦争責任」論は、植民地主義や加害の問題を批判的に捉え返そうとする戦後派以降の世代の議論の活性化にもつながった。渡辺が事務局長を務めた日本戦没学生記念会の機関誌でも、それらの特集が頻繁に組まれた(1)。それなども、「孤立」と「連帯」の連続性を暗示するものであろう。

「社会学」の枠?

最後に挙げておきたいのは、社会学の枠を越えた領域と本書との関係性である。本書は、予科練戦友会の動態を、膨大な資料や聞き取りを参照してまとめ上げるばかりではなく、デュルケムやアルヴァックスを読み解きながら「物的形態(かたち)を社会関係(つながり)から説明」すべく(五一頁)、社会形態学を援用した方法論を打ち出している。その意味で本書は、「戦争の記憶」研究においても社会学においても、重厚緻密であるばかりではなく、チャレンジングなものである。評者としても得るものが多かったことは、言うまでもない。

だが、社会学あるいは「戦争の記憶」「戦友会」の研究の範囲を超えて、どのようなインパクトを示そうとしているのか、評者にはいささかわかりづらかった。「準エリート」としての予科練出身者のありようや、「アソシエーション」としての戦友会という知見は、たしかに、戦友会研究や戦争の記憶研究では意義深いだろう。検証手続きや理論化・抽象化の点でも、社会学としての精緻さがうかがえる。だが、本書の知見が、それ以上のどのような意義を持つのか、もう少し詳しく説明がなされてもよかったのではないだろうか。

むろん、学術書であるからには、その領域での意義が示されれば十分であり、そこから議論が飛躍し散漫になることは、避けなければならない。だが、学問的な律儀さに終始するのがよいことなのかというと、評者個人としてはそこには疑問を持っている。当該学問分野における精緻化は、ともすれば自己目的化されがちだが、それは学問の閉塞と表裏一体でもある。精緻化を突き詰めながら、直近の学問分野を超えた広がりをいかに導いていくのか。本書について言うならば、その知見を通して、戦後社会の見取り図をどう塗り替えようとするのか。

おそらく著者としては、博士論文をもとにした著書なだけに、その点は禁欲したのだろう。だが、本書が多くの興味深い知見に満ちているがゆえに、「社会学の枠を超える戦争社会学」を見たくなったのも、正直なところである。

以上、いくつかの疑問めいたものを記しはしたが、いずれも本書への批判というよりは「ないものねだり」に過ぎず、むしろ、本書を読みながら評者が漠然と考えたことを書き連ねたに過ぎない。そもそも、論点が多くなりすぎると、議論は往々にして拡散してしまうものである。本書は「かたち」を生み出す記憶のありようと社会関係に絞り込んでいるがゆえに、論点が明確で説得的な著作となっている。今後の新たな戦争社会学を模索するうえで、必読の書であることは間違いないだろう。ただ、優れた著作は、必ずしもそれで自己完結するのではなく、次の研究の予兆を示すものでもある。著者が第二作、第三作を世に出すこともそう遠くはないだろうが、(2) そこで「社会学の枠を超える戦争社会学」がどう展開されるのか。いまから楽しみである。

福間良明（立命館大学）

注

(1) 拙著『「戦争体験」の戦後史』中公新書、二〇〇九年、第三章参照。その意味で、先行研究がすべからく「戦中派の孤立」を強調していたとまで言い切れるのかというと、若干の疑問もある。だが、そこからあえて「戦中派のつながり」を析出し、その生成プロセスを描き出している点には、重要な意義があると言えよう。

(2) 本稿を脱稿後、著者の第二作『「軍都」を生きる』（岩波書店、二〇二三年）が刊行された。戦前・戦後の阿見町の生活史を丹念に掘り起こしながら、軍隊や自衛隊と地域の入り組んだ関係性（およびその変容）が多角的に描かれている。

書評

佐藤彰宣『〈趣味〉としての戦争』

「趣味」が拓くミリタリー・カルチャー研究の地平

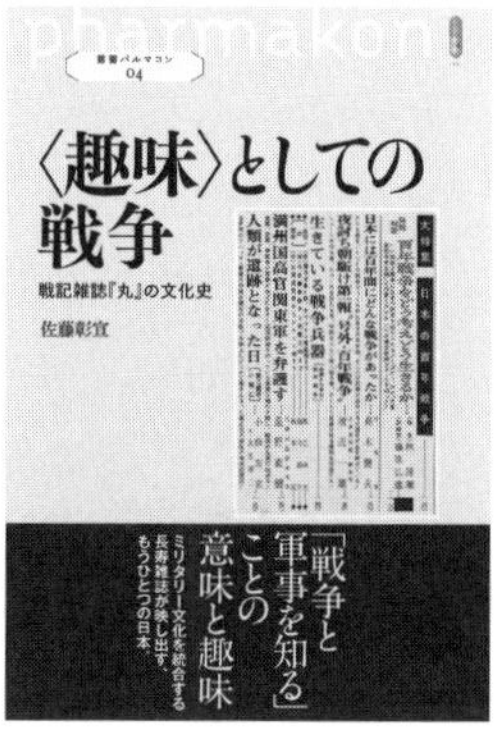

（創元社、二〇二一年）

本書の概要と位置付け

趣味としての戦争――。違和感を覚えるタイトルである。「趣味」とは何よりも楽しむものである。戦争は決して楽しむべきものではないからだ。しかし本書で描出されるのはまさに「趣味」としか言いようのない戦争観の戦後史なのである。本書はそれを雑誌『丸』の履歴を辿ることによって明らかにしていく。

『丸』は奇妙な雑誌である。その内容は、端的に言ってしまえば、「ミリタリーマニア御用達」のものであり、明らかに読者を選ぶ雑誌である。にもかかわらず、現在も大きめの書店の棚の一角に必ず居続けている。後に述べるように、本書はこの奇妙さに説明を与えている。

今、『丸』を「ミリタリーマニア御用達」と表現したが、一九四八年の創刊当初からそうであったわけではない。初めは「総合雑誌」であった『丸』は、その時々の社会状況と絡み合いながら、その内容を変えていくのである。

本書は、創刊の一九四八～一九五六年（第一章）、一九五〇年代後半（第二章）、一九六〇年代初頭（第三章）、一九六〇年代後半（第四章）、一九七〇年代前半（第五章）、一九七〇年代半ば～（第六章）の六つの時代区分に沿って、『丸』の変遷を記述していく。それによって、多くの『丸』の愛読者たちが語り、また『丸』が標榜してきた「平和を語るためには戦争を知らなければならない」という価値規範が日本社会の中でどのように成立してきたのかを明らかにしていく。

本書はまず、雑誌メディア史研究の成果として位置付け、評価することができる。佐藤卓己『キングの時代』(二〇〇二年)や、福間良明『「働く青年」と教養の戦後史』(二〇一七年)、著者の前著『スポーツ雑誌のメディア史』(二〇一八年)に連なるものである。その筆致は「手堅い」もので、著者の力量が存分に発揮されている。

また、本書は戦争観の戦後史を析出した研究として位置付けることができる。戦後日本の戦争観に関しては、吉田裕『日本人の戦争観』(一九九五[二〇〇五年])という大きな先行研究がある。しかし本書は雑誌『丸』の分析を通して、戦後日本社会の戦争観のアナザーストーリーを描出していくのである。

「趣味」という視角

こうしたメディア史および戦後日本社会における戦争観の研究としての意義もさることながら、本書の慧眼は「趣味」という言葉を採用したことである。本書では、「趣味」として戦争を享受するとは、まさに『丸』の現在の愛読者たちがしているように、「教育や論壇とは異なる次元で戦争や軍事に興味関心を抱く」こととして、ある意味で素朴に設定されているようにも読める。だが、この「趣味」という視角こそが、本書の分析に豊かな奥行きをもたらしているのである。

そのことを最も良く示すのが、ミリタリー・カルチャー、あるいはサブカルチャーと接続される状況の描出である。本書は、『丸』に掲載される戦記を「趣味」的に読解し、楽しもうとする読者の登場を明らかにする。それが一九六〇年代前後に現れた「丸少年」である。彼らは、教条的に「戦争はいけない」と説く大人たちへの反発から『丸』を手にし、戦記や軍事メカニズムに関する知識を手に入れた。そしてその知識は、同時代の戦記物マンガと相互浸潤し、またプラモデル趣味へも波及していく。こうして『丸』は、「ミリタリー趣味」の主要なメディアとなっていく。現在の「ミリタリーマニア御用達」の雑誌へと繋がる回路がここで形成されたのである。

戦争とサブカルチャーについては、中久郎編『戦後日本のなかの「戦争」』(二〇〇四年)や、本書と相前後して刊行された藤津亮太『アニメと戦争』(二〇二一年)、貞包英之『サブカルチャーを消費する』(二〇二一年)といった研究がある。

これらを含む、広義のミリタリー・カルチャー研究の系譜に、本書は「趣味」という視角を持ち込んでみせたのである。

さらにこの「趣味」という視角は、先に述べた、『丸』の奇妙さについて説明を与えている。『丸』は奇妙な雑誌である。その内容は決して万人受けするようなものではないはずである。実用的な話題を扱っているとも言い難い。それなのに、なぜ『丸』はここまでの長寿雑誌であり続けているのか。それは『丸』がまさしく「趣味」としての戦争を扱う雑誌だからである。

「趣味」であるとはどういうことか。ここでは、趣味を“hobby”と“taste”に分けて考えてみたい。しばしば専門性を伴う「仕事」の対義語として用いられることから分かるように、趣味（hobby）にはアマチュア性が伴う。また趣味は長く続けること（また、やめることも）が可能である。すなわち、趣味とは一部のアマチュアたちによって、長く（あるいは短く）愛でられるものなのである。だから、『丸』は万人受けする内容でなくてよく、それでいて長寿雑誌たりえているのである。

そして、本書では指摘されていない『丸』の奇妙さについても、「趣味」によって説明が与えられるだろう。その奇妙さとは、『丸』では、もちろん、旧日本軍についての記事が多数を占めるが、同時に米軍についての特集記事も多く見られることである。本書で分析されている、『丸』における あの戦争や旧日本軍についての拘りからすると、こうした米軍についての記事や特集との同居は一見奇妙な事態に思える。しかし、これはやはり「趣味」として説明できる。旧日本軍であろうと、米軍であろうと、それは「ミリタリー趣味」の範疇なのである。

「趣味」が拓く可能性

本書で採用された「趣味」という視角は、新たな研究の可能性を期待させるものでもある。それは、「趣味（taste）としての戦争」と呼ぶべき研究である。ブルデューの議論を参照するまでもなく、趣味（taste）には階層差や、ジェンダー差が伴う。また、その趣味を自認するか否か葛藤したり、趣味をめぐって自分や他者を格付けしたりもする。実際、初対面の相手から趣味を尋ねられた時に、「私にはミリタリー趣味がある」と開示してよいものかどうか逡巡した経験を持つミリタリーマニアは多いのではないか（ミリタリー趣味を開示した際の相手の微妙な反応が容易に予測できてしまう）。

こうした「趣味（taste）としての戦争」を考察する際に、本書で考察された『丸』というメディアは重要な指標となるはずである。「趣味（taste）としての戦争」の一端は、吉田純らによる『ミリタリー・カルチャー研究――データで読む現代日本の戦争観』（二〇二〇年）で明らかにされ始めているが、今後の研究が期待されている。

戦争の対義語としての趣味？

ここまで評してきたように、本書において「趣味（hobby／taste）」という視角こそが分析に豊かな奥行きをもたらし、また新たな研究の地平を拓いている。――しかし、本評の冒頭で表明した違和感を払拭できずにいることを告白しておきたい。評者のこの違和感とは、別言すれば、戦争を「趣味」として扱って本当によいのだろうか、ということである。この違和感は、二〇二二年になって陰鬱さを帯びることになった。

――「反則」であることを十分承知の上で、どうしても本書に投げかけておきたい問いがある。それは、二〇二二年二月にウクライナで始まった戦争とその惨状を目のあたりにして、「趣味」という視角で戦争を論じることの意味とは何か、ということである。「反則」と書いたのは、ウクライナの戦争は本書が刊行された後の出来事であり、また本書にとってあまりにも外在的な問いであるからだ（したがって、この問いは本書の評価をいささかも貶めるものではない）。しかし、それでもなお、躊躇《ためら》いつつもこの問いを投げかけてみたいのである。

ウクライナで戦争が始まってから、何度か思い出し反芻していた文言がある。それは「戦争の対義語としての文学」である。かつて岡真理はこの文言をタイトルに冠した美しいエッセイにおいて、文学が戦争の対義語たりうるかを問うた（岡真里「戦争の対義語としての文学」、『思想』九八九号、二〇〇六年）。それに準えるならば、（躊躇いつつも）本書に投げかけたいのは、趣味（として戦争を論じること）は戦争の対義語たりうるのか、という問いである。

もとより、これは本書のみが背負うべき問いではない。ミリタリー・カルチャー研究を標榜する研究者――評者もまた、その片隅にいることを自覚している――が共有し、応答を模索するべき問いなのであろう。

塚田修一（相模女子大学）

書評

君島彩子『観音像とは何か――平和モニュメントの近・現代』

多様なものの交差点に立つ観音

（青弓社、二〇二一年）

ユニークな本である。表紙の青空をバックに高くそびえる高崎白衣大観音に続いて、一五枚の口絵に登場する観音像もバラエティーに富んでいる。たしかに戦争死者慰霊や平和祈念の意味合いを込めた観音像を多く見かけるが、それを真正面に据えて論じたものはほとんど見ない。戦争モニュメントの研究は、忠魂碑・忠霊塔や軍人・偉人の銅像を対象としたものが多かったためでもあろう。敗戦後の占領政策から日本国憲法体制下での軍国主義や政教分離問題が研究の一つの発端であったことから、それもある意味当然の流れではあった。私自身、そうした動向に対する変化球として、空襲の犠牲者を祀った戦災地蔵について取り上げたことがあるが[1]、近代の観音像に絞って一冊論じ切ったものは類例を見ない。加えて言えば、著者の経歴もユニークである。美術史と宗教研究が交差するところに焦点を当て、文献とフィールドワークの両方から物質文化としての宗教現象に迫る研究者であるとともに、水墨画を中心に制作も行う美術家でもある。

本書は、口絵に続いて、「はじめに」、七章の本論部、「おわりに」、「あとがき」からなり、おびただしい数の観音像を事例として挙げながら、明治から現代までの一世紀半における平和＝観音のイメージの展開過程を後付けている。「はじめに――なぜ「平和観音」なのか」では、「平和」という近代語と前近代からの信仰対象であった観音が結びつき、「平和を願う対象」として観音像が独自の発展を遂げたことを問いの中心に据える。その上で、仏教史における観音の特徴、近代日本美術史のなかの観音像の展開、非軍国主義の象徴としての平和モニュメント群における「平和を祈る対象」としての観音像の特異性などが説明されている。

第一章「近代彫刻史のなかの観音像」では、近世の崇拝対象としての仏像が、廃仏毀釈を経て、西洋由来の「美術」「彫刻」「モニュメント」概念の洗礼を受けたことによって、その後たどった展開について論じている。飛鳥・白鳳・天平仏とマリア観音を継承する白衣観音が定着し、そこに裸体表現と仏像の造形が結びついた仏像風彫刻の流れも加わって、多様な観音像の制作につながったことを指摘している。

第二章「戦時下の観音像と怨親平等」では、日清・日露以降の対外戦争遂行のなかで、鎮護国家・戦勝祈願・弾除け祈願・戦死者慰霊のための観音像が出現したことを説明している。とりわけ「興亜観音」においては、敵味方なく平等に供養する「怨親平等」の仏教思想を背景に軍官民を巻き込んで観音信仰運動が展開され、対アジア仏教国へのプロパガンダにも活用された点を論じている。

「平和観音の流行」と題された第三章から、戦後の事例が検討されている。敗戦を機に、占領政策を受けたモニュメントの破壊や名称変更などを経て、観音信仰もおおかた平和路線にシフトするが、すでに戦前期から「平和観音」が存在し、また米軍も投降呼びかけの「伝単」に観音の非戦闘的イメージを活用していることにも目配りをしている。「平和観音讃仰歌」の流行や、平和観音会の鋳造活動、世田谷と知覧の特攻平和観音の事例も取り上げ、戦後直後の戦争死者慰霊の観音像が童子型の白鳳仏の作風で非戦闘的イメージが強調されたことを指摘している。

第四章「平和のモニュメントとしての観音像」が対象とするのは、空襲・原爆による戦災犠牲者の慰霊と戦災復興を祈念したものである。靖国神社・護国神社が軍人・軍属に特化した祭祀を行ってきたのに対し、観音像は戦争死者の慰霊全般で用いられ、加えて戦争の記憶を後世に伝えるとともに戦災復興を祈念する意味合いも帯びたと主張する。また、学校や公共空間では観音像に類似した新たな造形のモニュメントも登場したが、観音像として造立される場合には、僧侶による儀礼など宗教性を維持している点も指摘している。

第五章「巨大化する観音像と「平和」のイメージ」では、大観音像の造立の背景にどのような平和イメージがあるかを検討し、バブル期の観光路線を経て、再度戦争死者慰霊の意味合いを帯びた事例などが紹介されている。女性的な顔立ちの白色観音像が高台から見守るという特徴が「平和」の象徴として捉えられたことを指摘している。

第六章では、「平和観音から生まれた平和活動」が主題である。七〇年の大阪万博会場に平和観音を建立した昭和同願会とその中心人物の山﨑良順の思想と実践をたどっている。日中戦争から復員した山﨑は、第一次大戦後に浄土宗の椎尾弁匡が提唱した協同・共生を説く「共生《ともいき》運動」の影響の下、日中の戦死者を慰霊し今後の親善に向けて平和観音を発願したが、超宗派的な賛同者・協力者のもとでさらなる世界各地への平和観音寄贈運動へと展開し、普遍的な平和の象徴となったと論じている。

終章の第七章「仏教を超えた平和の象徴としての観音像」では、敵味方を分けない怨親平等という仏教思想と結びついた観音信仰の戦後的展開が主題となっている。国内外で戦後に建立された観音像のなかには、連合国軍兵士を包摂するためにマリア観音や、十字架・天使の翼といったキリスト教的シンボルを取り込んだ新たな造形も登場したことを紹介している。

「おわりに——現代の観音像へ」では、本書全体の議論を踏まえ、観音信仰の幅広さが多様な信仰や思想を結び付ける有効な媒体として機能した点を指摘し、東日本大震災の犠牲者のための観音像や、無縁死没者の合祀墓に立つ観音像に触れ、戦後定着した平和イメージが現代にも反映していることを論じている。

定価二四〇〇円のソフトカバーで、多くの図版も掲載され、手に取りやすさも「観音的」である。宗教研究の視点から見れば、近世的な信仰対象から顕彰や慰霊や平和祈念へと展開する観音像の近現代史は、世俗化として捉えられるのか、あるいは公共宗教的なものと見なせるのかといった疑問をはじめ、もっと著者の見解を確認したいところもある。また、著者の美術史的視点からくるものかもしれないが、制作者や提供者側がフォーカスされて、作品解説的な性格が強く、戦争と社会の関係を問う視点から見れば、多様な受容者の動向についてもさらに補足してほしい部分がないわけではない。しかし、そうしたないものねだりも、著者の問題提起に触発されてのことであることは素直に認めよう。従来の研究の枠組みではうまく捉えられなかったところに、果敢に切り込んだチャレンジを高く評価したい(2)。美術や宗教への関心に留まらず、「観音的」に幅広い層に読んでほしい著作である。また、著者の今後の研究が、どのような方向に展開されるのかも楽しみである。

西村　明（東京大学）

注

（1）「福岡空襲死者の祭り」、福岡市史編集委員会編『新修福岡市史　民俗編一　春夏秋冬・起居往来』（福岡市、二〇一二年）。

（2）私も慰霊の場に登場する仏像風彫刻や女神像などが気になっていたのだが、美術史的素養のなさもあって、「政教分離フィルターろ過後の残留宗教性」という論点以上に作品の方へと切り込むことができなかった。その点で、本書から学んだ部分は大きい。「戦後慰霊を再考する——政教分離フィルターろ過後の残留宗教性」、長谷千代子・別所裕介・川口幸大・藤本透子編『宗教性の人類学——近代の果てに、人は何を願うのか』（法藏館、二〇二一年）。

書評

土屋敦『「戦争孤児」を生きる——ライフストーリー／沈黙／語りの歴史社会学』

沈黙が破られるとき——語りの産出を問うライフストーリー研究

（青弓社、二〇二一年）

本書は、一〇人の「戦争孤児」当事者に対するインタビューで得られた語りに根ざして、彼らが戦後社会を「親を亡くした子ども」としていかに生き、その過去を語ってきたのかを浮き彫りにするものである。筆者は、これまでの民間人の戦争犠牲をめぐる記録と記憶において周縁化されてきた側面を照射し、「戦争孤児」という視点から市民の戦争体験を問い直すことの重要性を提示している。

本書をひもといてまず圧倒されるのは、餓死に至ったり自殺をしたりする寸前まで追い詰められたかつての子どもたちが、長い沈黙を破ってふり絞るように語った「戦争孤児」経験のすさまじさである。「はじめに」で示されているように、一〇人の語りの背景には「「戦争孤児」として駅頭や地下道で冷たくなって死んでいった子どもたち、施設の中で死んでいった子どもたち」がいる。生き抜くことのなかった子どもたち、生きていても一切を語ることができなかったかつての「戦争孤児」たちの無音の〈声〉が、語りとともに紙面から立ちのぼる。『「戦争孤児」を生きる』は、第一にその圧倒的なリアリティをもって、ひとつの新たな歴史社会学を切り拓いている。

第二に本書は、当時から今に至るまで、徹底的に〈声〉を奪われてきた当事者たちが、どのように「沈黙」の長い時間を過ごし、いかなる転機、また社会的な要因を背景として「語りの産出」へと至ったのかという、「沈黙/語り」の成り立ちを問うライフストーリー研究としても示唆に富むものとなっている。「沈黙」の背景には、「親を亡くした子ども」に対する深刻なスティグマ、孤児になったことで社会的信用が失墜し、就職で門戸を閉ざされ、孤児とわかったとたんに態度を変えられるなどの排除と他者化がある。筆者は、このような「沈黙」の成り立ちを「暴力」としてとらえている。かつて親戚の家で凄惨ないじめに遭った当事者は、その一家が存命の間はものが言えない。これもまた、戦後にまで継続するひとつの「暴力」であろう。浮浪経験などのあまりに悲惨な過去を、配偶者にさえ告げられないという「沈黙」もある。人身売買は、伝聞としてのみ語られる。本書の筆者をもってしても、その当事者から話を聞くことは難しいのである。

「戦争孤児」の当事者たちは、社会的でありつつ個人的でもあるさまざまな「暴力」によって沈黙してきたのだが、語りが「産出」される過程もまた、すぐれて社会的であり、かつ個人的である。語り始めるきっかけには、自分と同じ戦争孤児が他にも存在することの発見や、老いや病による「残された時間」の知覚、「戦後七〇年」など戦争体験をメディアがとらえ直す機運があった。筆者は、当事者のエンパワメントにおける「戦争孤児の会」などのインフォーマルグループの重要性を指摘している。語ることを通じて、スティグマをはらんだ「戦災孤児」ではなく「「戦争孤児」としての自己の再定義」、「アイデンティティの承認」を目指す過程に進んでいく当事者もいる。そこには、戦災犠牲者であることから戦争体験の伝承者へ、反戦活動家へと、「戦争孤児」を生き直していく人が含まれている。

本書は、戦争をめぐる歴史社会学に新たな領域を立てるものであり、沈黙と語りの成り立ちを提示する示唆的なライフストーリー研究ともなっている。それを踏まえた上で、二点、評者からのコメントを記しておきたい。

まず、「戦争孤児」の歴史社会学という本書の設定について、それが重要な新領域を切り拓いたことは疑いを容れないが、当事者たちの経験の中に含まれている「戦争」に回収されつくさない論点、たとえば子どもを家族に紐づける近代家族規範の問題が後景化しているように思われた。本書に登場する多くの語り手が、最も凄惨な体験をした場として、施設よりも、ときには浮浪していた路上よりも、引き取られた親戚宅を回想したことは興味深い。親戚が「戦争孤児」に浴びせる暴言には、なまじ血縁があるために子を引き取るはめになった彼らの強い不本意感が込もっている。「お前も親と一緒に死んでいたらよかったのに」という言葉は、目前にいる「戦争孤児」にしか吐き出すことのできない恨みの噴出のようである。子どもが家族のもとにいることを正常とし、その家族を温かな養育者として理念化するとき、そのような規範から乖離したリアリティの重圧は、「孤児」という最も弱い者にのしかかるのである。さらに親戚宅における「戦争孤児」は、家事や農作業にしばしば「奴隷のように」追い使われていたという。このような家庭内における児童労働の問題は、現代におけるヤングケアラーや、親の通訳をするために学校を休むことを余儀なくされている外国籍の子どもたちとも共通点をもっている。本書の筆者には、『はじきだされた子どもたち——社会的養護児童と「家庭」概念の歴史社会学』という著作がある。むしろ戦争犠牲に回収されつくさない論点は筆者の本領というべきものであることからも、本書では十分に展開されなかった「はじきだされた子ども」としての「戦争孤児」を掘り下げる議論を今後に期待したい。

もうひとつのコメントは、「ライフストーリー／沈黙／語り」にかかわるものである。本書は、長きにわたった沈黙の成り立ちを解き明かし、沈黙から語りに至るさまざまな過程を豊富なインタビューデータによって描き出している。示唆に富むライフストーリー研究であるが、沈黙から語りへという単線のルートが主にとらえられ、そのストーリーにうまく適合しない矛盾や破たんのある語り、語りから沈黙への撤退などは記されていない。本書を貫く整合性の高さは、読み手に対する強力な説得力となっている。同時にそれは、「ライフストーリー／沈黙／語り」という枠組みに整合しないものと、研究者はどのように向き合っていけるのかという問いを喚起しているように思われる。

野入直美（琉球大学）

編集後記

特集1は、二〇二二年四月に開催された第一三回研究会大会のテーマセッション「軍事と環境」をもとにつくられたものです。テーマセッションにご登壇された方だけでなく、関連する研究を進められている方にもご寄稿いただき、大変分厚い特集となりました。ご執筆された先生方には、短い期限の中で大変重厚な論稿をお寄せいただきました。また、本特集のとりまとめにあたっては、長島怜央先生に大変ご尽力いただきました。心より御礼申し上げます。本特集の中で長島先生は、「軍事と環境」の問題を〈国内戦線〉と表現されていますが、それは新型コロナウイルスをめぐる問題やウクライナをめぐる問題といった未曾有の事態が同時に起きている現在を生きる「私たち」に生活という次元から戦争を捉え直すことを促すものとなっているように思います。読者の方々にとってこの特集が、日々の生活の中で戦争について考えるための一助となりましたら幸いです。

木村　豊

ロシアがウクライナに侵攻したニュースを聞いたその日、集中講義の一環で沖縄戦の体験者に話を聞いていました。どうしても自分たちの経験に重なってくる、と。その日から関連するニュースに触れるたび、どのように考えてよいのかわからず、まよう日々が続きました。また、日々の忙しさに追われる中で、ともすると忘れそうになる自分に気づき、戸惑いました。似たような感覚を持った読者も少なくなかったのではないでしょうか。特集2「ウクライナ問題と私たち」は、こうしたモヤモヤから生まれた企画です。「戦争社会学」に関わる方々にそれぞれの視点・見解を共有してもらい、学びの場としたいと純粋に思いました。執筆者の方々には、ウクライナやロシアを専門としていないがゆえの難しさがある中で、原稿をお寄せいただきました。この場を借りて、深く御礼申し上げます。

根本雅也

特集3は岩波書店から二〇二一～二二年刊行の『シリーズ 戦争と社会』に対する批評集です。各巻分担ではなく各自が全五巻を扱う難題にもかかわらず、依頼を全員快諾いただき、意義と刺激に満ちた論評が集まったことは望外の喜びです。なお投稿論文は五本投稿があり査読に基づき二本を掲載しました。紙幅のため書評は単著優先となりました。研究会の充実ぶりを反映して本誌は、厚さと単価も増してしまう傾向です。さて何より嬉しい僥倖は、五周年を迎えたみずき書林から本巻を例年通り刊行できること自体です。闘病中ながら最終的にみずき書林からの出版意向を示し、『基地とウクライナと私たち』というタイトルを捻りだした岡田林太郎さん、編集実務を担った図書出版みぎわ（昨年一二月創業）の堀郁夫さんへの感謝は尽きません。未熟な副編集長を支えた委員の皆さんへの感謝と、委員や編集者とアイデアを出し合って一冊をつくりあげる仕事へのやりがいを感じた一年でした。

清水亮

執筆者一覧

朝井志歩（あさい・しほ）
愛媛大学法文学部准教授。一九七四年、神奈川県生まれ。法政大学大学院社会科学研究科博士後期課程修了。博士（社会学）。専門は環境社会学。主著に『基地騒音——厚木基地騒音問題の解決策と環境的公正』（法政大学出版局、二〇〇九年）など。

池尾靖志（いけお・やすし）
立命館大学非常勤講師。一九六八年、愛知県生まれ。立命館大学大学院国際関係研究科博士後期課程単位取得退学。修士（国際関係学）。専門は国際関係論、平和研究。著書に『自治体の平和力』（岩波書店、二〇一二年）、編著に『第二版　平和学をつくる』（晃洋書房、二〇一四年）など。

池上大祐（いけがみ・だいすけ）
琉球大学准教授。一九七八年、福岡県生まれ。九州大学大学院比較社会文化学府博士後期課程単位取得退学。博士（比較社会文化）。専門はアメリカ太平洋史、西洋史。主著に『アメリカの太平洋戦略と国際信託統治——米国務省の戦後構想 1942~1947』（法律文化社、二〇一四年）、共著『つながる沖縄近現代史——沖縄のいまを考えるための十五章と二〇のコラム』（ボーダーインク、二〇二一年）、共編著『島嶼地域科学を拓く——問い直す環境・社会・歴史の実践』（ミネルヴァ書房、二〇二二年）など。

石原俊（いしはら・しゅん）
明治学院大学社会学部教授。一九七四年、京都市生まれ。京都大学大学院文学研究科博士後期課程修了。博士（文学）。専門は歴史社会学、島嶼社会論、戦争社会学。主著に『近代日本と小笠原諸島——移動民の島々と帝国』（平凡社、二〇〇七年）、『〈群島〉の歴史社会学——小笠原諸島・硫黄島、日本・アメリカ、そして太平洋世界』（弘文堂、二〇一三年）、『硫黄島——国策に翻弄された１３０年』（中公新書、二〇一九年）、『シリーズ 戦争と社会』全５巻（共編著、岩波書店、二〇二一～二二年）など。

井上義和（いのうえ・よしかず）
帝京大学共通教育センター教授。一九七三年、長野県生まれ。京都大学大学院教育学研究科博士後期課程退学。修士（教育学）。専門は教育社会学、歴史社会学。主著に『未来の戦死に向き合うためのノート』（創元社、二〇一九年）、『特攻文学論』（創元社、二〇二一年）、『ファシリテーションとは何か——コミュニケーション幻想を超えて』（共編著、ナカニシヤ出版、二〇二一年）など。

上野千鶴子（うえの・ちづこ）

東京大学名誉教授。一九四八年、富山県生まれ。京都大学大学院博士課程修了。博士（社会学）。専門は女性学・ジェンダー研究。主著に『家父長制と資本制』（岩波書店、一九九〇年）、『ナショナリズムとジェンダー』（青土社、一九九九年）『ケアの社会学』（太田出版、二〇一一年）、共編著『戦争と性暴力の比較史へ向けて』（岩波書店、二〇一八年）など。

児玉谷レミ（こだまや・れみ）

一橋大学大学院社会学研究科博士課程。一九九六年、千葉県生まれ。一橋大学大学院社会学研究科修士課程修了。修士（社会学）。専門は軍事・戦争のジェンダー研究・軍事社会学。主著に「自衛隊における軍事的男性性の考察——ポスト近代の軍隊という視点から」（国際ジェンダー学会誌、二〇二二年）など。

佐藤文香（さとう・ふみか）

一橋大学大学院教授。一九七二年、東京都生まれ。慶応義塾大学大学院政策・メディア研究科博士課程単位取得退学。博士（学術）。専門はジェンダーの社会理論・社会学、軍隊・戦争の社会学。主著に『軍事組織とジェンダー——自衛隊の女性たち』（慶応義塾大学出版会、二〇〇四年）、『シリーズ 戦争と社会』（全5巻、岩波書店、二〇二一～二二年、共編）、『女性兵士という難問——ジェンダーから問う戦争・軍隊の社会学』（慶応義塾大学出版会、二〇二二年）など。

四條知恵（しじょう・ちえ）

広島市立大学広島平和研究所准教授。広島県生まれ。九州大学大学院比較社会文化学府博士後期課程修了。博士（比較社会文化）。専門は歴史社会学。主著に『浦上の原爆の語り——永井隆からローマ教皇へ』（未來社、二〇一五年）、共編著に『原爆後の75年——長崎の記憶と記録をたどる』（書肆九十九、二〇二一年）など。

竹峰誠一郎（たけみね・せいいちろう）

明星大学人文学部人間社会学科教授。一九七七年、兵庫県生まれ。早稲田大学大学院アジア太平洋研究科国際関係学専攻博士後期課程修了。博士（学術）。専門は国際社会学、平和学、地域研究。主著に『マーシャル諸島　終わりなき核被害を生きる』（新泉社、二〇一五年）、共著に「オセアニアから見つめる『冷戦』——「核の海」太平洋に抗う人たち」木畑洋一・中野聡責任編『岩波講座　世界歴史　第二二巻　冷戦と脱植民地化Ⅰ　二〇世紀後半』（岩波書店、二〇二三年近刊）、論文に「核兵器禁止条約がもつ可能性を拓く——世界の核被害補償制度の掘り起こしと比較調査を踏まえて」（『平和研究』五八巻、二〇二二年）など。

塚田修一（つかだ・しゅういち）
相模女子大学准教授。一九八一年、東京都生まれ。慶應義塾大学大学院社会学研究科博士課程単位取得退学。修士（社会学）。専門はメディア文化論、都市論。主著に編著『大学的相模ガイド』（昭和堂、二〇二二年）、共編著『国道16号線スタディーズ』（青弓社、二〇一八年）など。

塚原真梨佳（つかはら・まりか）
立命館大学大学院社会学研究科博士後期課程。一九九二年、沖縄県生まれ。同大学院博士前期課程修了。修士（社会学）。専門はメディア史、歴史社会学。主論文に「戦艦三笠保存運動のメディア史――国家的戦争記念物の構築過程と力学の分析」（『メディア研究』第一〇二号、二〇二三年）など。

長島怜央（ながしま・れお）
東京成徳大学国際学部准教授。一九八〇年、山口県生まれ。法政大学大学院社会学研究科博士後期課程修了。博士（社会学）。専門は国際社会学、アメリカ・オセアニア地域研究。主著に『アメリカとグアム――植民地主義、レイシズム、先住民』（有信堂、二〇一五年）。主論文に『対テロ戦争』に赴く太平洋諸島出身者――グローバル労働者階級兵士にとっての戦場と楽園」松下冽・山根健至編『新自由主義の呪縛と深層暴力――グローバルな市民社会の構想に向けて』（ミネルヴァ書房、二〇二三年）など。

成田龍一（なりた・りゅういち）
日本女子大学名誉教授。一九五一年、大阪市生まれ。早稲田大学大学院文学研究科博士課程修了。博士（文学）。専門は近現代日本史。主著に『増補〈歴史〉はいかに語られるか』（ちくま学芸文庫、二〇一〇年）、『増補「戦争経験」の戦後史』（岩波現代文庫、二〇二〇年）、『歴史論集』「方法としての史学史」「〈戦後知〉を歴史化する」「危機の時代の歴史学のために」（全三冊、岩波現代文庫、二〇二一年）など。

西原和久（にしはら・かずひさ）
名古屋大学名誉教授、成城大学名誉教授。一九五〇年、東京都生まれ。早稲田大学大学院文学研究科博士課程満了。名古屋大学にて博士（社会学）取得。専門は、社会学理論、国際社会学。主著に『意味の社会学――現象学的社会学の冒険』（弘文堂、一九九八年）、『間主観性の社会学理論――国家を超える社会の可能性［1］』（新泉社、二〇一〇年）、『トランスナショナリズム論序説――移民・沖縄・国家』（新泉社、二〇一八年）、『グローカル化する社会と意識のイノベーション――国際社会学と歴史社会学の思想的交差』（東信堂、二〇二一年）など。

西村明（にしむら・あきら）
東京大学大学院人文社会系研究科准教授。一九七三年、長崎県生まれ。東京大学大学院人文社会系研究科博士課程単位取得退学。博士（文学）。専門は、宗教学・近現代日本宗教史。主（編）著に『戦後日本と戦争死者慰霊――シズメとフルイのダイナミズム』（有志舎、二〇〇六年）、『シリーズいま宗教に向きあう2――隠される宗教、顕れる宗教』（岩波書店、二〇一八年）、『シリーズ戦争と社会5――変容する記憶と追悼』（岩波書店、二〇二二年）など。

根本雅也（ねもと・まさや）
一橋大学大学院社会学研究科専任講師。一九七九年、神奈川県生まれ。一橋大学大学院社会学研究科博士課程修了。博士（社会学）。専門は社会学。主著に『ヒロシマ・パラドクス――戦後日本の反核と人道意識』（勉誠出版、二〇一八年）、共編著に『原爆をまなざす人びと――広島平和記念公園8月6日のビジュアル・エスノグラフィ』（新曜社、二〇一八年）など。

野入直美（のいり・なおみ）
琉球大学教員。立命館大学大学院応用社会学専攻博士課程後期課程修了。博士（社会学、甲南大学）。専門は社会学。主著に『沖縄のアメラジアン――移動と「ダブル」の社会学的研究』（ミネルヴァ書房、二〇二二年）など。

野上元（のがみ・げん）
早稲田大学教育・総合科学学術院教授。一九七一年、東京生まれ。東京大学大学院人文社会系研究科単位取得退学。博士（社会情報学）。専門は戦争社会学、歴史社会学。主著に『戦争体験の社会学』（弘文堂、二〇〇六年）など。

浜井和史（はまい・かずふみ）
帝京大学教育学部准教授。一九七五年、北海道生まれ。京都大学大学院文学研究科博士後期課程研究指導認定退学。博士（文学）。専門は日本近現代史、日本外交史。主著に『戦没者遺骨収集と戦後日本』（吉川弘文館、二〇二一年）、『海外戦没者の戦後史――遺骨帰還と慰霊』（吉川弘文館、二〇一四年）、編著に『復員関係史料集成』全一二巻（ゆまに書房、二〇〇九～一〇年）など。

福間良明（ふくま・よしあき）
立命館大学産業社会学部教授。一九六九年、熊本県生まれ。京都大学大学院人間・環境学研究科博士課程修了。博士（人間・環境学）。専門は歴史社会学・メディア史。主著に『「働く青年」と教養の戦後史――「人生雑誌」と読者のゆくえ』筑摩選書、二〇一七年）、『戦後日本、記憶の力学――「継承という断絶」と無難さの政治学』（作品社、二〇二〇年）、『司馬遼太郎の時代――歴史と大衆教養主義』（中公新書、二〇二二年）など。

松田ヒロ子（まつだ・ひろこ）
神戸学院大学現代社会学部教授。一九七六年生まれ。オーストラリア国立大学博士課程修了。Ph.D（History）。専門は社会史・歴史社会学、東アジア地域研究。主著に『沖縄の植民地的近代――台湾へ渡った人びとの帝国主義的キャリア』（世界思想社、二〇二一年）など。

柳原伸洋（やなぎはら・のぶひろ）
東京女子大学教授。一九七七年、京都府生まれ。東京大学大学院博士課程単位取得退学。修士（学術）。専門はドイツ近現代史、空襲研究。主著に「第一次世界大戦の空襲とドイツの民間防空――家郷（Heimat）と防衛（Schutz）との溶け合い、そして『武器を持たない兵士』の出現」鍋谷郁太郎編『第一次世界大戦と民間人』（錦正社、二〇二二年）、「戦争と文化――戦後ドイツの子ども文化に日本を照らして」野上元、佐藤文香ほか編『シリーズ 戦争と社会1「戦争と社会」という問い』（岩波書店、二〇二一年）、共編著に『ドイツ文化事典』（丸善出版、二〇二〇年）など。

山本昭宏（やまもと・あきひろ）
神戸市外国語大学准教授。一九八四年、奈良県生まれ。京都大学大学院文学研究科博士課程修了。博士（文学）。専門は日本近現代文化史、歴史社会学。主著に『核エネルギー言説の戦後史 1945~1960――「被爆の記憶」と「原子力の夢」』人文書院、二〇一二年）、『戦後民主主義』（中公新書、二〇二一年）、『残されたものたちの戦後日本表現史』（青土社、二〇二三年）など。

吉田裕（よしだ・ゆたか）
東京大空襲・戦災資料センター館長。一九五四年、埼玉県生まれ。一橋大学大学院社会学研究科修士課程修了、同博士課程単位取得。修士（社会学）。専門は日本近現代史。主著に『日本人の戦争観』（岩波現代文庫、二〇〇五年）、『日本軍兵士』（中公新書、二〇一七年）、『兵士たちの戦後史』（岩波現代文庫、二〇二〇年）など。

ロニー・アレキサンダー
神戸大学名誉教授。一九五六年、米国カリフォルニア州生まれ。上智大学大学院外国語学研究科博士後期課程単位取得退学。博士（文学）。専門は平和学。太平洋島嶼国を中心にジェンダー、脱軍事化、脱植民地化、安全安心をアートやナラティブを中心に模索している。二〇〇六年に平和教育・平和研究・平和活動の現場としてポーポキ・

ピース・プロジェクトを設立。主著に『ポーポキのマスクギャラリ』（神戸大学出版会　二〇二二年）、『大きな夢と小さな島々』（国際書院、一九九二年）、『平和って、なに色？　ポーポキのピース・ブック一』（エピック、二〇〇七年）など。

渡壁晃（わたかべ・あきら）
関西学院大学大学院社会学研究科博士課程後期課程。一九九五年、京都府生まれ。関西学院大学大学院社会学研究科博士課程前期課程修了。修士（社会学）。専門は歴史社会学、計量社会学。主論文に「広島・長崎平和宣言からみた平和意識の変容」（『社会学評論』第七二巻第二号、二〇二一年）、「『平和』を表現する方法――広島における原爆関連行事の社会史」（『ソシオロジ』二〇六号、二〇二三年）など。

【編者】

戦争社会学研究会

戦争と人間の社会学的研究を進めるべく、社会学、歴史学、人類学等、関連諸学の有志によって設立された全国規模の研究会。故・孝本貢（明治大学教授）、青木秀男（社会理論・動態研究所所長）の呼びかけにより2009年5月16日に発足し、以後、年次大会をはじめ定期的に研究交流活動を行っている。

〈戦争社会学研究編集委員〉
戦争社会学研究編集委員会　編集委員
渡邊勉（委員長）、清水亮（副委員長）、木村豊、根本雅也、望戸愛果、永冨真梨、愛葉由依（幹事）

戦争社会学研究《せんそうしゃかいがくけんきゅう》　第《だい》7巻《かん》　基地《きち》とウクライナと私《わたし》たち

2023年6月20日　初版発行

編　者　戦争社会学研究会
発行者　岡田林太郎
発行所　株式会社 みずき書林
〒150-0012　東京都渋谷区広尾1-7-3-303
TEL：090-5317-9209　FAX：03-4586-7141
E-mail：rintarookada0313@gmail.com
https://www.mizukishorin.com/

印刷・製本　シナノ・パブリッシングプレス
組版　江尻智行
装丁　宗利淳一

ISBN 978-4-909710-30-7 C3030